天下・文化
BELIEVE IN READING

人人都能獲利的去中心化經濟

WEB3
新商機

WEB3

Charting the Internet's Next Economic and Cultural Frontier

ALEX TAPSCOTT

泰普史考特 —— 著

張嘉倫 —— 譯

目次

第三部　領導

獻給

艾咪、愛蓮娜、約瑟芬

各界推薦

如果每個世代的興起都會帶給人類省思的機會，我確信我們正在長河上的這個節點——所有權和影響力的重新分配。本書面面俱到，不僅為這個世代的夢想家補充歷史脈絡和科技新知的養分，同時也為他們帶來敢於創新的莫大勇氣。

——呂季潔，台灣 NFT 協會理事長、Lootex 共同創辦人暨執行長

本書出版的當下，人們普遍聽過卻還沒用過區塊鏈，遑論由區塊鏈衍生而來的 Web3。近年技術逐步改進、法規日漸完善，參與門檻降低。當人們不必再為了弄丟資產而煩惱，才終於有機會體驗 Web3 新商機。

——許明恩，區塊勢創辦人

本書犀利切入 Web3 數位稀缺的本質來談論產權，可以從此理解 Web3 是 Web2 的自然延伸並能彌補不足之處；同時深入討論具備「可組合性」和「無需許可」的 Web3，以及它能夠誕生出的諸多應用；內文具有豐富的人物訪談，讓讀者能夠獲得第一手資料與從業者觀點。

——曾可維，IOTA 基金會亞太生態系負責人

Web3 是未來的發展趨勢，眾多國家發布 Web3 白皮書，建構未來發展藍圖。泰普史考特在本書中探討 Web3 的發展機會與挑戰，讓我們理解 Web3 不僅僅是技術的演進，而是能夠重塑社會運作方式的革命性改變。

——蔡玉玲，臺灣金融科技協會名譽理事長

Web3 將對全球的經濟和社會產生深遠的影響。泰普史考特又一次挺身而出，及時提供必要的指導，幫助我們駕馭這個巨大的變革，迎接前方的挑戰和機會。

——舒爾曼（Dan Schulman），PayPal 執行長

Web3 是令人嘆為觀止的創新領域，前景一片光明，但對於無視未來發展的人來說，則充滿危險。無論是計算層面或社會層面，泰普史考特寫的這本書，正是我們進入新時代的必需品。

——薩默斯（Larry Summers），前美國財政部長

泰普史考特透過 Web3 掌握時代精神。我們正面臨嶄新的非凡紀元，能利用技術來重塑每一樣事物。本書以清晰的思路和深刻的洞見，探索 Web3 的巨大潛力。

——沃茲尼克（Steve Wozniak），蘋果公司共同創辦人

泰普史考特再次證明他是區塊鏈世界裡的頂尖思想家。本書深入淺出，不僅描繪新興的未來世界，更預言網際網路的使用者將擺脫大型科技公司的束縛。見解獨到，令人愛不釋手。

——羅伯茲（Jeff John Roberts），《財富雜誌》加密貨幣編輯

本書是精采絕倫且及時出現的佳作，新一代的網際網路能幫助我們打造更美好的城市和未來，任何有興趣了解的人都不容錯過。

——蘇瓦瑞茲（Francis Suarez），邁阿密市長

泰普史考特的新書闡述加密網路如何扭轉貨幣和金融服務，甚至重塑整個產業，條理清晰、深富遠見。各界領袖必須了解這項創新技術，否則就等著遠遠落後。

——史密斯（Kristin Smith），區塊鏈協會執行長

隨著生成式人工智慧、元宇宙和新一代區塊鏈興起，Web3 如今已成為創新人士重塑商業世界和全球經濟的開創性平臺，引領我們實現經濟繁榮的新紀元。這本引人入勝的作品為我們指引未來的道路。

——施瓦布（Klaus Schwab），世界經濟論壇主席

泰普史考特精闢剖析 Web3 各方面的影響。本書出自區塊鏈技術領域首屈一指的先驅暨思想家之手，是數位或任何形式的圖書館都不可或缺的佳作。

——劉雅芝，福卡斯特實驗室（Forkast Labs）總編輯暨共同執行長

泰普史考特寫出一本眾人期待已久的作品。對於企業領袖、政策制定者、公民和所有關心經濟自由和未來商務的人來說，本書是通往網際網路新紀元的重要指引。

——吉恩卡洛（J. Christopher Giancarlo），美國商品期貨交易委員會前主席

見解深刻、內容生動、讀來有趣。所有好奇和關切未來商業、文化和社會發展的人,都需要好好讀一讀本書。

——蕭逸,安尼莫卡公司(Animoca Brands)共同創辦人

任何希望維持領先的人都必須閱讀這本書。有鑑於泰普史考特過往預見未來的能力,切勿輕忽。

——溫克沃斯(Tyler Winklevoss),雙子星公司(Gemini)執行長

所有充滿好奇、關心 Web3 將如何以激動人心的方式形塑商業、文化和社會的人,本書絕對不可錯過。

——艾蜜莉‧楊(pplpleasr),跨界藝術家

本書的亮點在於,數位所有權、區塊鏈和空間運算將如何重塑商業和各個產業。泰普史考特為探索創新未來的領袖提供重要的入門讀物。

——道格提(Paul Daugherty),埃森哲顧問公司(Accenture)科技集團執行長暨技術長

了解泰普史考特的見解,就像是為大腦啟動超視距雷達。

——羅札特(Matt Roszak),布洛庫公司(Bloq)董事長暨共同創辦人

研究扎實、深入淺出,且全面介紹 Web3 技術及眾多使用案例。

——貝柯(Tim Beiko),以太坊核心開發人員

本書是理解未來方向的關鍵,它點亮前方的道路,讓我們從邊緣運動走向顛覆主流。

——倫堡(Roneil Rumburg),傲聽平臺(Audius)共同創辦人暨執行長

Web3 有機會結合數位和實體世界，顛覆體驗經濟，讓發展迅速的公司能夠嶄露頭角。隨著 Web3 技術未來幾年逐漸成熟，泰普史考特對未來的願景，能幫助業界領導者將技術付諸實踐。

——孟鼎銘（Bill McDermot），現在服務公司（ServiceNow）執行長

內建所有權的網際網路或 Web3 非常重要，任何想了解原因的人都需要這本必讀之作。

——拉森（Aleksander Leonard Larsen），斯凱梅維斯公司（Sky Mavis）共同創辦人暨營運長

引人入勝！一波創新浪潮即將席捲而來，改變我們的生活。一同加入，就有機會打造更美好的未來。

——李貝麗（Beryl Li），鏈遊公會公司（Yield Guild Games）共同創辦人

泰普史考特深刻分析 Web3 的巨大潛力以及風險，鞭辟入裡。

——薩巴拉拉（Sim Tshabalala），標準銀行集團（Standard Bank Group）執行長暨執行董事

泰普史考特探索這片新領域，並開啟一扇窗通往非凡且不可思議的未來。推薦各位一讀，更清楚掌握 Web3 創新者將帶領我們走向何方。

——德瑞普（Tim Draper），德瑞普聯合公司（Draper Associates）創辦人暨總裁

三十五年前，唐‧泰普史考特開始針對世界走向數位化的影響，為我提供明智的建議。現在，他的兒子亞力士以同樣的坦率、洞察力和理解周圍世界的天賦，帶領我們更深入探索這條道路。

——李博（Bob Rae），加拿大駐紐約聯合國大使暨常駐代表

泰普史考特探究新興的數位所有權經濟，描繪每一項基礎，本書是談論經濟轉型的重要指南。

——溫頓（Brett Winton），方舟資產管理公司未來長

泰普史考特的新書深入檢視 Web3 深遠的文化影響。任何對網路新興領域感興趣的人，這是必讀佳作。

——劉雅倫，兩條小魚投資基金（Two Small Fish Ventures）共同創辦人、瓦特平臺（Wattpad）共同創辦人暨前執行長

以精采動人的方式帶我們瀏覽未來，一窺不斷發展的數位業務以及社會和科技的前景，闡述相關風險和機會，並提供關於數位未來支撐點的獨到見解。

——史考特（Tony Scott），網路入侵防護公司（Intrusion）總裁暨執行長

Web3 將徹底顛覆網路服務的演變，想了解 Web3 和區塊鏈在網路發展過程中扮演什麼角色，這本書是必讀之作。

——恩特斯特（Darren Entwistle），研科通訊（Telus Communications, Inc.）執行長

泰普史考特的新書《WEB3 新商機》深具啟發。世界各地的創新人士在規劃未來的發展前，都應該先讀一讀這本書。

——魯佛洛（John Ruffolo），馬維里克斯私募基金（Maverix Private Equity）創辦人暨合夥人

當網際網路更加去中心化、由用戶控制的夢想即將成為主流現實之際，這本書是理解 Web3 不可或缺的工具。

——盧索（Camila Russo），加密挑戰者平臺（The Defiant）創辦人暨《以太奇襲》（The Infinite Machine）作者

泰普史考特探究 Web3，分析這個領域無需許可的創新技術、去中心化所有權，以及為所有人帶來的創意和經濟機會，既全面又淺顯易懂。不論是創新人士和採用者、政策制定者、企業家或對科技感興趣的人，這本書都是掌握未來不可或缺的指南。

——波林（Perianne Boring），數位商會創辦人暨執行長

泰普史考特精妙的為我們的數位未來之路提供一盞明燈，完美貼合杜拜和阿拉伯聯合大公國的數位化雄心，這本書是 Web3 時代急需的指南。

——扎魯尼（Marwan Al Zarouni），杜拜區塊鏈中心執行長

Web3 所展望的去中心化網際網路能賦權給個人，並且會改變產業。泰普史考特又創作一部永恆經典。

——斯魯普斯里索帕（Jirayut "Topp" Srupsrisopa），比特酷公司（Bitkub）創辦人暨集團執行長

泰普史考特身為投資人和作家，對科技有與生俱來的敏銳度。他的新書結合科技方面的專業知識和高度實用的見解，並明確為我們指出未來的技術發展方向。本書呈現一幅引人入勝、實用的未來藍圖，絕對是必讀的佳作。

——克萊納（Stuart Crainer），全球 50 大管理思想家（Thinkers50）共同創辦人

本書讀起來既愉悅又令人著迷，有機會能重啟關於加密貨幣的一系列對話，也為我們展示新一代全球資訊網和網際網路如何成為前所未有且強大的繁榮力量。

——哈桑（Tamara Haasen），殷奧開發公司（Input Output）總裁

推薦序
深入Web3：開拓數位經濟新天地

葛如鈞

在這個迅速變化的科技世界中，從行動應用程式開發到虛擬實境、擴增實境，再到蜂擁而至的區塊鏈與非同質化代幣（NFT），甚至最近幾年的人工智慧技術，都深深吸引著我。對於這些技術的轉變，我一直在探尋一本書，能夠完美解答我的好奇心。

《WEB3 新商機》這本書給出了所有答案，它不僅揭示這些看似零散的技術為何實際上是網際網路經濟未來的基石，更指出Web3 如何成為綜合這些技術的大平臺。

我的朋友們常常驚訝於我涉足科技領域的廣泛性，認為我缺乏專注。透過《WEB3 新商機》一書，就能理解我並非迷失於虛擬的花花世界，而是深入探索名為 Web3 的虛擬經濟新領域。在這個領域中，所有我涉獵的技術名詞，都不再是孤立無聯的概念，而是共同構成了一個綜合的科技生態系。

在公眾場合和演講中，我常常強調 Web3 是下一代網際網路的演進。正如道路從泥濘小徑演變到現代高速公路，從給馬走的「馬路」到給火車走的「鐵路」，接著又升級成給汽車走的「道路」，那麼網路當然也會升級網路技術，不斷進步和變革。從早

期的文字終端到多媒體豐富的 Web2，再到現在的 Web3，我們見證了資訊技術的巨大跨越。Web3 不僅讓我們能在線上交易和傳遞數位經濟價值，如虛擬貨幣和 NFT，而且這些交易不受任何實體政府的直接管控，它的安全性和可靠性全由密碼學和先進演算法來保障。

在 Web3 的世界中，數位工作不再是遙不可及的夢想，人類甚至可以創造出可以在我們睡眠時工作的 AI 虛擬身分，為我們賺取數位資產；而且透過數學和資訊科學、程式代碼，確保了它的可信度，從此人類不只可以創造數位勞動產值，甚至我們未來的 AI 虛擬替身也能在我們睡覺的時候，在 Web3 網路上「大賺其『錢』」，這個錢可能是 NFT，也可以是虛擬代幣，甚至可能是一段智慧代碼。

《WEB3 新商機》這本書的出現正逢其時。隨著科技的快速發展，我們生活中的每一面都在經歷著從數位化到虛擬化的轉變。這本書由深耕於 Web3 領域多年的專家撰寫，對於想深入了解區塊鏈、代幣經濟、人工智慧、元宇宙以及最新的隱私保護技術等話題的讀者來說，無疑是一本寶典。作者不僅從技術角度解析 Web3，更從經濟、文化和政策的角度，提供一個全方位的視角，讓讀者能夠看到 Web3 對未來社會的可能影響，呈現出一幅清晰的未來科技藍圖。

《WEB3 新商機》不僅是一本技術或商業書籍，它是一本關於未來的書，一本讓我們預見未來可能如何運作的書。這本書將區塊鏈技術的潛力與挑戰、數位代幣的經濟模式、以及人工智慧

如何與這些技術融合，進行全面而深入的探討。從技術基礎到實際應用案例，從理論到實踐的每一步，作者都提供豐富的資訊和數據支持，使得這本書成為 Web3 領域的權威作品。

　　為了更好的解釋 Web3 的概念，作者還探討 Web3 對於個人隱私和數據所有權的重塑，這在當前全球對數據保護與隱私愈來愈重視的背景下，尤為重要。透過這本書，讀者可以了解到 Web3 如何使網路用戶從單純的內容消費者，轉變為內容的創造者與擁有者，這是對網際網路初衷的一種回歸。

　　最近，做為新晉政策制定者——一名立法委員，我更加深刻感受到 Web3 帶來的革命性影響。本書不僅僅是一部技術解析作品，更在其中一章，特別鼓勵像我這樣的政策制定者抓住這個難得的機遇，將 Web3 時代比作人類登月的重大時刻。透過恰當的政策引導和立法支持，我們有望在這個新興的虛擬世界中，為自己和所在地區爭取前所未有的競爭優勢。

　　今年以來的科技進展，如蘋果推出的針對元宇宙的 Vision Pro 空間運算裝置，Meta 與雷朋合作升級的智能眼鏡，美國 SEC 批准比特幣 ETF，特斯拉本月起擴大接受狗狗幣支付等事件，都不斷證明 Web3 的概念正在迅速成為現實。再加上生成式 AI 的發展，如 OpenAI 的 ChatGPT 和其他公司的競爭產品，已經能協助每個人進行創作（包括本文）。我們正在步入一個全新的數位時代，這個時代將由 Web3 定義。在這本書中，讓我們一同探索這個充滿無限可能的新世界，體驗由 Web3 帶來的全新智能身分、數位經濟和全境生活方式的魅力。

　　最後，如果你像我一樣，對於科技的快速發展既感到興奮
又感到不安，這本書將會是你的燈塔。在 Web3 這片浩瀚的海洋
中，它將是你的指南針，帶你安全航行，避開暗礁，抵達新機會
的彼岸。讓我們一起探索這本書，共同進入一個更加開放、去中
心化的未來。

現任不分區立法委員
臺灣大學資訊網路與多媒體研究所兼任助理教授

前言
任何人都能在Web3開疆拓土

　　矽谷得天獨厚，匯聚人才、資金、技術、文化、政府研究
與開發，曾被喻為科技業的加拉巴哥群島＊，造就各式各樣的科
技企業家、創立現在的大型網際網路公司。[1] 雖然發明全球資訊
網（World Wide Web，簡稱為 WWW、Web）的電腦科學家伯納斯李
爵士（Sir Tim Berners-Lee）出生在英國，而他任職的歐洲核子研究
中心（European Organization for Nuclear Research, CERN）位於瑞士，
但全球資訊網的商業化卻始於美國。

　　這一次跟以往不同。本書談論的主題是第三代全球資訊網
（以下簡稱 Web3），在 Web3 興起時，科技工具和人力資本比以
往更加普及。想想 1993 年，網際網路先驅首度免費開放全球資
訊網軟體原始碼時，世界上仍有半數的人不曾打過電話。時至今
日，全球三分之二以上的人擁有智慧型手機，隨時都連上網際網
路。[2] 容我擴寫一下科幻小說作家吉布森（William Gibson）的話：
未來已然降臨，人才和技術幾近普及。† 如果說第一代和第二代

＊　編注：加拉巴哥群島（Galápagos Islands）是東太平洋鄰近赤道的火山群島，
　　以擁有多樣的物種著稱。達爾文（Charles R. Darwin）造訪此地後受到啟發，
　　進而發表《物種源始》。

†　編注：吉布森的原句是「未來已然降臨，只是尚未普及」。

全球資訊網（以下簡稱 Web1 和 Web2）讓資訊存取更加普及，促進線上會議和線上協作；Web3 則提供更強大的工具組，讓我們能在國際級的競爭環境中獲得收入、擁有資產和累積財富，並在過程中實現權力和影響力的去中心化。倘若科技的傳播真的讓世界變得「更平」，那 Web3 便可說是壓路機。

我在 2014 年時開始撰寫關於比特幣的文章，當時甚至還沒有「Web3」這個詞彙。我是從事交易的投資銀行家，又持有傳統金融領域的特許金融分析師（CFA）證照（第三代全球資訊網的朋友們把我這類人稱為「傳統金融」人士），在那個時候，我認為自己研究的是一種新的金融科技。

家父唐・泰普史考特（Don Tapscott）與我在 2015 年著手進行一項大型研究計畫，並將研究發現寫成《區塊鏈革命》（*Blockchain Revolution*）。那次的研究讓我頓時察覺，區塊鏈這種全新的通用技術，正引領全新的價值網路，並即將改變一切。在外界人士的眼中，這一點並不明顯，而且不論是當時或現在，我們同樣面臨著許多質疑的聲音。

《區塊鏈革命》在 2016 年出版，當時的數位資產就是 Web3 的基礎資產類別，在本書裡叫做「代幣」（token），整體市值在那時大約為一百億美元。如果將整體 Web3 產業視為一家上市公司，不僅難以躋身標準普爾五百指數（S&P 500），連卡其褲銷售品牌蓋璞（Gap）的身價都比 Web3 整體產業還高。如今，Web3 的資產成長百倍以上。《區塊鏈革命》一書也獲得廣大的迴響，這得歸功於完美的時機，讓此書被翻譯成全球二十種語言（運氣

比能力更重要！）。

　　自 2016 年以來，我走訪近四十個國家，除了南極洲以外，幾乎走遍天下，會見了地方企業家、政策制定者、商界領袖和一般民眾。最讓我印象深刻的是，親眼見證 Web3 創新技術在全球日益普及。飛機彷彿成為時光機，載著我前往各種「未來」：在伊斯坦堡，當地居民偏好使用數位貨幣進行交易和儲值；亞洲的 Web3 產業急速成長，新加坡成為產業據點；在泰國，網路用戶開始嘗試使用 Web3 工具組，開發新的網路工作機會；到了杜拜，阿拉伯政府已將 Web3 列為整體發展計畫的核心，以吸引全球人才和資本；2023 年 6 月，英國首相蘇納克（Rishi Sunak）在倫敦誓言「推動英國成為全球 Web3 中心」；[3] 當我抵達一度為 Web3 龍頭的多倫多時，感覺猶如電影《回到未來》（*Back to the Future*）的主角馬蒂（Marty McFly）降落在 1950 年代的玉米田。

　　除此之外，我在旅程中還目睹部分媒體、企業和政府領導人不斷傳播和大肆宣揚關於 Web3 常見的錯誤觀念。這也是一種全球現象，各地舊典範之下的掌權者難以接受新的典範轉移，因而提高 Web3 的創業門檻。這些掌權者以 2022 年著名的加密貨幣交易平臺「未來交易所」（FTX）的倒閉，以及賽氏網路公司（Celsius Network）和航海家數位公司（Voyager Digital）等加密貨幣借貸機構的破產為例，證實自己對 Web3 的擔憂不是空穴來風。他們宣稱這項新技術在中央銀行或大公司的掌控之下雖然深具創新且頗為實用，但若任由自由市場發展，對社會只是有害無利，[4] 為投機份子帶來新的賭博方式，也為犯罪者提供逃避執法

的新工具。然而，我們不能將這些公司的倒閉歸咎於科技，真正的問題在於技術使用者的驕矜自大。

2022 年發生的這些事件讓 Web3 的發展蒙上新的陰霾，也讓我迫切覺得，有必要對此進行全面的分析。如同其他新興產業，有許多新創公司正試圖打造 Web3 的未來，也有許多公司在整個轉型過程中僅僅留下雪泥鴻爪，這種發展很常見。儘管本書提及許多創造者、建造者和夢想家的故事和洞見，但卻無關乎任何組織、個人或公司的財富。我不會在書中分享業界的小道消息，或預測任何資產的價格。

無庸置疑的一點是，代幣對 Web3 至關重要，其中許多代幣將變得價值連城，尤其是代表基礎協定所有權或組織所有權的代幣，而代表組織所有權的代幣最具有顛覆性。如果你正在尋找價格目標或投資建議，最好另尋他法，本書講述的是長遠的觀念，而非買賣套現的策略。我利用即時數據進行比較分析，但 Web3 畢竟是一個活躍且瞬息萬變的創新領域，讀者如果想獲取最新數據，請查閱書末的資料來源。

此外，本書並沒有詳盡研究這個新興產業的所有參與者，畢竟在時間有限的情況下，實在難以做到這一點。十年前的書籍作家在編寫手稿時，或許可以與業內的公司創辦人聯繫。然而，時移世易，如今已不再如此。所以，套用歷史學家瓦耶荷（Irene Vallejo）的圖書館比喻，本書的目標是試圖在 Web3 的知識群島之間架設橋梁。[5] 簡單來說，我希望用淺顯易懂的方式帶大家綜觀全局。

本書援引近五年來 Web3 領域相關研究、投資、實務和協作的成果。2017 年，家父與我成立區塊鏈研究院（Blockchain Research Institute），迄今進行過一百多項研究計畫，主要針對區塊鏈和 Web3 對各產業的影響，從健康護理和金融服務，到能源和娛樂不等。這些研究為本書的諸多觀點提供了參考依據。

此外，我也為了本書進行五十多次訪談。首先，Web3 屬於經濟學的前瞻領域，所以，我訪問過幾位深具商業頭腦的先驅，例如安尼莫卡公司（Animoca Brands）的共同創辦人蕭逸。1980 年代，年輕的蕭逸在遊戲公司雅達利（Atari）找到第一份工作，在 2014 年成立安尼莫卡公司，並於 2017 年偶然接觸到 Web3 領域，後來便將公司的未來全押在上面，並支持眾多 Web3 遊戲領域的重要創新者。

十年前，阿萊爾（Jeremy Allaire）靈機一動，萌生「為網路法幣建立超文本傳輸協定（HTTP）」的想法，即打造與美元或其他貨幣掛鉤的網路原生支付工具。他的圓圈公司（Circle）發行穩定幣（stablecoin）USDC，截至 2022 年，已支援了累計 8.6 兆美元的鏈上交易。[6]

另一位先驅是阿加瓦爾（Sunny Aggarwal）。他因為電腦科學老師拒絕讓他跳過小考去參加 Web3 聚會，便從加州大學伯克萊分校輟學，隨後創立去中心化交易所阿茲莫西斯（Osmosis），為數十種不同資產提供無阻力的對等式交易（peer-to-peer transaction）[‡]。

[‡] 編注：對等式交易是指不需透過中間人的交易，又稱為點對點式交易、P2P 交易。

　　另一位是發明家亞柯文科（Anatoly Yakovenko），他在我的播客節目《解碼去中心化金融》（*DeFi Decoded*）上解釋，他如何意識到蘋果（Apple）和谷歌（Google）等公司壟斷智慧型手機，阻礙他的索拉納公司（Solana）開發 Web3 應用程式。因此，亞柯文科推出一款與之競爭的手機和作業系統。

　　我們還採訪技術專家，以及負責打造 Web3 基礎架構的「核心開發人員」（core developer）。我們訪問以太坊核心開發人員貝柯（Tim Beiko），貝柯與其他人合作推動以太坊系統的重大升級，又稱為「合併」（the Merge），這次的升級大致就像載有價值兩千億美元貨物的超音速噴射客機在飛行途中更換引擎，而不影響飲料推車一樣。

　　此外，我們也與吉特幣公司（Gitcoin）的奧沃基（Kevin Owocki）和摩爾（Scott Moore）進行深具啟發的討論，他們透過吉特幣公司向 Web3 的社會企業家提供數百萬美元的資金。維基百科創辦人威爾斯（Jimmy Wales）對 Web3 雖抱持著開放態度，但對於維基百科能否從中受益卻仍帶有疑慮。幾間公司的高階主管表示，他們的想法已經轉變，從原本認為封閉式的「企業鏈」（enterprise blockchain）是 Web3 的殺手級應用[§]，到後來逐漸意識到公共網路才是真正的創新，如同全球資訊網一般。也有一些 Web3 懷疑論者分享他們的不滿（其中一部分滿合理）。

　　法利安基金（Variant Fund）創投家韋爾登（Jesse Walden）和安

[§]　編注：「殺手級應用」是市場學的術語，指某項產品、程式、或服務極具吸引力，足以擊潰競爭對手，讓大多數消費者願意購買。

霍創投（Andreessen Horowitz，又名a16z）的辛普森（Arianna Simpson）談到自己的人生歷程如何引導他們投資 Web3。美國商品期貨交易委員會（US Commodity Futures Trading Commission）前主席吉恩卡洛（J. Christopher Giancarlo）則對 Web3 的監理和政策方向發表看法。位於華盛頓特區的倡議團體加密貨幣創新委員會（Crypto Council for Innovation）執行長華倫（Sheila Warren），以及區塊鏈協會（Blockchain Association）主席史密斯（Kristin Smith）也分別發表過意見。

　　我們在對談中發現，Web3 也涉及文化領域，最明顯的例子是化名「濫好人」的 Web3 藝術家艾蜜莉・楊[1]，她把敘事的方式加以重塑；還有熱門電視劇《毒梟：墨西哥》（*Narcos: Mexico*）和《怪奇物語》（*Stranger Things*）的編劇尼克森羅培茲（Jessie Nickson-Lopez），她兼任 Web3 企業家，並成立新創公司 MV3，希望能改造好萊塢。在菲律賓等國家，電玩遊戲公司的高階主管表示，對於南方世界[2]資金匱乏的開發人員來說，Web3 提供了資助新計畫的工具，進一步提升典型邊緣族群的創造力。文化需要新的商業模式，而 Web3 正是一大助力。八歲的菲律賓藝術家薩維（Sevi）為了支付自己的自閉症治療費用，以非同質化代幣（non-fungible token, NFT）的形式，將自己的畫作賣到全球各地，藉此獲得足夠

---

[1]　編注：艾蜜莉・楊原名 Emily Yang，臺裔動畫藝術家，化名 pplpleasr 的讀法是 people pleaser，意指「取悅他人的濫好人」。

[2]　編注：「南方世界」包括非洲、拉丁美洲，以及亞洲的開發中國家；這裡的「南」是以經濟、政治層面做為區別。

的資金，這也凸顯出 Web3 的社會影響。這些訪談、我本身的廣泛閱讀，加上區塊鏈研究院耗資數百萬美元的研究，構成本書探討 Web3 的基礎。

本書適合所有關心未來、希望獻身打造未來的讀者。也許你是學生，正在衡量就業的選擇；或是企業的高階主管，試圖了解 Web3 對公司有何影響。也許你身在非洲或印度，學非所用，而你看到了加入 Web3 全球勞動力的機會，或發現為去中心化自治組織（decentralized autonomous organization, DAO）等數位原生機構服務的職缺。也許你是非營利產業內的社會企業家，正在評估幾個不同的方式，來跟大眾募款或與年輕的支持者互動。也許你是藝術家或故事創作者，正在摸索 Web3 工具如何為你的創作帶來助益。也許你是政治家，想為自己的城市、政府或國家吸引外界投資。抑或，你也許是一般公民，認為網路和世界可以更加美好、更加公平。

Web3 身為網路下一個經濟和文化的未開發地帶，部分領域僅限專家參與，需要大量的資金或過人的力量，難度猶如攀登聖母峰或前往火星一般。無論是開發哪個領域，都會有相應的風險和報酬，但從過往的歷史來看，這些未開發地帶的開拓者往往有一大半是一般人，或至少是那些勇氣十足或受環境驅使而踏上旅程的人。不管探險家再怎麼滿懷熱誠，還是需要嚮導，因此，我謙卑期許本書對大家探索 Web3 的歷程有所幫助。

第一部
破壞式創新

第 **1** 章

邁向第三紀元的全球資訊網

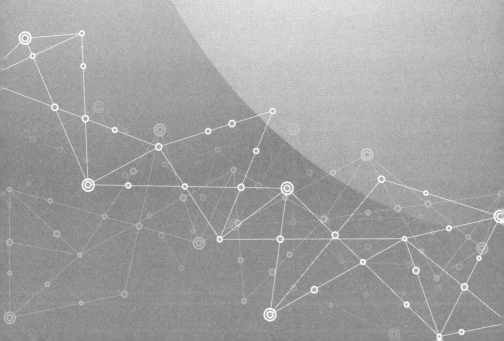

　　每隔一段時間，總會有新科技出現，以影響深遠且出乎意料的方式顛覆社會秩序，促使經濟轉型。

　　1440 年，古騰堡（Johannes Gutenberg）發明活字印刷，使得書籍和知識更為普及（對識字的人而言）；而印刷術問世近八十年後，這項技術幫助馬丁路德（Martin Luther）宣揚他的《九十五條論綱》（*Ninety-five Theses*），挑戰教會教義，進而引發宗教改革；印刷術也開創大幅廣告、通俗小說、情色作品和印刷廣告蓬勃興盛的時代。

　　1776 年，瓦特（James Watt）發明蒸汽機，帶動工業時代興起，徹底改變自然界，催生出鐵路和電報等新興產業和大企業，例如卡內基（Andrew Carnegie）的美國鋼鐵公司（US Steel）和洛克斐勒（John D. Rockefeller）的標準石油公司（Standard Oil），還促使勞工組織美國勞工聯合會（American Federation of Labor，後與產業工會聯合會合併，簡稱勞聯－產聯）等工會。

　　1920 年代，美國無線電公司（Radio Corporation of America）將義大利發明家馬可尼（Guglielmo Marconi）發明的無線通訊商業化，帶來直播新聞和企業贊助節目，創造出新的大眾媒體和消費文化，更完全改變政治型態，不論是專制政權的獨裁者或民主國家的政治家，都能利用無線廣播觸及窮人和新興的中產階級家庭，同時傳播著恐懼或希望。

　　二十世紀下半，冷戰和太空競賽加速運算和通訊的匯流，為我們帶來另一次的科技突破，那就是網際網路。網際網路的構想起源於 1960 年代，目的是讓美國在受到攻擊時仍能維持指揮

中心的運作，後來伯納斯李發明全球資訊網，加上安德森（Marc Andreessen）發明「馬賽克網頁瀏覽器」（Mosaic），網際網路於 1990 年代隨之商業化。網際網路和全球資訊網徹底改變我們的生活與世界；如今，全球資訊網也正逐步邁向新時代，有希望為所有產業、社會和文化再度帶來轉變。

全球資訊網第一紀元現稱「第一代全球資訊網」（Web1，1992 年至 2002 年），此時的網站只能讀取，基本上是一個將郵件、雜誌、目錄、報紙和分類廣告等資訊數位化的廣播媒體。當時，平面雜誌《連線》（Wired）在網路上推出橫幅廣告業務，各地企業都以電子郵件取代內部的郵務部門，行銷資料也用網站取而代之。網路用戶可以在線上瀏覽資訊，卻無法進行互動。Web1 讓連上網路的電腦使用者更容易存取資訊，但它是靜態、單向的體驗，使用者只能被動的接收內容。典型的 Web1 例子包括大英百科全書線上版（Encyclopaedia Britannica Online）、美國線上（AOL）、搜尋引擎里寇斯（Lycos）和路遙（AltaVista）等等，都是網際網路出現前的實物轉型而來。

在網際網路中，「發布」、「網頁」和「電子郵件」等用語使用了頁面和郵件等詞彙，正好足以說明這些用語的心理模型源於紙張和出版。Web1 時期創造出來的產物主要是探擬真設計，即現有產品、服務或其商業模式的數位版。[1] 設計者或目標受眾難以想像截然不同的未來，因此初版的新產品或服務經常或多或少會類似於舊版的產品或服務。更常見的情況是，設計師和企業家利用舊產品或舊服務的一部分面向，使新產品或新服務感覺起來

更熟悉、更容易接受，幫助受眾過渡到新產品或新服務。例如，第一批燈泡製造商將電燈泡的外型塑造為燭火的形狀；電腦上垃圾桶、資料夾和郵件等應用程式的圖標比照實物。除此之外，儘管電動車不需要水箱罩，但早期的特斯拉電動車多年來一直在外型上保有突出的水箱罩設計。[2]

安霍創投的事業合夥人狄克森（Chris Dixon）表示：「Web1 的特出之處在於，它運用第三方開發人員的力量，因此這套系統是由開放協定來管理。任何人都可以利用這個資訊空間來全面建構網站、應用服務層和基礎架構層等等。Web1 的發展主要由社群驅動，我認為這股力量十分強大。」[3]

網路泡沫在 2000 年至 2001 年間破滅，人們開始尋求新型態的全球資訊網。幸好出現好幾個重要的技術創新，讓全球資訊網成為協作和運算的媒介，這段時間的全球資訊網又稱為「Web2」，或叫做讀寫網路（2002 年至 2020 年），為我們提供創作、共享和討論內容的工具，無意間重新改寫全球資訊網。[4]用電腦程式設計語言來說，就是人人皆可「編寫」全球資訊網，添加自己的內容。網路原生社群和組織應運而生。其中一個例子正是維基百科，維基百科的共同創辦人威爾斯和桑格（Larry Sanger）邀請大家自願撰寫、編輯或翻譯詞條，在過程中建立出重要的全球資源。儘管維基百科和其他自願性組織負責管理網站，但不控制或擁有網站的用途和發展。[5]

相較之下，臉書（Facebook）和推特（Twitter）等社群媒體龍頭雖然讓個人能在平臺上創作、發布內容、組成社團和線上協

作，但用戶無法確定內容的所有權，而且對於平臺的治理不具任何決定權。

　　到頭來，「大型網路平臺的經濟利益與用戶的利益明顯不一致，但用戶是這些網路平臺最重要的貢獻者」。[6] 從網路搜尋到社群網路、電子商務到行動作業系統，Web2 結合行動通訊，在諸多領域形成自然壟斷 *。狄克森指出：「過去我們有哥倫比亞廣播公司（CBS）、美國國家廣播公司（NBC）、美國廣播公司（ABC）等大型媒體獨占，如今獨占的則是臉書、谷歌、亞馬遜（Amazon）和蘋果等公司。」[7]

舊一代全球資訊網的隕落

　　伯納斯李發明的全球資訊網非常重要，一直驅動世界，並帶來巨大福祉，但伯納斯李也承認，全球資訊網在幾個關鍵的層面上仍不夠理想。全球資訊網問世三十年後，他投書《衛報》（*Guardian*），表達他對全球資訊網的擔憂，其中之一是「不當的誘因」，鼓勵「以廣告為基礎的營收模式，獎勵誘餌式標題和病毒式傳播的錯誤資訊」；而且「網路上的論述帶著憤怒又極端的語氣和特質」。[8]

　　臉書的祖克柏（Mark Zuckerberg）也成為「新石油」大亨，加入亞馬遜的貝佐斯（Jeff Bezos）、谷歌的布林（Sergey Brin）和佩吉

---

* 編注：自然壟斷是指某一產品或服務（例如自來水、電力、網路）因為資源的特性，供應商在市場上會自然形成獨占。

（Larry Page）一行人。他們的財富來自於挖掘、分析使用者注意力所產生的數據，然後販售給廣告商。

　　隨著個人數位助理、蜂巢式行動通訊和 3G 連線技術的結合，智慧型手機應運而生，讓數十億人能透過網路使用超級電腦。智慧型手機的相機功能讓每一個人都能記錄自己的生活，隨時傳輸大量數據。行動通訊結合全球定位系統，開啟所謂的「共享經濟」平臺，包裝並銷售他人過剩的產能。話雖如此，共享經濟當然是一種誤稱：以優步科技公司（Uber Technologies Inc.）為例，司機分享他們的時間和資源，但卻無法共享平臺的經濟效益，而且對優步科技公司如何管理平臺無權置喙；同理，乘客幫助增進優步網路的價值，但除非他們是機構投資人或公司內部人員，否則對優步科技公司的財務或治理毫無利害關係可言。[9]

　　伯納斯李跟 Web3 的支持者一樣，也對 Web2 感到擔憂，但他並不認為 Web3 核心技術之一的區塊鏈是解決問題的方法。他在談及自己的「社交關聯資料專案」（social linked data，縮寫為 Solid）時指出：「區塊鏈協定也許適用於某些用途，但並不適合社交關聯資料專案。」社交關聯資料專案的目標是實現去中心化的全球資訊網，提升隱私，同時將數據交還給網路用戶。伯納斯李認為，區塊鏈「太慢、太貴、太公開。個人資料儲存必須高效、便宜且注重隱私」。[10]

　　此外，對於公眾將「Web3」與他所謂的「Web 3.0」混為一談，或分不清兩者的區別，伯納斯李也深感困擾。「Web 3.0」指「語義網」（Semantic Web），核心概念是電腦可讀取和處理來自

全球資訊網的數據，進而造福每個人。[11] 伯納斯李表示，我們應該忽略「Web3」，因為 Web3 根本與全球資訊網無關。某種程度而言，伯納斯李沒有錯。Web3 的概念日漸興起，但與全球資訊網最初的技術和架構截然不同。再者，對於 Web2 發現的資料擷取和所有權問題，伯納斯李的社交關聯資料專案也許有機會成為解決方案。當全球資訊網之父談論全球資訊網的未來時，我們最好洗耳恭聽。

　　Web2 的支持者認為，可編寫的新式全球資訊網會移除掌控網路資源的守門人。然而恰恰相反的是，Web2 巨擘反倒成為新的網路守門人；當澳洲政府推出新法，要求臉書、谷歌等公司為新聞連結內容付費給澳洲新聞媒體時，臉書的回應方式卻是封殺澳洲所有新聞內容，但澳洲有 39% 的人透過臉書的服務閱讀新聞。況且，臉書封殺新聞內容的時候正值野火肆虐和新冠肺炎疫情期間，大幅切斷了國家氣象局和政府衛生官員想宣導的消息。[12] 由於社會大眾正等待著疫苗接種的相關資訊，澳洲政府只能屈服，並向臉書做出各種讓步。

　　Web2 平臺憑藉著大量可用的數據，設計出錯綜複雜的工具來分析和鎖定用戶，即使是全盛時期的尼爾森公司（Nielsen）† 也無法如此輕而易舉的為哥倫比亞廣播公司、美國國家廣播公司和美國廣播公司提供這麼精準的服務。社群媒體不論消息真偽，專門針對偏好特定訊息的用戶提供特定消息，因此強化了極端

---

† 　編注：尼爾森公司是全球型的顧問公司，會做市場調查分析，並提供顧客可靠的廣告建議和銷售情報。

主義，妨害公共論述，傳播錯誤訊息；而且，根據許多進行相關研究的科學家表示，社群媒體還對我們大腦的化學機制造成影響。[13] 臉書內部稽核的結論指出，「我們的演算法利用人類的大腦，加劇意見分歧」，並「引導人們走向不斷自我強化的極端主義」。[14] 截至目前為止，還沒有哪個 Web2 平臺的高階主管，對這項警告做出任何深切的反省。

隨著愈來愈多商務活動遷移至線上，Web2 企業、銀行、威士卡及萬事達卡等支付公司也成為數位經濟中強大的金融中介機構。同時，所有協作和通訊的價值全都累積到蘋果、谷歌、臉書、亞馬遜等中心化平臺，它們使用封閉平臺提供服務，利用使用者、應用程式開發者和品牌的數據，為自己創造巨大價值。

這種模式運作了一段時間，卓有成效，但目標式廣告和網頁推薦愈來愈過頭，讓使用者不堪其擾，而且使用者還發現自己的個資外洩，遭到駭客竊取。[15] 經濟學家夏畢洛（Robert J. Shapiro）接受《紐約時報》（*New York Times*）採訪時表示：「試想，如果通用汽車無需為鋼鐵、橡膠或玻璃等生產的輸入原料支付任何費用會怎麼樣，而這正是大型網路公司的情況，這筆交易可說再划算不過。」[16]

做為自然壟斷者的 Web2 巨擘一邊鞏固網路勢力，一邊抑制競爭。這些成立於 1990 年代和 2000 年代的公司大顯神通，摧毀或收購新興的競爭對手。例如，臉書在 2009 年將線上分享服務「朋友摘要」（FriendFeed）納入麾下，2010 年買下社交網站「交友達人」（Friendster）的專利，2011 年收購社交網站「朋友通」

（Friend.ly），2012 年併購 Instagram 和一個錢包應用程式，又在 2014 年買下 WhatsApp 和 Oculus VR。

不僅如此，臉書並未就此罷手，它還收購定位與查詢、臉部辨識、語音翻譯、健身紀錄和活動追蹤、語音辨識、情緒偵測、生物特徵辨識等技術，還有將神經脈衝轉換為數位訊號的腦機介面技術，這些科技讓臉書得以蒐集最個人化的資料，用以分析每個使用者。[17]

2013 年，臉書試圖以三十億美元收購 Snapchat，但遭到拒絕。從臉書的角度來看，這些交易決策相當明智，因為其他時代的龍頭企業也是透過併購來整合市場與競爭對手。但對於現今的網路使用者而言，這種模式看來更像是一場與惡魔的交易，且難以持久，亟需重大的反思。

嶄新全球資訊網的誕生

2008 年金融危機之後，正當行動網路起飛、Web2 巨頭努力在網路上開疆拓土之際，化名「中本聰」（Satoshi Nakamoto）的發明家嶄露頭角，為全球資訊網的新時代奠基。中本聰先是發布比特幣白皮書，接著率先推出公開可用的網路對等式交易工具，只需一臺電腦和網路連線即可操作。[18] 在比特幣出現之前，如果沒有可信任的中介機構，我們很難完成交易。正如電子郵件和全球資訊網成為資訊科技的公共基礎設施一樣，比特幣成為電子支付的公共基礎建設。比特幣之所以與眾不同，在於它確實發揮作

用，為日後更大規模的商業、文化和政治巨變鋪路。

全球資訊網目前正邁向第三紀元，提倡使用者不僅可以讀取和編寫網路上的內容，還擁有內容的所有權，也就是所謂的 Web3（2020 年迄今）。Web3 有助於普及關鍵平臺、組織和資產的所有權工具，並讓全球資訊網用戶的獎勵與權益跟著他們使用的技術一起進步成長。雖然 Web1 和 Web2 大相徑庭，但都屬於「資訊媒介」，兩者共同構築網際網路的第一紀元。

隨著 Web3 出現，網際網路正邁入第二紀元，也就是「價值的網際網路」（the Internet of Value）。家父與我在《區塊鏈革命》一書中，解釋過網際網路如何朝向第二紀元發展。革命性的區塊鏈技術有助於開創出新的價值網路，資產不僅可以數位化，同時還能對等式（peer-to-peer）的持有、交易和受保護。區塊鏈為我們帶來新一代的全球資訊網和網際網路。

Web2 的不足之處在於數位產權。每個使用全球資訊網的人都在創造價值，不論是虛擬商品或數位資產都具有價值。我們將資料「寫入」全球資訊網，產生價值，卻立即遭到 Web2 巨頭侵吞。用戶並不擁有他們創造出的虛擬商品，無法從自己的資料獲得報酬或管理個人的隱私；此外，儘管用戶身為利害關係人，對於相關服務的經營方式卻無權發表意見。

當你每次在推特上發文、在臉書上組社團、上傳照片到 Instagram、創作 TikTok（抖音國際版）影片或上傳 YouTube 影片時，都在創造你無法完全擷取的價值。你在網路上的活動，幾乎每一次都會留下些許與個人有關的私密數據，像是你購買的物

品、你的飲食、言論、動向、來往的人、外表、興趣、支持的理念、存取資訊的方式，以及你花多久時間閱讀特定資料。這樣你明白了嗎？

　　有時，用戶甚至必須實際付費來為平臺創造價值。例如《要塞英雄》（*Fortnite*）之類的熱門電玩遊戲，玩家必須購買遊戲的數位商品，才能融入遊戲環境，提高競爭力和存活率。但玩家無法帶走這些商品，假使遊戲開發商被收購並關閉遊戲，或修改程式碼，玩家也許會就此失去這些數位資產。我們不是所有權人，而是網路租客。

　　安霍創投的辛普森指出：「在傳統的概念裡，這些物件並不是真正的資產。我們既無所有權，也不存在所謂的產權。所有權存在於他人的領域，完全由他人掌控。」[19]這不僅不利於使用者，還限制全球資訊網的經濟潛力。但儘管存在著這些限制，網路用戶每年仍花費千億美元購買自己無法真正擁有的數位商品。

　　柏爾（Matthew Ball）在《元宇宙》（*The Metaverse*）寫道：「使用者買下某個虛擬帽子、土地或電影，這些物件仍然存在於『出售』物件的公司伺服器裡，使用者無法真正『擁有』這些物件，或是將它從伺服器中刪除。」[20]產權為工業時代的繁榮奠定根基，而數位產權（或網路所有權）將可支持資訊時代的蓬勃發展。

　　數位資產或代幣的所有權是 Web3 的基礎，為我們的數位存在賦予經濟利益。所有權導入新的金融模式，讓每個人可以略過中介機構，利用數位資產賺取收入、儲蓄、交易或投資，這預示著金融和貨幣領域將迎接數世紀以來最大的變革。以太坊先驅暨

吉特幣公司創辦人奧沃基表示：「產權在數位領域從未存在過，但如果你認為產權對現實世界的金融發展舉足輕重，那就應該正視產權對 Web3 的重要性。」[21]

　　所有權也帶來了新的身分識別方法：網路用戶能運用 Web3 工具來驗證自己的特質，所以他們的 Web3 身分會輔以生物特徵辨識技術和政府的身分證明，電玩遊戲企業家李貝麗（Beryl Li）稱此為「人性證明」（proof of humanness）。[22]

　　最後，所有權也讓用戶對平臺和服務的運作具有發言權。治理權保障了網路的多元包容和公平運作，讓平臺必須對用戶負責。簡單來說，Web3 的領導者認為，網路使用者應當擁有交易隱私、數位本我的主權以及線上資產的產權。

　　Web3 的領導者和支持者十分多元且國際化，他們不但年輕，還擁有之前僅存在於科幻小說中的科技工具。分散式技術有希望能分配 Web3 的權力、影響力和價值創造。正如世上不存在「電學文化」一樣，目前並不存在單一的「Web3 文化」，但Web3 用戶和開發人員社群，還是帶有部分的共通背景。

　　早期的採用者本質上是實驗家，即使試用未經測試的新工具，也不怕「從基本原理重新構思經濟學」。[23] 而 Web3 領域如同Web1，流露出一種輕鬆活潑甚至不拘小節的氛圍，儘管風險巨大，且後果也許不堪設想，但它的迷因（meme）‡卻很幽默。當人

---

‡　編注：迷因是指透過文字、語言、圖像、影像等形式而傳播給其他人的思想或行為，最早由道金斯（Richard Dawkins）在《自私的基因》裡提出，用來類比生物學中的基因。

人都說你瘋了，此時保持幽默感絕對有所幫助。Web3 也是開放的。熱門平臺以太坊的開發人員貝柯表示：「這不僅因為 Web3 是開源或無需許可，當你在以太坊上打造某些事物時，任何人都可以與之互動。」他們不僅可以看到程式碼，「還能直接介入，創造了開放和協作的巨型文化」。[24]

　　Web3 的建造者是一群在開放市場上積極競爭的資本家。但整體來說，貝柯的看法正確，唯一的例外是死硬派的比特幣愛好者。1981 年，美國作家基德（Tracy Kidder）出版普立茲獲獎作品《新機器的靈魂》（*The Soul of a New Machine*），現在請容我改述當中的一句話：這群人對比特幣抱有十分濃烈的情感，正如哥薩克人對他們的馬一樣。[25]

生命權、自由權，以及對數位財產的追求

　　產權奠定了自由社會、民主和正常運作的市場經濟，這個概念在啟蒙運動期間萌芽，並在數個世紀間大幅擴展。如今，產權已是現代社會和市場經濟的基石，記錄於合約當中，透過一致且公正的法規執行，成為所有資本形成、投資和創新的支柱。事實上，合約對於各種資產類別、每一間公司和所有經濟活動至關重要，如果國家能妥善管理這些權利，報酬將是獲得更多的投資與創新。個中道理其實十分直觀：如果沒有人能確保自己的所有權，又怎麼會有人願意注資新企業或做任何投資？

　　十七世紀時，英國發生內戰，英國學者霍布斯（Thomas

Hobbes）因此流亡到巴黎，他在這段時期寫出影響深遠的巨作
《利維坦》（*Leviathan*）。書中主張建立一個強大的中央政權，但
這個政權應當以法律和國家為根基，而非個人。在霍布斯眼中，
人類的存在是「孤獨、貧窮、骯髒、野蠻且短暫的」。[26] 數十年
後，英國發生光榮革命，確立英國此後棄絕君權神授，成為君主
立憲制國家。

　　洛克（John Locke）在光榮革命期間發表著名的《政府論》
（*Two Treatises of Government*）。洛克對於人類自然狀態的看法不像
霍布斯那麼悲觀，他主張的政府概念更重視個人權利，而非國
家的絕對權威。洛克認為權利源自於私有財產，而不是政府法
令。[27] 當然，實際運作上並非如此。那麼，洛克對於人類自然狀
態帶來的不便，提出什麼解決方案呢？答案就在於產權。

　　Web1 的自然狀態不算是野蠻，它不像該隱和亞伯那樣暴
力，而更接近亞當和夏娃之間的和平。[§] 儘管如此，它依舊是
無政府且亂無章法，缺乏妥善的機制，讓人必須在分享個人
資訊的情況下驗證身分，既沒有代表數位產權或集體共有財產
（community ownership）的方式，也欠缺協調、組織和資助網路價
值創造的種種機制。

　　Web2 公司建立簡單的模型，讓我們從中獲得封閉且經過策
劃的體驗；做為交換，我們貢獻數據來幫助這些深具價值的平臺

[§]　編注：依聖經記載，亞當與夏娃是神創造的第一對人類，因為兩人吃了
　　禁果而被逐出伊甸園，之後生下該隱和亞伯，但該隱在一次衝突中殺了
　　亞伯。

發展，並同意放棄自己用內容或勞力所產生的任何回報。我們未經協商，甚至經常連看都沒看就同意服務條款。我們對平臺的演變或其他參與者毫無影響力。套句洛克的話，我們付出勞力，但我們的「財產」並不真正屬於我們。平臺反過來將我們的數位人格銷售給最高的出價者。

由此看來，Web2 可說是更傳統而非更啟蒙，並且是更封建而非更資本主義。我們為了獲得數位資產，自願放棄個資的隱私和資料使用權，與其說是在上網，更像是在網路上工。[28] 不僅如此，Web2 應用程式在獨裁政權底下，可能淪為社會控制和政治迫害的工具。[29]

另一方面，Web3 技術則可成為經濟、社會和政治自由的工具。我們毋須再仰賴政府，就能利用區塊鏈來執行權力。加密貨幣企業家阿加瓦爾表示，隱私是「Web3 超越中心化系統所能實現的一大重點」。[30] 數位不記名資產（digital bearer asset）即業界所謂的「代幣」，讓我們能在網路平臺間持有或轉移有價值的數位商品。這些商品可以是貨幣、證券或其他金融資產，也可以是收藏品、智慧財產權、個人身分、個人資料或其他超乎我們想像的事物。

網路上並無固定面積的土地可申請產權，只有無邊的疆界。戴維森（James Dale Davidson）和里斯莫格爵士（Lord William Rees-Mogg）在他們的重要著作《主權個體》（The Sovereign Individual）中指出：「網路空間最終可能成為最富裕的經濟領域。」[31]

以「代幣」這個名詞來定義產權這個基本概念其實有點奇

怪。《牛津高階英語辭典》對代幣的定義為：事實、品質、感覺或憑證的可見或有形代表，持有人可用來交換商品或服務，或用於操作機器。[32] 無論好壞，科技界已經採納這種用語，但如接下來所見，結果證明這樣的稱呼其實再合適不過。

狄克森認為代幣之於 Web3，正如網站之於 Web1 和 Web2，都是基石。他說，代幣和網站一樣，是容器，「它可以保存程式碼，可以儲存影像、音樂、文本或任何創作者想得出來的物件。代幣的關鍵屬性並不是透過超連結傳遞資訊，而是可被持有。代幣可被用戶、智慧型合約或服務持有」。[33]

此處所指的「智慧型合約」，並不是我們以數位方式「簽署」的靜態類比協議。電子簽章儘管方便，但仍屬於 Web2 的發明，是由「文件簽署」（DocuSign）等公司開發出來的 Web2 應用服務，使用者必須閱讀合約，然後簽下自己的簽名。相對的，智慧型合約是用程式碼編寫、能自動執行且不可竄改的對等式協議，無需透過律師、銀行或其他中介機構來執行條款。相較之下，現今的合約多半相當愚笨，反觀智慧型合約可以完成更多工作，它能像無需律師的數位信託帳戶那樣，保管資金或其他資產。

方舟資產管理公司（Ark Investment Management）的溫頓（Brett Winton）簡單說明智慧型合約的原理：「我們有一個預設機制，能透過這個機制以數位的方式持有某物，並證明我們擁有某物的所有權，然後以每個人都同意的方式將所有權轉讓給另一人。」[34] 俗話說「現實占有，勝算十之八九」（possession is nine-tenths of the law），而我們終於擁有工具，能持有數位商品及身分，並證明自己持有。[35]

數位共享的勝利

電腦科學研究科學家克拉克（David D. Clark）在 1992 年的一場演講中，向 1970 年代以來從未（像他一樣）參與過網路發展的人，傳達網際網路先驅的價值觀：「我們拒絕君王、總統和投票。我們只相信大致上的共識和運行中的程式。」[36] 克拉克的宣言描繪出網際網路標準在 1970 年代和 1980 年代發展時的精神，這種近似無政府主義的精神也融入 Web1 自由開放的理念中。

電子郵件和即時通訊是網際網路早期的殺手級應用，其開發者仰賴的是由美國政府和學術界資助的開源軟體。當時沒有任何公司握有關鍵平臺，也沒有任何機構負責監督早期全球資訊網的發展。[37] 隨著全球資訊網逐漸成熟，並獲得新功能和數億新用戶，新一代公司順勢而起，利用這些數位公共財帶來的商機獲利。

生態學家哈丁（Garrett Hardin）提出「公地悲劇」（tragedy of the commons）一詞，用以描述十九世紀在公有地上放牧的農民；所有農民都有維護土地的誘因，但由於使用毫無規範，每個人都受到自身利益的驅使，努力餵養牛隻，因而耗盡土地資源。哈丁本身是本土主義者，也是種族主義者，他的公地理論流露出一種零和遊戲的人類觀，擁護優生學和反移民。[38] 儘管如此，從氣候

科學到經濟理論等各領域，均深受哈丁的影響。許多人以極端的
方式延伸哈丁的理論，擴展到其他公共財，從道路和航道到飲用
水和糧食的供應等等，利用此「悲劇」做為藉口，用以提倡私有
財或對重要資源的外部治理。[39]

　　網路公共財指的不是還沒經過處理的各種資料，而是開源協
定（open-source protocol）；開源協定是公有領域的軟體，由志願者
開發和維護，他們與想使用軟體的人共享使用、複製、編寫和分
發程式（即原始碼）的權利。網際網路讓我們看見人類可自發的
團結合作，共同建立極具價值的開源公共財。開源專案每年為全
球國內生產毛額帶來數千億美元的收入，並幫助提高勞動生產
力，協助新創企業成立。[40]

　　吉特幣公司的奧沃基表示：「身為軟體工程師，當我想建立
新網站時，我不會設置自己的全球資訊網伺服器、資料庫伺服器
或雲端主機，而是選用開源軟體。其中的美妙之處在於，我們都
站在巨人的肩膀上，正因有這些開源軟體，我們才能迅速的往前
推進。」[41] 建構開源軟體顯然不難，難的是如何維護。奧沃基也
指出，由於這些專案未收費或營利，軟體維護者不是疲憊不堪，
就是得去上班賺錢來資助自己滿懷熱誠的開源專案。

　　獎勵動機和經濟報酬的不一致，使得開源專案無法與企業專
案有效競爭。正如凱西（Michael J. Casey）指出的：「追求利潤的
公司將資源導向商業化的專有應用程式，這些程式都建立在開放
協定之上。」[42] 企業畢竟資本雄厚，可挖角頂尖人才，並捐款給
有利企業發展方向的非營利組織。

　　然而，Web3 工具不僅可透過數位商品的所有權，將線上產權賦予給個人，還能提供開發人員全職投入的經濟誘因，提供可行的模式，讓他們能推出開源專案並持續維護。使用者和開發者雖然屬於不同族群，但在網路上，兩者同為利害關係人，具有共通的利益。

　　如果代幣是可存放任何重要物品的容器，那我們也可以編寫程式，賦予貢獻者特定的經濟權利，並制定公共財的管理規則。諾貝爾經濟學獎得主奧斯壯（Elinor Ostrom）研究有效管理公共資產的社群，她確立八項原則，包含明確建立使用界線、制定簡單治理的法規等等，幫助實現永續的資源管理。[43] 我們可以編寫程式將規則、獎勵措施與經濟權利一起納入治理代幣（governance token），讓開源開發人員能全職從事熱愛的專案。Web3 的重要基礎架構和服務全部屬於開源，任何公司都無法奪取，或排除其他人在這些基礎上進行開發，因此能進一步支持個人的網路所有權。

　　這種集體共有財產的概念也延伸至商業和社會的其他領域。在 Web3 中，大眾可以透過新型網際網路原生的去中心化自治組織，集中擁有資產並進行管理。

Web3為商業與世界帶來六大轉變

　　我們在本書中，將先探討 Web3 對世界的初步影響，並以同心圓的方式逐步擴展討論主題，一開始先狹義聚焦在「資產」

的概念，然後向外擴展至「眾人」、「組織和企業」的探討，再到「產業」、「人類經驗」和「整體文明」。我將解釋 Web3 的發展對另闢新徑的年輕企業家或創新者有何影響，並針對產官學界的領袖提出相關見解。

　　古往今來，我們的世界從未像現在這樣緊密連結與相互依存。即使方式不同，但 Web3 勢必會影響每個人，為我們帶來挑戰和契機。在**第 2 章**，我將會介紹 Web3 的藍圖和架構。Web3 核心結構的基礎是區塊鏈。雖然區塊鏈並非什麼響亮的術語，卻是 Web3 的基礎，它們是具備無比能力的虛擬計算機。我們將於這一章深入探討區塊鏈的影響，以及創新者如何將區塊鏈應用在現今的 Web3 中。

　　在**第 3 章**中，我將會分析核心轉變，深入研究 Web3 的核心發展要件：數位資產，又叫做代幣。沒有資產，就沒有所謂的所有權。數位資產為網路使用者提供直接參與數位經濟成長的方式，而數位經濟很快將成為最富裕的經濟領域。本書的代幣分類涵蓋十一種在 Web3 深受歡迎的數位資產，包含加密貨幣、協議層代幣（protocol token）、治理代幣、預言機代幣（oracle token）、互通型代幣（interoperability token）、證券型代幣（securities token）、企業代幣（corporate token）、自然資產代幣（natural asset token）、穩定幣、非同質化代幣和中央銀行數位貨幣（CBDC）。

　　上述類型的代幣合起來幾乎完全涵蓋數位資產的總值，並且已經找到適合的產品或市場。以穩定幣為例，其交易量在 2022 年高達 7.2 兆美元，相較於 2021 年成長了 19%。[44] 然而，對不

同「類型」的代幣進行分類，也許很快就會像進行網站分類一般，變得毫無意義。此外，如果代幣之於 Web3，就像網站之於 Web1，那麼現今的許多（雖然不是全數）代幣也許都會跟網路泡沫時期的網站一樣，最終只在轉變過程裡留下雪泥鴻爪。

　　第 4 章中，我們討論的重點在於人，說明 Web3 將如何影響近期獲得網路資產所有權的使用者。在 Web2 中，平臺擁有（或共同擁有）並控制創作者的財產，使得音樂家、藝術家、作家等創作者苦不堪言。然而，在 Web3 的世界，每個創造價值的人都能擁有自己貢獻的內容，並從中受惠。例如，音樂創作者可以在平臺上發表內容，並賺取平臺的分潤，不僅可享有平臺經營成功所帶來的經濟利益，對於平臺的治理也擁有發言權，像傲聽（Audius）就是其中一個音樂串流平臺，擁有七百五十萬用戶。

　　透過非同質化代幣這種獨特的數位商品，文化資產不但可以展現自身的價值，還能讓視覺藝術家在「魔法伊甸園」（Magic Eden）、「稀有物市場」（Rarible）或「開放之海」（OpenSea）等交易平臺上直接銷售作品給藏家，無需由畫廊經手。[45] 此外，買家日後轉售數位資產時，藝術家還能獲得永久版稅，條件可預寫在區塊鏈的智慧型合約上。如今，好萊塢正考慮取得授權，以無聊猿（Bored Ape Yacht Club）等早期非同質化代幣做為創作基礎，發想劇本。俗話說得好，電影是帶動周邊收入的最大來源，所以附屬權利（ancillary right）很重要。[46] 一位業內人士打趣的說：「現在的好萊塢什麼都能改編。」[47]

　　另外，編劇創辦的非同質化代幣新創公司 MV3，企圖重新

思考故事敘事的本質，他們將故事中的角色以非同質化代幣的形式出售給早期參與的粉絲，並邀請粉絲為自己購買的非同質化代幣撰寫背景故事，從創意面和經濟面改變粉絲參與故事敘事的方式，世界觀的建構也因此變得不同。想想看，在 Web2 中，「擁有自己的星際大戰風暴兵可是辦不到的。安尼莫卡公司是區塊鏈、遊戲和開放元宇宙領域的全球龍頭企業，董事長蕭逸就指出，「如果比特幣是價值儲存，那非同質化代幣就應該被視為文化的儲存」，而這件事將會大大改變創意產業。[48]

但不僅限於創作者或創意產業，所有網路使用者都將對虛擬的自我擁有更多控制權。我們在數位世界活動和交易時，都在創造自己的鏡像。我們在網路世界撒下的「數位麵包屑」構成我們的數位身分。[49] 在 Web2 中，我們產生數據，但數位房東從我們手中奪走這些數據；有了 Web3 之後，人人都能透過「自主身分識別」（self-sovereign identity），重新掌握自己的數位自我，適度管理自己的身分，獲取屬於自己的利益。Web3 的主軸是開放、無需許可，目前存取 Web3 多半不需經過正式驗證。我們不需要第三方來證明我們的身分，Web3 創新者將多種工具賦予使用者，讓我們不只可以累積和掌控資產基礎和聲譽，同時還能建立自主身分識別。[50]

如果大公司或集團公司是工業時代的基礎，那麼去中心化自治組織也許會是 Web3 和新數位時代的根基。**第 5 章**中，我們將探討新型態的 Web3 原生組織，以及它們如何影響商業經營和顛覆傳統企業。在資本密集事業的時代，「有限責任公司」是募集

成長資本和分散股東風險的強大機構，因此這類組織的表現相當亮眼。在如今的社會裡，Web3 正逐漸扭轉公司本身的深層結構和架構，為創新和創造財富的方法帶來全新的去中心化模式。去中心化自治組織是多數 Web3 應用程式的預設結構，整個 Web3 去中心化自治組織的資產總值高達數十億美元。[51]

Web3 也迫使我們重新思考管理科學，例如要怎麼組織各部門的能力，一起合作和協作，共享成功？企業領袖該如何因應變革？哈佛大學教授克里斯汀生（Clayton Christensen）就觀察到，由於很難斷定市場對新科技的需求，導致企業主往往不願採用新科技，然後錯失機會。[52] 這些企業主會加倍投資現有的技術，並在一些小地方進行調整或嘗試。

對現有的企業來說還有另外一項挑戰：某些所謂的 Web3 缺點，最後也許會成為 Web3 最大的優勢。克里斯汀生寫道：「破壞式創新產品的某些特質在主流市場看似毫無價值，但這些特質通常會成為產品在新興市場中最大的賣點。」[53] 試想 Web3 的「自託管（self-custody）錢包代幣」，這是指所有權人可自行持有並控制資產。

長久以來，我們的資產都是委託銀行等中介機構代為保管和轉移，因此自託管資產聽起來可能很不方便。但對於一些國家，尤其是腐敗猖獗、由恐怖份子或非正規武裝團體統治、當地法律和金融基礎建設嚴重落後或執行力不足的開發中國家，安全、便捷、數位化的自託管資產也許算得上是超強功能。對於年輕的 Web3 原生用戶而言，自託管資產既沒有不方便，也不是超強功

能，而是行動用戶體驗中預期具備的一項功能，以便他們隨時隨地掌控一切。

Web3 不僅對公司有所影響，也正逐漸改變所有產業。**第 6 章和第 7 章**中，我們將檢視目前受到 Web3 影響最深的兩個產業：金融服務業和互動娛樂業（遊戲業）。

首先，金融業正歷經極大的變化，可能是從複式簿記法（double-entry bookkeeping）發明以來最劇烈的一次變革。在過去，我們與陌生人進行交易時，必須依靠銀行和其他中介機構充當值得信賴的經濟中間人，協助轉移、儲蓄、借貸資金，並保存紀錄。如今，去中心化金融（DeFi）使得這種情況面臨轉變。一般說的金融科技只是新瓶舊酒，在舊式基礎設施上覆蓋數位化的包裝，但去中心化金融不止於此，更進一步將中本聰「對等式電子現金系統」的概念，擴展至借貸、交易、投資和風險管理等領域，並且不透過大公司，而是全部在分散式網路上運作。

去中心化金融這項創新之所以能夠成真，必須歸功於智慧型合約的技術突破；智慧型合約是一種存在於以太坊等區塊鏈上的協議，透過程式編碼、不可竄改且自動執行。由於金融業是全球經濟的循環系統，也是其他產業的命脈，去中心化金融的影響無疑會傳達到所有產業。

其次，第 7 章的第二個案例研究將說明，Web3 幫助重塑了互動娛樂遊戲玩家和消費者的用戶體驗。正如同免費遊戲降低了業餘玩家的遊戲門檻、整合手機遊戲並徹底翻轉整體產業的營收模式，顛覆遊戲產業，Web3 遊戲也將帶來顛覆，遊戲的內

容（包括用戶在遊戲裡購買的虛擬商品）將被重新定義，用戶得到的不再只是消耗型體驗，而是可以真正擁有的資產。Web3 遊戲也將一改遊戲體驗，吸引新玩家，並重新架構遊戲公司的營收模式。

第 8 章中，我們將脫離個別產業，深入探究廣受追捧的元宇宙。對於這個共享且持續存在的沉浸式虛擬空間，許多人預期它能為人類的體驗提供一個全新且重要的平臺。幾乎每個人都同意，元宇宙將是未來一大趨勢。摩根士丹利（Morgan Stanley）預測，2030 年時，元宇宙的市值將高達八兆美元。[54] 花旗銀行（Citibank）則認為此數值將趨近十三兆美元，幾乎等同於中國 2020 年的國內生產毛額。花旗銀行也認為，元宇宙的用戶將在十年內成長至五十億，有希望帶來業務成長、創業和就業的全新動能。[55]

然而，元宇宙其實深受誤解。拉森（Aleksander Leonard Larsen）是鏈上遊戲《無限小精靈》（*Axie Infinity*）開發商斯凱梅維斯（Sky Mavis）的共同創辦人暨營運長，他表示：「許多人試圖將元宇宙歸類到只涉及高擬真和 3D 資產的範疇，但實際上，元宇宙是一個社會構造，而所有權是真正參與互動的基礎之一，當中的一切都跟參與者以及他們之間的深度交流有關。」[56]

如果說桌上型電腦是我們通往 Web1 的閘道，而智慧型手機是進入 Web2 的入口，那虛擬實境、擴增實境和數位錢包，或許就是多數人體驗 Web3 的方式。依照科技專家梅普斯（Dan Mapes）的說法，這些技術將迎來整合自然環境的「空間網路」

（spatial web）。[57] 大部分虛擬實境和其他沉浸式線上體驗的重要投資，多半發生於大公司內部，例如蘋果（推出頭戴式裝置 Vision Pro）、臉書（推出虛擬實境眼鏡 Oculus Quest）和微軟等。

然而，為了賦予元宇宙「第二生命」，我們需要數位產權和自主身分識別相關的 Web3 工具。否則，我們將面臨臉書等 Web2 巨頭帶來的風險，這些大平臺將元宇宙視為嶄新的疆界，可以針對現有用戶打造封閉平臺，用來蒐集用戶的數據，並延續之前在智慧型手機時代大獲成功、以廣告為基礎的經營模式。請注意，拉森指出：「大型科技公司試圖採用『meta』（也有變換、超越的意思）這個字時，我感到荒謬可笑，聽起來充滿了垂死掙扎。」[58]

元宇宙也許會成為歐威爾式 ＊ 的大規模監控機器，強化既有的不平等、結構、實務和壓迫形式。因此，創新者必須硬性將產權和自主身分識別編碼至元宇宙，但 Web2 巨頭肯定不樂見此事。全球資訊網起源於政府和電機電子工程師協會（Institute of Electrical and Electronics Engineers, IEEE）等志願團體或非政府組織，但元宇宙是由民間企業率先開發，柏爾指出「目的很明顯就是為了商業、資料蒐集、廣告，以及銷售虛擬產品」。[59] 贏家將能在共享的基礎架構上打造元宇宙，這套基礎架構不僅是公共財，並具有數位權利。唯有數位資產等 Web3 開源工具才能使這一切化為現實。在第 8 章中，我們將了解開發者為每個人打造開放元宇

＊ 編注：由英國作家歐威爾（George Orwell）衍生出來的詞彙，指當權者利用政治宣傳、監視人民、散播不實資料等行為控制社會。

宙的做法。

最後，我們會檢視支援 Web3 元宇宙的實體基礎架構，也就是「去中心化實體基礎設施網路」（DePIN），包括運算、網路連接、影像著色算繪（graphics rendering）等等。據估計，從無線網路到雲端運算，這些支援 Web3 的去中心化實體基礎設施的潛在總市值，將在 2028 年達到 3.8 兆美元。[60] 各行各業的高階主管最好密切注意。

第 9 章中，我們將探討 Web3 如何在相距遙遠的市場之間建立線上的經濟橋梁，讓世界各地的人和創作者處於更公平的競爭環境，充分發揮自身潛能。由於 Web3 支持數位產權、降低金融服務門檻，並且加強個人和機構之間的網路經濟聯繫，所以可幫助在開發中國家生活的人。

我們會檢視數個範例，探討 Web3 如何協助創作者、商人和一般公民與全球經濟接軌；也會討論 Web3 如何威脅開發中國家的貨幣發行機構，好比大規模採用數位商品和穩定幣也許會導致當地貨幣加速崩潰（穩定幣的影響尤甚）。佛里曼（Thomas Friedman）在著作《世界是平的》（The World Is Flat）中，探討全球化如何為開發中國家的人民開創機會，同時也提及當中的弊端。承此思路，Web3 提供全新的數位工具組，讓人們能賺取收入，並與全球經濟更緊密連結，進而「更抹平」世界。我們也會探究商界和公民社會領袖可以如何善用 Web3。

在本書的最後，我們會誠實檢視從現況到未來的問題和挑戰。Web3 並不是完全沒有批評者，其實質疑聲浪還不小。有人

認為 Web3 不過是億萬富翁創投家自創的熱門用語，抑或只是把加密貨幣巧妙的重新包裝；在批評者眼中，只有洗錢的人和其他罪犯才會使用加密貨幣。[61] 另外，由於比特幣區塊鏈的碳足跡相當可觀，批評者要不是認為所有的 Web3 應用程式都十分浪費能源，就是看不起 Web3 的原生資產，覺得那些原生資產都是玩具。

第 10 章中，我們將討論 Web3 這個新機器的精髓，也就是尋求自我實現。根據馬斯洛（Abraham H. Maslow）**的框架，家父與我撰寫《區塊鏈革命》時，這座新機器仍在努力求生，而非自我實現。現在，它已茁壯到足以實現更遠大的夢想，準備好因應前路的險阻危難。

2022 年，曾是全球第二大的加密貨幣交易平臺「未來交易所」宣布聲請破產，顯示出 Web3、數位資產以及運用這些技術建構服務的公司，亟需周全完善的政策框架。政府確實可以創造條件來幫助創新技術的發展，但部分人士擔心，Web3 在缺乏全面立法的情況下，美國監理機構僅透過執法進行管制，會任意選擇目標，過度解讀職權範圍。美國證券交易委員會於 2023 年 6 月控告加密貨幣交易平臺「比特幣基地」（Coinbase），隨後兩黨議員都對證券交易委員會展開譴責。然而，倘若證券交易委員會勝訴，將有許多數位資產會受到證券交易委員會管轄。

未來交易所平臺破產暴露了另一項問題：Web3 多數新用戶

** 編注：馬斯洛是著名的心理學家，對人類的需求提出五個需求層次的理論，由低至高分別是：生理、安全、社交（愛與歸屬）、尊重、自我實現。

一開始都是在中心化交易所購買某種資產類別，然後因為貪圖方便而維持現狀，不採用自託管。矽谷銀行（SVB）在 2023 年 3 月宣布倒閉，當時的存戶情況也一樣，其中包括許多新創公司，甚至是大型企業，如果美國聯邦存款保險公司（US Federal Deposit Insurance Corporation）沒有介入，這些公司幾乎會失去一切。[62] 但採用自託管對許多人來說，有一點不切實際，尤其是他們受限於與矽谷銀行的貸款協議，必須將現金存在銀行裡。政府意識到矽谷銀行倒閉將造成嚴重的經濟危機與連帶損失，因而採取行動介入。相較之下，沒有人拯救未來交易所平臺上持有資產的數千名存戶、企業和投資基金；其中有些人失去了一切。

Web3 音樂平臺「傲聽」創辦人倫堡（Roneil Rumburg）告訴我們，未來交易所平臺破產將「促使更多時間／資源投入數位資產的管理，提升完全自主且去中心化工具的可用性」。[63] 但他旋即指出，雖然「加密貨幣用戶目前可以自主，但門檻仍然相當高，對許多主流用戶而言，自託管依舊是達不到的目標」。[64]

歷史學家弗格森（Niall Ferguson）認為，Web3 的學習曲線陡峭，這可能會造成權力集中，重現 Web2 的情勢，只是這次的重點會是錢財，而非資訊。去中心化金融「目前仍與 Windows 時代之前的個人電腦軟體一樣『好用』。只要這種情況持續，加密貨幣交易所就會繼續占有一席之地」。他還強調一種有如 Web2 的可能性：「單一交易所將成為市場主宰，將原本應該去中心化的網路集中起來，就像亞馬遜集中電子商務、谷歌集中搜尋行為、臉書集中社群網路，以及推特集中憤怒言論。」[65]

　　此外，還有其他挑戰，例如：Web3 是否需要自己的硬體，好擺脫蘋果和谷歌兩大智慧型手機作業系統的壟斷？為了迎接 Web3 的世界，我們還需要升級哪些技術？

　　Web3 目前尚處於發展初期，許多 Web3 的應用服務也尚未成熟，許多批評都很有道理，但情況正迅速演變。罪犯確實會利用 Web3 上的資產，不過他們可能更熱中於揮霍大把的鈔票。[66] 新用戶與 Web3 互動時可能會覺得綁手綁腳和難以理解。快速增加的創新技術導致彼此的標準相互衝突；區塊鏈就如同軌道距離標準各有所異的國家，每次我們切換至不同國家時，都必須切換軌道距離，這會產生風險，例如出現脫軌的情況。這項技術是否能根據一套標準來串連匯聚？

　　每一次科技的躍進都會幫助罪犯延伸觸角。科技飛快發展的時代，犯罪也隨之倍增。正如詐欺犯利用電子郵件、誘餌式標題、簡訊和自動語音電話來詐騙弱勢族群一樣，詐欺犯也會運用 Web3 工具。對於 Web3 來說，龐氏騙局正是經濟學家所謂的「負外部性」（negative externality）[††]，而 Web3 的創新者和支持者必須想辦法解決這個問題。[67]

　　Web3 就像鏡子，反映出社會的善惡。它降低開發的障礙，讓人能熱烈推廣新的數位資產給全球受眾，但這些獨特的性質拿來行善或為惡都同樣有用。

　　正因如此，我們需要評估「每一種加密資產、區塊鏈和專

[††] 編注：負外部性是指個人或企業的行為影響其他人或其他企業，使後者產生額外的成本，卻又無法獲得補償，例如工廠排放廢水造成環境汙染。

案的優缺點，」美國證券交易委員會官員皮爾斯（Hester Peirce）指出，「將加密貨幣一概而論，會使得當中的重要差異變得隱晦不明」。[68] 對詐欺犯來說，這些隱晦不明的地方讓他們更是如魚得水。我們的行動將會深刻形塑這項技術的發展方向，就像弗格森所說：「密西西比和南海的經濟泡沫破滅，並不表示股權融資和股票交易走向盡頭，正如十九世紀諸多金融恐慌，也不代表股份銀行（joint-stock bank）的終結。」[69]

　　有鑑於此，我們必須對這種全新的資產類別進行監管，我們後續即將探討，這對金融業的許多現行法律和政策規定會形成什麼挑戰。由於西方政府的輕忽，使得一些 Web2 公司成為史上最有錢有勢的企業，它們先是與實體企業削價競爭，接著又趁潛在對手變得太有威脅性之前進行併購。Web3 的創新技術有助於解決 Web2 最明顯的缺點，例如權力的集中、操縱用戶個資並從中獲利。

　　即使如此，說要擺脫 Web2，有時感覺像是異想天開，猶如唐吉訶德試圖挑戰假想敵，用一位知名創投家的話來說，是「不切實際的努力」。[70] 有些評論家稱 Web3 為「蠻荒西部」，但我們目前就像西部拓荒者才剛穿越阿帕拉契山脈，正準備進入美國西部時一樣，Web3 發展還處於起步階段，尚待我們深入探索未知的領域。

　　諸多的批評言論也揭露出，Web2 和 Web3 之間存在文化上和世代上的斷層。網際網路的早期評論者曾認為，網路只是為了取得情色內容，[71] 而試圖挑戰 IBM 大型主機壟斷地位的新興小

型電腦公司，則被描繪為貪婪的殺手。在《新機器的靈魂》一書中，一名電腦公司的主管告訴作者基德：「我不確定 IBM 這間大公司能否在傳統小型電腦市場競爭，這就像把金魚和食人魚放進同一個魚缸一樣。」[72] 後來，食人魚被鱷魚整個吞沒——小型電腦被個人電腦取代。1977 年，賈伯斯（Steve Jobs）和沃茲尼克（Steve Wozniak）推出個人電腦「蘋果二號」，小型電腦巨擘迪吉多公司（Digital Equipment Corporation, DEC）的執行長歐爾森（Ken Olsen）在當時表示：「任何人都沒有理由在家裡擁有一部電腦。」[73]

這種輪迴在電腦發明之前就已經存在。如果你告訴從前的封建貴族，他們的權力有一天會被「那群微不足道、平庸且粗俗的商人、貿易商和放款人」奪走，他們無疑會一笑置之；但過了幾世紀之後，占據主導地位的是資本主義。[74] 歷史不會重複，但必有相似之處。我們將在第 10 章，從 Web3 實際實施的挑戰中，彙整出一些迷思和誤解。

最後在結語的部分，我會列出讀者可以採取的行動。Web3 的形成是劃時代的時刻。我們將可以像歷史學家回首過往的動盪時局一樣，回顧這些時刻。英國歷史學家霍布斯邦（Eric Hobsbawm）曾說，「短二十世紀」‡‡ 始於 1914 年第一次世界大戰爆發，終於 1991 年蘇聯解體。[75] 地緣政治在 1991 年雖然發生劇烈的變化，但對美國商業、社會和日常生活的影響不大。當我們

---

‡‡　編注：在霍布斯邦的視角下，二十世紀較短，他在《極端的年代》(*The Age of Extremes*) 中，將「短二十世紀」界定為一個充滿希望，卻也摧毀所有理想的時期。

回顧 Web3 的形成時期，現下的時刻也許標注了「長二十世紀」的結束並象徵新時代的曙光，隨之迎來的是網路經濟與文化的新紀元。

第 **2** 章

全球資訊網的
所有權發展藍圖

Web3 並非某個天才在車庫裡東拼西湊出來的想法，而是源自運算科學幾個世紀以來的創新。[1] 其中一位前人是圖靈（Alan Turing），他在 1948 年寫道：「我們不需要……無數的不同機器來從事不同工作，一臺機器就已經足夠。」圖靈的想像是「為各種不同工作生產不同機器的工程問題」可以用「為通用機器『編寫程式』的辦公室作業」來取代。[2] 他的想法啟發許多發明，例如以太坊協定以及它的原生程式語言 Solidity 等。

數位時代早期有許多進展來自貝爾實驗室（Bell Labs）和 IBM 等公司，遵循「組織裡的工程師團隊扮演無名英雄，逐步推動進步」[3] 的體制，但 Web3 並不是來自這類大企業，它和網際網路第一紀元的發展不一樣，不是來自明顯由政府資助的研究計畫。相對的，Web3 是由數千名貢獻者時而合作、時而競爭，在漫長而有機的實驗過程中歷經突破和撞上死胡同，有時前進、有時後退，持續不斷的推動，才得以向前發展。這段發展歷程同時涉及電腦工程和社會工程，並將繼續演變。

艾薩克森（Walter Isaacson）曾寫道：「當成熟的種子落在肥沃的土壤上，創新自然萌芽。」[4] 我們站在科技的層層創新之上，每一層都有它獨特的時代標誌，正如腳下的層層大地。技術的「堆疊」（stack）* 涵蓋不同時代留下的各種要件，為所有的數位創新奠定基礎。Web3 也許是「超新事物」，卻涵蓋豐富的歷史和技術，並與過去的技術和創新錯綜交織，有時甚至可追溯至數十年前。

---

* 編注：堆疊指的是用來建立應用程式的一系列技術與服務。

法利安基金共同創辦人韋爾登表示：「Web3 層層疊加的技術結構發揮了一加一大於二的效果，這樣的結構為開發者提供更多建構應用程式的工具，充分利用整個技術結構中各層級的特色。」[5]

有時，對的想法加上天時地利人和，便會播下新事物的種子。[6] 艾薩克森指出，人類首度登月得以成真，全是因為火箭導引系統所用的強大微晶片（積體電路）變得夠小，可以裝進火箭的鼻錐，而太空計畫也推動了微晶片產業發展。[7] 美國國家航空暨太空總署（NASA）在 1965 年買下 72% 的國產微晶片，幫助支持這個新興產業及後續的商業應用。[8]

這裡還有一項重點：政府不僅可以提供創新和創業精神的發展條件，還能在企業開發商業應用時提供財務支援，並積極採用新技術。歷史上不乏正面的先例，像是美國憲法為鼓勵民間投資尚未證實可行的新技術，制定出專利相關法令，提供發明人一段時間的獨占權。聯邦政府早期也曾將美國航道的商業貿易獨占權特許給輪船企業家，[9] 讓發明家和企業家能在初期這段時間收取獨占的價格，做為運送工作船的報酬。同樣的，美國政府與鐵路先驅建立公私合作的夥伴關係，提供納稅人的資金來鋪平鐵軌，建設鐵路，並透過土地徵收，要求地主出售土地用於公共工程項目。[10]

網際網路第一紀元時期，政府早在現今的全球資訊網發明之前，就支持使用阿帕網（ARPANET）和其他初期科技的各種版本。然而截至目前為止，我們還沒有在 Web3 領域中看見政府的身影。不過，隨著 Web3 技術日益成熟，情況也許會有所改變。

借用雨果（Victor Hugo）的話來改寫：時機和技術成熟的想法是
商業中最強大的力量。[†]

Web3六大原始技術

　　我們該如何看待 Web3 的發展要件？用自然界來類比的話，
Web3 就像珊瑚礁之類的生物或生物生態系，從小小的幼蟲開
始，生長成龐大且彼此連結的生物體系。正如不同種珊瑚蟲形成
的珊瑚礁，各類 Web3 創新技術也構成相生相依的科技生態系。
我們該如何稱呼這類技術呢？不妨先稱它們為「原始技術」，畢
竟這些技術不可縮減且非常基本，因此開發人員會使用它們來組
成全新的事物。[11]

　　原始技術最佳的例子就是區塊鏈。區塊鏈由不同要件巧妙
配置而成，其中有些技術已問世十多年，但我們需要有創意的
人將它們兜在一起，形成新穎且劃時代的組合。例如，區塊鏈
的兩大核心原始技術，一個是證明工作量所用的雜湊函數（hash
function），有助於在鏈上儲存交易資料、保護網路並提高隱私
等；另一個則是數位簽章，用於驗證和鑑定數位資產的所有權
和可靠度。這兩項技術首創於二十世紀中期，並於 1980 年代和
1990 年代在其他類型的軟體中商業化。[12] 如果我們用對等式網路
結合兩者，便能獲得移轉、儲存和保護價值的全新架構。歐盟正

[†]　編注：雨果的原句是「時機成熟的想法是最強大的力量。」

考慮將比特幣採用的雜湊函數 SHA-256 用於「數位歐元」，因為專家認為這套雜湊函數可以對抗量子攻擊，意味著即使是最強大的電腦，理論上也無法將其破解。[13]

　　另一個同樣重要的技術是「虛擬機器」（virtual machine）。虛擬機器能在以太坊等區塊鏈網路諸多節點上，以分散式的方式執行程式碼，例如以太坊虛擬機（EVM）。話雖如此，虛擬機器的歷史跟雜湊函數和數位簽章同樣悠久，可以追溯至 1930 年代。[14]到了 1960 年代，IBM 也開發出自有的虛擬機器，讓用戶能在虛擬機器上運行好幾個程式，而且各個程式都在自己的虛擬環境中運行。[15]

　　在 Web3 原始技術中，最「原始」的也許莫過於密碼學，最遠可溯及西元前五世紀。密碼學最初的應用不僅限於軍事或國家機密，也用於敏感的商業資訊。古埃及商人會用「代換加密法」將字母換成符號，防止陌生人獲取資訊；美索不達米亞人則使用數字和符號系統來編碼訊息。部分歷史學家認為，商人發明了遠距通訊的書寫方式。[16]密碼學對於加密資產（即所謂的代幣）、乃至 Web3 而言，都至關重要。除此之外，密碼學也用來加密和保護交易、保護使用者資料和驗證區塊鏈的可靠度，確保只有交易發送者和接收者能查看內容，但鏈上的每個人都可以確認交易是否發生。

　　Web3 不僅受惠於前人的庇蔭，還得感謝當今的創新者將一些歷久不衰的原始技術組成嶄新的形式。如今，Web3 和人工智慧同為電腦科學中最令人引頸期盼的領域，不斷出現新穎且完全

原生的原始技術。當年賈伯斯結合映像管螢幕、圖形使用者介面、滑鼠、鍵盤與他的專利作業系統，組成了個人電腦；如今，Web3 創業家也不遑多讓，結合新舊技術打造新工具，以實現權力去中心化、改善隱私，並為 Web3 用戶帶來更棒的功能，例如證明所有權和控制數位資產等。

據安霍創投的葉海亞（Ali Yahya）表示，區塊鏈協定的威力十分強大，「讓我們設計的程式在某種程度上具有自己的生命。它們是自動執行的程式，不管是原本的程式設計師、硬體運行管理者或程式運行時的互動者，都無法限制它們」。[17] 如此說來，構成 Web3 這個新網路的原生原始技術有哪些呢？

1. 代幣：以數位形式呈現價值

代幣就像是一片白板，幾乎每一種有價值的事物都能編寫入這片白板，可說是 Web3 的基礎。從貨幣到藝術品，證券到碳權，大家正重新構想代幣所能代表的一切。

合廣投資公司（Union Square Ventures）的伯納姆（Brad Burnham）引用同事溫格（Albert Wenger）的部落格文章，稱代幣為「開源軟體的原生商業模式」，那篇文章的主題是從開源協定賺取收益。[18] 正如溫格指出的，從開源協定獲利的唯一方法是：「開發實施協定的軟體，然後嘗試銷售它（或最近更常見的是託管這套軟體）。由於軟體開發是獨立的行為，許多研究人員即使創立了現今最成功的協定，卻幾乎不曾獲得直接的經濟收益。」[19] 代幣能讓開發人員從自己的開源貢獻中賺取收入，並鼓勵他們持續付出，

畢竟愈多企業使用他們的軟體，他們的產權（stake）就愈有價值。

代幣有許多分類，像是同質化代幣（fungible token）和非同質化代幣。在法律合約中，同質化代幣可以輕易「用另一項實質相同的物品（如木材或紙幣）」取代。[20] 不同的區塊鏈平臺會支援不同的代幣，例如索拉納和網宇（Cosmos）這兩個平臺。不過，為了簡單起見，讓我們聚焦在以太坊來進行說明。

以太坊有兩大標準：一是同質化代幣 ERC-20，另外是非同質化代幣 ERC-721。這兩者代表以太坊上多數資產的價值，我們可以將它們編寫為任何內容，不論是會員酬賓積點，還是選舉的選票都行。然而，代幣並非全部均等：ERC-20 代幣在效用、價值和功能上完全相同，因此可以同質互換；但 ERC-721 代幣的單位卻沒有那麼一致。[21]

舉例來說，創業家推出新的 Web3 專案時，也許會利用代幣獎勵吸引新用戶：用戶透過使用平臺賺取代幣，而代幣賦予用戶發言權，對社群如何運作的專案表示意見。這類「治理代幣」彼此之間難以區分，因此可以互換；相較之下，代表藝術品或其他特殊數位商品的 ERC-721 代幣，由於可證明為具有獨特性，彼此之間有所區別，因此屬於非同質化代幣，不可在合約上互換。

2. 共識演算法：對於去中心化網路的狀態達成共識

為了使代幣具有價值，我們必須確保它們無法同時並存於兩地。如果我們能像在網路上複製資訊一樣去複製代幣，代幣便不具有稀缺的性質。因此，我們需要方法來維護去中心化網路的狀

態，以避免發生「雙重支付問題」。[22]

此時就需要共識演算法（consensus algorithm），以便在不經過中央機關的情況下，讓眾人同意分散式系統的狀態。共識演算法的歷史可追溯至 1980 年代的「拜占庭將軍問題」（Byzantine generals problem），這道問題首先是由電腦科學家蘭伯特（Leslie Lamport）、蕭史塔克（Robert E. Shostak）和皮斯（Marshall C. Pease）提出。在他們提出的比喻中，有一群拜占庭將軍試圖協調出進攻敵人的方式。[23] 由於軍隊分布在不同的據點，將軍們必須透過傳令兵進行溝通。但傳令兵可能撒謊，或可能有將軍改變主意、影響結果，拜占庭將軍們如何就攻擊計畫達成共識呢？解決方案必須可包容這些系統上的缺陷；換句話說，大多數將軍必須忠於計畫，同時遵守「拜占庭容錯」（Byzantine fault tolerant）共識。話雖如此，該如何實現？

首先，將軍們一致同意使用「共識演算法」，以此判定分散的軍隊狀態，如此他們就不必依賴單一個將軍來做決定。共識演算法包括權益證明（proof of stake, PoS）和工作量證明（proof of work, PoW）。假設所有拜占庭將軍都投注資金在這一次的進攻，一旦全體失敗就會失去個人的投資；如果有一名或少數幾名將軍變節或擅自行動，合作的將軍仍可贏得戰爭，但變節者將付出代價。

共識機制會獎勵為聯合軍隊做出最佳貢獻的將軍。簡單來說，權益證明的運作原理如下：以太坊、網宇、卡爾達諾（Cardano）等權益證明網路的市場參與者，會將資產抵押到區塊鏈網路，以換取俗稱質押獎勵（staking reward）的投資報酬。如果

區塊鏈正常運作，他們就會獲得報酬，因此他們的利益與其他人一致。參與者有時必須綁定資產，例如以太坊的情況，至於卡爾達諾等平臺，參與者可以隨時進行資產交換。[24]

　　另外，假定將軍們為了此次大舉進攻而調集士兵、武器等龐大資源，這麼大費周章一定是想求勝。由於他們的利益與正面的結果一致，因此他們可說是已經付出努力。以比特幣為例，參與者投入的不是資產，而是算力。比特幣的參與者被稱為「礦工」，因為透過挖礦從區塊鏈網路解鎖新的比特幣，就像用十字鎬從地下挖出黃金一樣。他們的電腦耗費能源、金錢，無法從事其他有生產力的用途，因此參與者獲得新的比特幣做為維持系統運作的獎勵。

　　權益證明和工作量證明這兩種系統各有優劣。在以太坊的權益證明機制中，單一參與者可透過委託掌控（或擁有）足夠的代幣來控制網路；無法或不願意自行操作的用戶，只需將代幣分配給更大、更專業的參與者即可。另一方面，雖然比特幣的工作量證明機制比較不會有中心化的情況，但挖礦非常耗能，也不利推廣。關於這些實施上的挑戰，後續將有進一步的討論。目前，兩大系統都致力於用網路狀態取代中央機關。

3. 智慧型合約：自動執行的商業協議

　　葉海亞在核心的原始技術清單中加上「智慧型合約」。雖然比特幣區塊鏈是 Web3 的開端，適用於移轉、儲存和保護比特幣，但它的功能有限。比特幣區塊鏈推出後數年間，許多開發人

員積極尋找其他編寫程式的方法，讓比特幣網路能執行更多操作，例如記錄土地所有權或保護其他資產交易，當時稱為「有色幣」（colored coin）。

可惜的是，這些努力最後都功敗垂成，原因在於比特幣無法用程式編寫。如果區塊鏈跟狄克森說的一樣，是「具有新功能的新電腦」，那麼比特幣區塊鏈便因為少了一項特質，而無法成為圖靈所說的通用機器，畢竟我們無法編寫、或重新編寫比特幣區塊鏈來執行各種、甚至是無數的任務。

回到以太坊這類的智慧型合約平臺來看，我們可以編寫程式讓智慧型合約執行更複雜的操作。薩博（Nick Szabo）在 1990 年代提出「智慧型合約」一詞，薩博說智慧型合約是特殊的去中心化應用程式，它是「帶有規則的機器，只不過原本在合約中定義的規則現在寫進機器裡」，就像販賣罐裝飲料的自動販賣機一樣。[25] 薩博寫道：「我們不必相信電腦的擁有者，就能相信程式碼會在電腦裡正確運作。」[26]

Web3 創新者目前正試圖改變商業邏輯，以智慧型合約取代傳統協議，也許這種做法不久後會拓展到更廣泛的經濟領域，讓用戶可以透過智慧型合約，「不需第三方的信任就能編碼任何類型的交易規則，甚至創建具有特定功能的稀有資產」。[27]

4. 去中心化自治組織：協調資產與行動

對於去中心化自治組織，代幣是相當重要的資產類別。去中心化自治組織是新型的數位原生組織，全球各地的人可在此匯集

資源，並協調各自的技能和才能，共同建立有價值的事物，類似於 Linux 等開源專案，差別在於去中心化自治組織提供方法讓貢獻者獲得公平的報酬。吉特幣公司是其中一個例子，它在網站上的介紹詞是「位於開放網路生態系中心的建造者、開發者和協議社群」。[28]

吉特幣平臺做了 Kickstarter 和 Indiegogo 等募資平臺沒做的事：它不僅把產品和服務的構想媒合給贊助人和潛在用戶，同時也媒合給有能力開發、提供相關產品和服務的人才；而在獲得資助的創意構想中，持有吉特幣代幣的人擁有財務上和治理上的權益。共同創辦人摩爾告訴我們，「吉特幣公司現在以去中心化自治組織的形式營運，這意味著我們是以集體共有的基礎設施來運作，目標是為了建立更多基礎設施。我們的治理原則是康威定律（Conway's law）」，也就是軟體系統的架構會複製其組織的溝通模式。[29]吉特幣公司推崇融資機制，用戶可以透過吉特幣公司支持各類的去中心化開源專案，摩爾指出：「這是本平臺運作的一大重要元素。」

他解釋：在較中心化的組織中，核心維護人員與開發人員必須不斷與組織內一小群人分享脈絡資訊；但在去中心化組織中，尤其是自治組織，某些活動的倡議者會透過許多不同管道來持續分享資訊。摩爾表示：「Web3 中有 Telegram、Discord、加密通訊軟體 Signal、Discourse 網路論壇和 Snapshot 投票等治理要件，全都需要關注。因此，注意力仍是稀缺資源。我們一直極力尋找簡化流程的方法，這是我們長期發展去中心化自治組織的重點，要

讓它在治理上更為精簡。」[30]

　　吉特幣公司以工作流程的形式設有執行小組：去中心化自治組織成員針對工作流程進行投票，並提供預算。社群外部的獨立成員稱為管理人（steward），負責控管工作流程。換句話說，吉特幣公司具有立法主體和行政主體，摩爾將它類比為虛擬的經濟體，具有治理結構、獎勵措施，以及在這個經濟體中各司其職的許多個體。

　　此外，摩爾也認為，去中心化自治組織有可能變得非常官僚。他說明其中的挑戰：「傳統的組織具有十分標準的結構、流程和位階層級。大家知道有什麼事發生，曉得各層級的負責人，清楚自己該做什麼。」[31] 但去中心化自治組織並非如此。摩爾認為，即使去中心化自治組織無需階級，但仍能有領導團隊，也可以具有結構。只不過，現在大家仍在釐清該如何實現。

5. 零知識證明：將個資隱私編寫至Web3

　　顧名思義，零知識證明（zero-knowledge proof）是在不洩密的情況下，用來驗證一方是否對祕密知情的工具。[32] 葉海亞指出，「零知識證明就像區塊鏈的終極原始技術」，它們「不太直觀，比較可能具有爭議，但跟智慧型合約一樣，都是重要的原始技術。除此之外，還有人建構出可以簡化、卻仍然重要的複合原始技術，例如自動造市商（automated market maker, AMM）[‡]或聯合曲線

[‡]　編注：自動造市商是一種演算法，讓使用者不必透過傳統加密貨幣平臺的訂單簿就能買賣。

（bonding curve）§」，這兩個都是去中心化金融的重要創新。³³

　　如果政府或中央銀行想用可靠的數位形式重新發行現金（也就是中央銀行數位貨幣），將需要零知識證明來支援完全匿名的交易。畢竟，我們在雜貨店付現購買任何東西時，只要不是酒精等受管制的物品，店員並不會要求查看我們的身分證件。

　　葉海亞將零知識證明類比為數獨，兩者的特性都是獲得解答很困難，但驗證答案是否正確卻很容易：「解決方案與驗證解決方案的工作量極為不對稱，這才是核心問題所在。」為什麼我們要用零知識證明？「假設我想執行某個程式，但運行需要花一段時間，所以我想外包給其他人執行，但我希望確保他正確的執行程式，這就是零知識證明發揮作用之處」。³⁴ 換句話說，零知識證明的目標是為一方（證明者）提供一種方式，向另一方（驗證者）證明他們知道特定事實的存在，但不洩露資訊本身。若有人必須證明他們擁有某些知識，但不透露具體的內容細節，便可使用這項技術。

　　零知識證明為個資隱私建立出保護架構，對特定金融交易和一般個人自由都至關重要。區塊鏈上所有的網路交易紀錄都不可以竄改，為市場參與者創造徹底的透明度——別相信中央機關，使用鏈上驗證。但是，假使我們需要在不透露任何細節的情況下，驗證某件事是否發生呢？例如，一名積極的投資人想私下增加某家公司的投資部位，但不希望公眾過於仔細審視每筆鏈上交

---

§　編注：聯合曲線是一種數學函數，能決定代幣的供應與價格。

易，這時我們便可透過零知識證明來匿名完成操作，同時驗證這些交易。

除了貨幣和金融之外，零知識證明還可應用在其他領域，例如：政府想驗證和核實區塊鏈上的選舉計票結果，但不揭露選民的身分和投票對象；抑或想建立數位身分系統，但要在不洩露個資的情況下，讓人可證實跟自己有關的資訊。

葉海亞解釋，「零知識證明分為兩部分，一部分涉及可驗證的運算，另一部分與零知識有關，意思是涉及隱私。這很令人困惑，雖然大家使用零知識證明這個術語，但通常並不是為了隱私而用，而是為了可驗證的運算，像是零知識匯總（ZK-rollup）擴展方案」，就是用來克服以太坊等平臺目前的限制。[35] 葉海亞所指的「零知識匯總」是所謂的第二層網路，建立在以太坊等第一層網路之上，用戶可轉移到第二層（鏈下）進行交易，然後將交易「匯總」成一批，讓其他人在第一層（即以太坊區塊鏈上）進行驗證。也就是說，對於鏈下發生的交易，我們需要方法來驗證它們是否全部發生，而零知識匯總幫我們做到了這點。

傳統金融中，像高盛這類交易公司不見得會清算和結算他們參與的每筆交易，他們會在結算現金前，將所有交易扣除成本或「分批」交易。同樣的道理，賭客在賭場贏了二十一點賭注後，也不會每次都去收銀臺換現後再下注。透過零知識匯總，我們可在區塊鏈上進行批次清算，既能驗證交易又保持隱私。

史艾克斯網路協定（SX Network）共同創辦人漢納（Jake Hannah）指出，所謂的匯總也許像最終清算時扣除成本一樣，但

華爾街的交易跟 Web3 的交易雖然相似，卻還是有很大的不同。史艾克斯網路協定是熱門的 Web3 原生預測市場，用戶可在這裡針對未來事件的結果下注，它採用的區塊鏈平臺是類似第二層網路的多邊形（Polygon）。「以太坊不是聯準會，它是值得大家信賴的去中心化協定，並沒有每季開會的十人小組」。[36]

　　至於零知識匯總，葉海亞解釋：「交易證明非常小，因此可放入區塊鏈中，例如跟以太坊區塊內的運算輸出放在一起，這大有幫助，因為我們面臨可擴展性（scalability）、效能和去中心化的三難困境。如果我們希望效能更高，就必須讓網路裡的每個節點更強大；但如果各節點都必須更強大，那有能力運行節點的人就會減少，網路也會因此變得中心化。」[37] 只有比特幣之類的網路有這樣的現象，在這類網路裡，各個節點都必須完成每筆交易的所有操作。

　　有了零知識證明，每個節點不再需要完成所有工作，我們只需一個節點來進行驗證即可。這就是打破三難困境的解方，我們可以擁有葉海亞所謂「透過工作平行處理原則而實現的高效能」，每個節點只要進行一次運算就能產生可供驗證的證明，讓我們繼續保有去中心化。

6. 錢包：管理數位商品和身分的工具

　　錢包之於 Web3，就如同瀏覽器之於 Web1、行動應用程式和智慧型手機之於 Web2 一樣重要。過去近一個世代以來，創新者一直在討論數位錢包的概念，數位錢包跟許多 Web3 的發展要

件一樣，並非橫空出世。1988 年，那時區塊鏈根本還沒出現，南卡羅萊納州帕里斯島（Parris Island）的美國海軍陸戰隊新兵使用的不是現金或信用卡，而是名為「電子錢包」的智慧卡。[38]

1992 年，Web3 的重要先驅、密碼學家丘姆（David Chaum）展示「IC 信用卡大小的電腦」，是他的公司 DigiCash 所開發的產品，可以儲存數位身分和數位現金，並用來交易和驗證身分，[39]外型看起來像計算機，大小差不多是厚一點的門禁感應卡。[40]

隨後，微軟共同創辦人蓋茲（Bill Gates）提出「錢包電腦」（wallet PC）的概念，是一種與傳統錢包差不多大小的手持裝置。[41] 蓋茲在他 1995 年出版的著作《擁抱未來》（*The Road Ahead*）中寫道，這類裝置可以顯示訊息、行程和電子郵件。他還大膽預測：「新錢包將儲存無法偽造的數位貨幣，而不是紙幣。」[42]

對於網景（Netscape）瀏覽器當初沒有一起推出錢包功能，公司創辦人安德森曾表示遺憾，照他的說法，網路的原罪是缺乏交易機制。[43] 他的團隊當時曾考慮將錢包做為瀏覽器早期的外掛程式推出，這在現在已司空見慣，常見的小狐狸錢包（MetaMask）就是一例。

中本聰開發出史上第一個比特幣錢包 Bitcoin-Qt，並於 2009年 2 月發布。[44] 然而，數位錢包一直難以精準定義。大家用各種不同的比喻來解釋這項概念，蓋茲以瑞士刀類比；[45] 家父與我在《區塊鏈革命》中，形容數位錢包為「個人黑盒子」；[46] 其他人還混用區塊鏈錢包、數位錢包、電子錢包、手機錢包、線上錢包和網路錢包等用語。無論稱呼為何，重點都在於自託管的概念。

　　幣圈流傳著一句老話：「幣鑰一體，無鑰即無幣。（not your keys, not your coins.）」意思是，如果你沒有用來移轉加密貨幣和簽署交易的私鑰，那你其實算不上真正持有任何代幣。[47] 二十世紀的思想家伯納姆（James Burnham）認為：「『區分所有權和控制權』在社會學或歷史上毫無意義。所有權意味控制權，沒有控制權，就沒有所有權。」他補充道，重點就在於「控制物件的使用，以及優先處理產品的分配」。[48]

　　楓葉金融公司（Maple Finance）共同創辦人暨執行長鮑威爾（Sidney Powell）表示：「未來交易所平臺破產更確定了我的觀點，也就是 Web3 將圍繞著透明度、自託管和所有權等原則而發展。在這之前，常有人說 Web3 明顯缺乏速度和簡潔的用戶體驗，這表示大家會不由自主的先選擇未來交易所平臺等中心化金融服務進行互動，但代價就是承擔交易對手風險（交易夥伴破產的風險）。換句話說，速度是犧牲安全和控制權所換來的。」[49]

　　鮑威爾希望開發者重新思索他們的設計原則，重視區塊鏈的用戶體驗，避免使用者混淆，例如：直接連結錢包、在以太坊區塊鏈瀏覽器（Etherscan）上檢視交易紀錄，「展現稽核能力和安全性」。商業方面，他預期「未來交易所平臺等中心化金融和傳統金融參與者，將加速採用去中心化金融基礎設施」，幫助他們大幅降低資本成本，無需為了交易對手風險而支付高報酬來吸引用戶，而且用戶能要求每一個解決方案都提供儲備金證明。鮑威爾表示：「整體而言，我們十分樂見 Web3 更加重視自託管和透明度，這凸顯去中心化金融建設的關鍵優勢。」[50]

　　數位錢包的根本在於託管，持有私鑰就等於持有資產。對於希望擺脫通膨貨幣或腐敗金融體系的人，自託管是一大優勢，稍後會進一步探討。然而，對於不相信自己能安全持有大量財富的人來說，自託管可能讓人難以招架，阻礙進一步的廣泛使用。另外，對於代幣的潛在企業用戶來說，自託管也許難以實現，畢竟法律除了會追究中介機構未經客戶授權導致客戶損失利益的責任外，可能還會要求金融公司不得為客戶持有數位資產。不過，全然託付第三方來保護數位資產既存有風險，又與 Web3 的理念背道而馳。美國證券交易委員會官員皮爾斯最近一次演講時表示：「盲目信任中心化的中介機構與加密貨幣的理念相牴觸。」[51] 那麼，我們還有其他辦法嗎？

　　所幸，有兩種相關的數位資產託管方法能幫忙解決上述的問題，一個是多重簽名（multisignature），一個是多重運算（multicomputation）。多重簽名要求任一方對資產或帳戶進行交易操作前，必須經過資產所有權人、保管人、第三方管理者或其他第三方等多方簽核。多重簽名錢包可以有十個不同的簽署人，包含執行長、財務長、財務主管、第三方稽核或其他受託人等等。多重簽名可降低惡意行為者帶來的風險。由於各方在鏈上簽署所有交易，也提高決策的透明度。

　　平安（Safe）多重簽名錢包服務的前身為靈安（Gnosis Safe），協助保管兩萬多個多重簽名錢包，當中的加密資產總價值高達數十億美元。有些頂尖的 Web3 去中心化自治組織是使用平安公司的多重簽名錢包，來進行安全託管和財務管理，例如合成資產平

臺（Synthetix）和艾維平臺（Aave）等。[52]

　　相較之下，多重運算系統是把單一資產的管理責任分散到多個運算節點，各運算節點自有一套由不同組織設計的安全協定，增加了冗餘[丶]並提高透明度。例如，焰屏（Fireblocks）等公司是運行不同地區的節點，以保護資產和資產所有權人的安全。

　　上述兩種技術都十分精密複雜，但倡導者期許使用者永遠不需要了解這些技術的運作原理，只需要按一下按鈕，即可啟動他們選擇的技術，就如同打開車門並啟動引擎，或解鎖 iPhone 一般。

Web3的發展特性與要務

可組合性

　　系統理論中的「可組合性」（composability）是指不同元件之間的關係。[53] 對於 Web3 的使用者來說，可組合性則是意味著應用程式之間可以順利連接，而且功能可以相互整合。以買賣數位資產的去中心化交易所為例，如果去中心化交易所可以連結借貸應用程式，用戶便能拿他們在交易所持有的資產申請貸款，如此一來，去中心化交易所的可組合性就更高。用戶透過可組合的系統就能使用這筆貸款，在非同質化代幣市場上購買非同質化代幣，玩最愛的 Web3 遊戲。開發人員也對這個概念很感興趣，因

[丶]　編注：冗餘是指為了確保系統的可靠度，而刻意重複的數據、構造或性能等，當其中一套失效，另一套就可以派上用場。

為他們可以像玩樂高積木一樣，將自己的技術完美且即時的與各
種不同軟體組合，擁有全新的結構。

　　社會和商業的其他領域也十分依賴這樣的可組合性。例如，
多式聯運貨櫃可在船隻和火車上靈活組合，它們的發明為全球商
業和繁榮帶來重大影響。比起跨國作業，在單一司法管轄區合併
業務、簽訂合約和招募員工通常相對容易。任何參與全球貿易的
人都能證明，法律雖然使合約的商業邏輯具備可組合性，但各方
仍然有不少分歧需要克服。Web3 應用程式的可組合性極高，我
們能加以利用，將幾近無數的應用程式（不同的軟體）組合至商
用全球資訊網，加速去中心化和全球化的過程。

　　理論上，軟體的可組合性會大大增進效率；但就實務上
來說，比特幣、以太坊和索拉納等區塊鏈不可組合（即無法互
通），每個區塊鏈都有各自的程式庫或標準，如同早期電力有交
流電和直流電兩種標準，或家庭娛樂錄影帶分為 VHS 和 Betamax
兩種格式。在不同的區塊鏈真正可組合之前，雄心勃勃的企業家
必須選邊站，或在兩邊押寶。

　　史艾克斯網路協定是廣受歡迎的 Web3 去中心化預測市場，
創辦人之一楊格（Andrew Young）表示：「如果有一套去中心化應
用程式部署 ＊＊ 在以太坊或多邊形等平臺，那它其實也可以部署在
雪崩鏈（Avalanche）這類平臺。」因為雪崩鏈與以太坊相容。[54] 楊
格又舉出另外兩個平臺做為對照：「如果想在索拉納平臺或柚子

＊＊　編注：部署是指應用軟體從安裝、設定、更新到執行的流程。

幣平臺（EOS.IO）部署應用程式，必須重建整體基礎架構，就像安卓（Android）和 iPhone 一樣。」[55]

　　這就是 Web3 與 Web2 的相似之處。跟電力和錄影帶消費市場一樣，加密貨幣正上演規格戰。以電流大戰來看，電力系統至今仍無法相容，因此我們到各國需要不同的轉接頭和插座，才能幫設備充電。儘管如此，有時勝出的標準也不見得是永遠的贏家，它們後來往往會被破壞式創新技術淘汰；畢竟，VHS、Betamax、DVD 和其他實體格式都已經被串流媒體取代。

代幣經濟學

　　在 Web3，任何人都可以向開源專案提交程式碼，並透過代幣擁有軟體的一部分。同理，任何有軟體開發構想和才能的個人或團隊，都能成立自己的去中心化自治組織來募資，無需尋找創投家等專業投資人。在 Web3 經濟體系中，代幣是誘因。「代幣經濟學」（tokenomics）一詞，主要是指針對加密貨幣或其他數位資產等經濟層面所進行的研究。代幣經濟學涉及幾項因素，例如：代幣的效用、代幣吸引用戶的程式設計機制、代幣的分發模型、目前的供需，以及增值潛力。

　　如果以長久的公共基礎建設為考量，代幣經濟學可以長期推動用戶成長；如果只以短期利益為目標，代幣經濟學或許會讓人失去興趣，也讓開發人員不再專注於建構有用的事物。

　　相較之下，在中心化控制的公司中，程式設計人員必定是

員工或外包廠商，而且會獲得薪資或簽約費用。根據世界銀行指出，以全球來看，企業家想創業的話，成立一家企業平均需要 20 天。[56] 有些國家的創業成本既低廉又便利，一天就能完成，例如紐西蘭；但在委內瑞拉需要 230 天，在柬埔寨需要 99 天，而在菲律賓則需要 33 天。[57] 阻力高的原因可能出於政府效率低落和貪腐問題——經濟學家稱此為「未上市的交易」（unmarketed transaction），所以這三個國家使用 Web3 應用程式和加密資產的程度才會偏高。[58]

另外，在優幣通（Uniswap）之類的去中心化交易所上發行代幣十分容易，因此許多代幣基本上毫無價值，有些代幣甚至一開始就是做為笑話或迷因而推出。不過，低進入門檻意味著任何人、公司、組織等都能輕鬆參與，建立自己的資產或組織，這點被一些觀察家誤解為固有的缺陷，他們擔心這種情況會導致許多人輕率參與而失敗，或引發詐欺行為。然而，低進入門檻其實是 Web3 技術的一項優勢，提供相對無障礙的環境。在沒有多餘阻力的情況下，企業家能更迅速推出各種有用且具有潛在價值的資產，尤其是在地方政府貪汙腐敗或效率低落的地方，企業家往往很難募到資金或成立企業。

可擴展性

Web3 就像其他技術一樣，在發展初期潛力無窮，但也存在著限制和挑戰。內燃式引擎早期被形容為不可靠、嘈雜且危險的機器，有些地方甚至還禁用。[59] 其次，萊特兄弟當初駕駛的飛機

機翼是由平紋細布製成，這種布料素有「西方之光」的美名，主要用於女性內衣，當時有人宣稱這種布料最好還是用於原本的用途。[60]

　　有些人看到這些最初發展時遇到的限制，就覺得像全球資訊網這樣的技術永遠無法實際投入應用、永遠無法讓人滿意。有一種說法專門用來表達這種「永遠無法」的狀態，稱為「三難困境」，並用這套捷思法來評估區塊鏈協定。

　　區塊鏈所需的三個不同元素是網路安全性、可擴展性和去中心化，但目前無法同時滿足，因此開發人員必須「三選二」。根據這套架構，如果開發人員想要安全的協定，就必須放棄速度，比特幣就屬於這一類協議。高速的協定則有可能不夠安全；索拉納平臺雖然擁有大量用戶，交易相對低廉，但卻多次網路當機。[61]而比特幣和以太坊等其他區塊鏈可以全年無休不間斷運行，沒有停機或故障，這點格外值得讚賞。相對來說，傳統金融市場每天都休市，系統也得定期進行維護和升級；如果我們想設計一個不可竄改的安全網路，那麼區塊鏈運行中斷將會是一大嚴重問題。

　　或許，我們需要一個更容易擴展的協定？但法利安基金的韋爾登表示並非如此。他要我們回想一下全球資訊網發展之初，當時許多人擔心網際網路協定無法擴展、無法滿足所有想上網的用戶。韋爾登指出：「早期的網際網路不是這樣發展，它是透過一系列互相疊加的協定來實現，不僅擴展網路，又透過安全通訊協定（SSL）增加通訊隱私功能，利用簡易郵件傳送通訊協

定（SMTP）和網際網路訊息存取通訊協定（IMAP）實現電子郵件功能。特殊化的協定擴展了一個又一個的可能性，使我們擁有今日多采多姿的網際網路。」[62]

同樣的，最早的汽車甚至連方向盤也沒有，更別說避震彈簧、雨刷、後照鏡、動力轉向系統、燃油噴射器，以及其他數十年後成為標準的功能。創新並不總是按照邏輯進行——想當年，汽車製造商先安裝點菸器，卻在三十年後才加裝安全帶。[63]

互通性

儘管區塊鏈具有可組合性的潛在優勢，但仍有互通性（interoperability）的問題，意思是很難在兩個區塊鏈之間移動原生資產。區塊鏈的開發者並不是使用相同標準的樂高積木，而是使用看起來相似，但不易組合的各種材料。

《星際爭霸戰》（*Star Trek*）的粉絲都很熟悉一句話：「史考特，把我傳送上去。」區塊鏈也需要類似的傳送裝置，將物質（這裡是指鏈上資產）轉換為可以傳送的中間物，然後在幾乎毫無風險的情況下再轉換回物質。主要的解決方案稱為「跨鏈橋」（bridge），功能類似《查理與巧克力工廠》（*Charlie and the Chocolate Factory*）裡的太妃糖伸展室，傳輸的粒子必須通過太妃糖伸展室才能恢復原來的大小。

話雖這麼說，還記得以太坊側鏈「浪人」（Ronin）發生的事嗎？ 2022 年 3 月，專為熱門遊戲《無限小精靈》打造的浪人網

路受到攻擊，駭客利用程式碼漏洞，掌控大部分的「驗證金鑰」（validator key）。資金要轉出浪人跨鏈橋就需要驗證金鑰，但金鑰高度集中在《無限小精靈》開發商斯凱梅維斯手中，因而凸顯中心化與去中心化之間的風險問題，但這點對受影響的用戶來說可不是好消息。駭客總共竊取六億美元的以太幣和美元穩定幣（USDC），數字相當驚人，其中四億美元屬於用戶。這起網路攻擊事件重挫《無限小精靈》和斯凱梅維斯公司。[64] 在這之前，索拉納平臺的「蟲洞」（Wormhole）跨鏈橋才遭到駭客攻擊，顯然它並不如其名，未能將物質（這裡指代幣形式的金錢）從一個維度（區塊鏈）完美轉換至另一維度。跨鏈橋目前還存在著巨大的弱點，讓一般用戶對這項技術不是很有信心。

　　不只以太坊和比特幣的網路無法互通，現今其他數十個著名的區塊鏈網路都不能彼此通訊。如果沒有某種媒介居中協調，記錄在某個網路上的價值，不僅在其他區塊鏈上看不到，也無法相互移轉。

　　讓我們切到《星際大戰》（Star Wars）來看，實現互通性的另一種方法是透過共同的標準和協定。正如《星際爭霸戰》有宇宙翻譯機一樣，《星際大戰》則有共通語言「銀河基本語」（Galactic Basic），能讓不同的物種在星系之間進行交流。如果區塊鏈採用共同的標準和協定，也可以讓不同的網路相互理解並交換資訊。

　　另外一項問題是，企業在早期階段不願意選擇區塊鏈做為解決方案，原因在於如果使用區塊鏈進行正式交易，就無法與供應鏈合作夥伴、客戶或監理機關協調互通。其中一種實現穩定性

的方法，是與龍頭平臺以太坊相容，並在類似以太坊的平臺上運行應用程式，打造出一臺能容納所有應用程式的「虛擬普世電腦」。這種解決方案雖然簡單，但也許會讓創新受到限制，並使專案被迫遵守不符合長期需求的部分標準。

布赫曼（Ethan Buchman）是區塊鏈網路平臺網宇公司的共同創辦人，他表示：「以太坊和其他有以太坊殺手之稱的專案都在推銷普世電腦，普世電腦跟網際網路出現之前，大家口中的普世大型主機十分類似，彷彿 IBM 或其他公司會運行一臺電腦來統治所有電腦，然後電腦將變得沒人要，沒有人需要個人電腦。」[65] 根據布赫曼的說法，我們都會透過功能簡單的輸入裝置，連接到「某間大公司地下室的大型超級電腦主機」，這臺主機會擴展、涵蓋所有基本工作，滿足「每個人的運算需求」。[66]

阿茲莫西斯公司的阿加瓦爾表示，互通性的概念「分為兩大陣營，一個是跨鏈互通，另一個是鏈際互通」。他提到其他熱門網路並指出，在跨鏈互通的概念中，「我們擁有通用的區塊鏈，然後針對不同的區塊鏈部署不同版本的應用程式，例如壽司互換交易（SushiSwap）等去中心化的金融應用程式。壽司互換交易目前正到處重新部署程式，在以太坊、阿比特朗（Arbitrum）、多邊形和幣安鏈（BNB Chain）上都有執行個體（instance）」。此外，他也強調這種方法的缺點：「這些生態系全都各自獨立，使得流動性（liquidity）†† 被分散到各種不同的區塊鏈中。」[67]

在鏈際互通的概念中，我們擁有應用鏈（application-specific

---

†† 編注：流動性是指在不影響市場價格的情況下，買賣某項資產的難易度。

blockchain），由一條區塊鏈（例如阿加瓦爾的阿茲莫西斯公司）擔任鏈際中介，如此一來，就不必在鏈與鏈之間分配流動性，或損害自主性、速度和安全性。[68] 阿加瓦爾利用區塊鏈際通訊（IBC）協定，在網宇平臺的網路實現這項願景。區塊鏈際通訊協定定義各區塊鏈網路的規則和標準，用一致且安全的方式交換資料和進行交易。而在自主性方面，各個應用程式仍可以推出自己的區塊鏈。阿加瓦爾表示：「應用服務如果希望保護自己不受到他人治理問題的影響，唯一的方法就是擁有自己的區塊鏈。」吞吐量（throughput）‡‡ 是另外一大議題。

阿喀許網路公司（Akash Network）是以區塊鏈際通訊打造去中心化雲端服務的供應商，其中一個創辦人奧蘇里（Greg Osuri）解釋：「你可以使用底層鏈提供的可擴展性，這也許是好事，如此一來，就不必自己設置安全性措施；但也有不利之處，因為你將無法完全掌控軟體的命運。」[69]

諾柏（Noble）是在網宇生態系中推出的專案，對諾柏專案的共同創辦人暨執行長朱里科（Jelena Djuric）來說，網宇應用鏈已經很接近伯納斯李、瑟夫（Vint Cerf）等人最初開發的去中心化全球資訊網。她指出：「在網宇平臺裡，沒有單一的公司、領袖或創辦人，沒有單點故障，彷彿是最初的網際網路。世界各地隨機的一群人，彼此也許認識或互不相識，也許合作或不合作，大家同在一個堆疊上工作，開發堆疊，讓這個堆疊可為他人所用。」[70]

---

‡‡ 編注：吞吐量是指系統或網路在一定時間內所能處理的交易量。

　　「堆疊」這個詞又再度出現。如果堆疊是網路世界的沃土，那麼如此多元化的一群人目前正是在這片沃土上育成各種組織。網宇平臺中的團體就像不同作物的種子，一旦密集撒下，有時也會因為發展過密而爭奪資源。但總體而言，網宇平臺創造一個活躍的生態系。朱里科表示：「網宇平臺中的任何人都可以創立新鏈、資產或應用程式，正如人人都可以（在網際網路上）成立網站。」[71]

　　當每個人都在網宇平臺的堆疊上釋出各式各樣且相互競爭的產品或服務時，網宇平臺如何確保網路的安全性？阿加瓦爾表示，Web3 系統不會將安全性集中在以太坊這類單一的超大平臺上；設計師和架構師反過來會將安全性分散在不同的區塊鏈或系統中。阿加瓦爾也指出，「各個驗證者將選擇在不同的應用鏈上共享他們的身分，如果驗證者在阿茲莫西斯公司上出現惡意行為」，例如雙重支付，那「他們將在各處連帶受罰」，也就是網宇平臺網路的質押者會因為罔顧網路最大利益的行為，損失部分質押的資產。

　　依照阿加瓦爾的看法，「這就是未來安全性的運作方式，安全網路系統將是網狀，所有的鏈都相互共享安全性，不再像軸輻式系統具有單一的中心」。[72] 這就像北大西洋公約組織或《星際爭霸戰》的星際聯邦，大家透過一套共同的原則和承諾團結合作，一同保護整體銀河系——如果你樂意的話，說是保護網宇平臺也行。

當Web3碰上人工智慧：
兩股勢不可擋的力量即將匯流

　　Web3 逐漸與人工智慧和機器學習融合發展，它們的結合影響重大。我不是人工智慧專家，所以請容我交給相關領域的專家來說明：

　　　　機器學習並不是明確的以程式來設計機器，而是一種教導電腦從數據中學習的方法。它使用演算法來解析數據，並從中學習，然後根據所學內容進行預測或採取行動。這項過程一開始要將大量數據輸入演算法，演算法再利用數據來學習輸入資料和期望結果之間的關係。然後，演算法再用學得的知識來預測結果，或依照新的數據採取行動。長時間下來，演算法處理的數據愈多，預測就愈準確，行動也變得愈精確。

　　我詢問專家，Web3 技術如何能幫助人工智慧充分發揮潛力，同時又不侵犯個人隱私和所有權，得到的答案是：

　　　　Web2 的數據孤島（data silos）導致可用來訓練人工智慧系統的數據量和類型受限，而數據多樣性的不足則阻礙更先進、更精密的人工智慧模型朝向公共利益發展。
　　　　有了 Web3，各個利害關係人可以進行協作，分享更

多數據。區塊鏈和對等式網路也可以做為安全、透明的
基礎設施，用來儲存和共享資料。

　　例如，海洋協定（Ocean Protocol）目前正在建立去中心
化的資料市場。透過這個平臺，個人和組織可以安全的
與人工智慧開發人員共享數據，建構更精準、更多樣的
人工智慧模型。

　　另外一個例子是全像鏈（Holochain）專案，這是為了
建立去中心化應用程式所打造的分散式運算平臺。科學
家可以利用這個平臺來開發更透明、更負責任、更安全
且高防禦力的人工智慧系統。

我問了在 Web3 中實施人工智慧的挑戰，專家說：

　　缺乏可擴展性是一大挑戰：目前的 Web3 技術仍然不
足以支援人工智慧所需的大量數據和運算力。創新者也
面臨監管和道德方面的挑戰，例如個資的保護，以及如
何讓大眾公平的使用人工智慧資源。

　　整體來說，雖然 Web3 深具潛力，可以支援更大規模
的協作和資料共享，幫助開發人工智慧，但創新者和監
理機關仍須克服許多重大考驗，才能實現目標。[73]

　　你覺得上面的說明有幫助嗎？我希望有幫助，畢竟這可是
OpenAI 公司 ChatGPT 3 的回答。假如你無法察覺這些內容並不

是真人的回答，那又要如何確定，這份書稿或其他的閱讀內容不是來自人工智慧的創作？雖然這些問題很重要，但顯然超出本書的範疇。不過，Web2 大量累積的用戶生成資料和其他如人工智慧等尖端科技的議題，絕對是本書關注的重點。

　　事實上，Web3 和人工智慧的匯流已經成為另一個更大現象的一部分，也就是去中心化科學（DeSci）。去中心化科學的發展雖然才剛起步，但 Web3 研究公司梅薩利（Messari）已經對好幾個關鍵的垂直領域、至少八十五項不同專案進行分類記錄，包括募資（科學研究和其他計畫如何籌措資金）、資料（資料如何彙整和核實，以及貢獻者如何獲得公平報酬），甚至還有評論和出版（科學發現如何跨越傳統媒體，觸及目標受眾）。[74]

　　尤其在人工智慧方面，大型語言模型的訓練得仰賴大量數據，部分觀察家擔憂人工智慧領域的從業人員在資料建立者不知情、未經同意或沒有公平報酬的情況下，使用資料建立者的數據或資產。然而，當事人可使用浮水印將自己的資料代幣化，每當有人使用時，都會收到支付的費用。這種做法是否會導致數據更難取得或使成本提高，進而阻礙人工智慧研究發展呢？或者，這種做法會帶來更大型、更優質的資料群，幫助加速人工智慧產業發展，同時保護資料建立者？

　　海洋協定基金會（Ocean Protocol Foundation）目前負責管理的協定具有「運算對數據」（compute-to-data）功能，足以媲美其他的數據隱私保護技術，例如多方運算（multiparty computation）和同態加密（homomorphic encryption）。[75]透過在以太坊主網上運行的這

項協定，個人和組織就可以授權人工智慧模型存取數據，同時保有自身的隱私和所有權。[76] 這項解決方案有希望帶來全新、更先進的人工智慧模型，並廣泛應用在醫療保健和教育等重要領域。

小結與重點摘要

　　當科技成熟，我們就不再去思考它的運作方式。身處二十一世紀的人，還有誰在按下車輛發動按鈕時，會去想引擎蓋下發生什麼事？Web3 目前的發展還不像汽車技術那樣成熟，因此我們必須一探究竟。以下是目前觀察到的情況：

1. 技術和商業的創新通常可追溯至數十年、有時甚至是數個世紀之前，歷經時間和實用性的考驗。零知識證明、去中心化自治組織、智慧型合約等核心原始技術，正引領電腦科學領域的創新，可以廣泛應用在商業和其他領域。
2. 區塊鏈和共識演算法機制，結合智慧型合約和零知識證明等原始技術，可以支援分散式帳本、數位資產和我們想像得到的任何事物。
3. 可組合性、互通性和可擴展性等功能目前仍然相當基本，有待改進。使用代幣做為建立 Web3 原生資產和組織的誘因，是一段反覆試驗的過程，每次失敗都有助於改善代幣經濟模型的研究和實施。

4. 底層的機工（即創新者）正在利用核心原始技術，將這些技術轉化為有用的產品和服務。

5. 由於人工智慧和機器學習這兩個並列發展的創新技術，我們在下一個數位時代必須更負責任的進行擴展。

　　所有的原始技術都很重要，但有一些則是不可或缺。下一章討論的主題是數位資產（或代幣），對 Web3 來說至關重要。

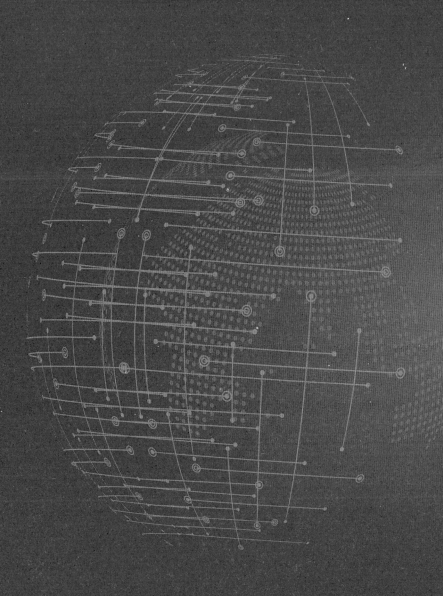

第二部
轉變

第 **3** 章

關於資產

　　諾曼人在 1066 年成功征服英格蘭，不久後派出大批稅吏深入當地，並編纂《末日審判書》（*Domesday Book*），記錄中世紀英格蘭巨大的財富不平等，[1]「王室直接擁有 20% 的土地，教會擁有 25%，數十名權貴控制另外 25% 的土地……這個國家實際上由 250 人掌控，包含國王、由國王選出的大主教，以及 170 名左右的男爵（直接從國王領有土地的直屬封臣），這些男爵的年收超過 100 英鎊」。[2] 土地是封建經濟中最重要的資產類別，而整個歐洲的土地往往掌控在少數人和族群的手中。

　　資產所有權的分配不均在歷史上並不罕見，但詳盡的全國紀錄確實少有。從埃及蠍子王（King Scorpion，公元前 3499 年至前 3200 年）的庫存清單和美索不達米亞的烏爾（Ur）帳目（公元前 2112 年至前 2004 年），到敘利亞的烏加里特（Ugarit）書板（公元前 1200 年至前 1185 年），過去四千年來，商人和宮廷抄寫員一直在記錄交易和資產的持有情況。[3] 在古埃及和中國，其中一項顯著的貧富差距就是君王有大量的僕人、奴隸和士兵陪葬，以便君王在來世繼續享有財產上的神聖權利。[4]

　　工業時代讓財富從地主轉移到資本家手中。十九世紀時，范德彼爾特（Cornelius Vanderbilt）等早期實業家利用蒸汽機等新興工業技術，以及新頒布的有限責任公司法，建立出龐大的商業帝國，並累積個人財富。今日的貧富不均問題經常被拿來跟鍍金時代（Gilded Age）* 比較，但現今的財富集中程度遠遠不如工業時代

---

* 編注：鍍金時代一詞出自馬克吐溫（Mark Twain）的小說，指 1870 年代至 1900 年美國經濟急速增長的時期。

早期。如果范德彼爾特臨終前清算全部的資產，金額將相當於美國當時總現金的九分之一；[5] 換作是馬斯克或貝佐斯清算全部的資產，任一個的金額都不到美國總現金的百分之一。[6] 雖然說范德彼爾特坐擁巨富，但正如《末日審判書》顯示的，他持有的財產占比遠遠不及中世紀封建領主所控制的財富。

現在的世界仍然不平等。不過，如今最大的證券持有人不是強盜大亨[†]，而是中小型投資人廣泛持有的先鋒（Vanguard）和貝萊德（BlackRock）指數基金。此外，代表投保成員進行投資的退輔基金也是世上數一數二的資產配置人。然而，並非每一個人都能平等參與成長中的金融服務。2013 年，美國非白人家庭擁有銀行帳戶的比例為 87%，但全國比例為 93%；64% 的美國白人表示自己持有股票，但有色人種的比例僅 46%。[7]

這是美國過去不平等和種族主義的遺毒，美國教育家暨改革家華盛頓（Booker T. Washington）很早就意識到，財產對於平等至關重要。華盛頓早年教導黑人學生，並觀察黑人國會議員的立法工作，他從中歸納出一點，儘管立法和投票權有必要，但還不足夠。他指出：「在選票背後，還必須要有財產、勤奮、技能、經濟、智慧和品格，而且……任何種族缺乏這些要素，永遠都難以成功。」

美國南北戰後重建時期過後近一百年間，南方各州仍實施黑白種族隔離政策，黑人幾乎不可能利用他們的勤奮、技能和其他

[†]　編注：強盜大亨是指為了致富而不擇手段的商人。

才能來累積財富，這意味著國家需要一個強大的當權者（也就是美國政府）來保障美國憲法第十四（1868 年）和第十五（1870 年）修正案所載明的權利。種族不平等至今依舊存在，但過去數十年，美國的普惠金融（financial inclusion）‡ 顯著拓展，相較於過去幾世紀可說是突飛猛進。

　　自范德彼爾特時代以來，社會還有什麼改變呢？當范德彼爾特在累積財富時，華爾街僅對極少數最富有的人開放。隨著時間推移，市場逐漸普及，諸多金融商品創立，如開放型共同基金（1924 年）、折扣券商（discount brokerage，1975 年）、指數股票型基金（ETF；1991 年）、零手續費交易帳戶（2019 年），以及公開股票零股買賣（例如像微軟這樣一張三、四百美元的股票，投資人理論上可以只買其中一美元的股份，而不必買一整張；2010 年），到頭來人人均可投資市場。政府課徵所得稅和遺產稅，並擴大社會保險，透過這些介入措施來幫助消弭貧富差距。美國的社會保險可追溯至英國的《濟貧法》（English Poor Laws）和共濟會等兄弟會組織，但直到羅斯福總統在 1993 年推行新政（New Deal）時才普遍實施。[8] 工會也進一步保障工人的生計和薪資，軍隊和企業退休金則幫助大眾積存退休儲蓄。

　　過去也曾有政府介入財富重分配的例子：亨利八世想離婚，卻無法取得教皇同意，於是沒收教會的土地（幾乎占全部土地的三分之一），並出售給一般人，促成全新的「仕紳」階級興起，

---

‡　編注：普惠金融是聯合國在 2005 年提出的概念，指每個人和每個企業有平等的機會取得可靠的金融服務。

由富裕的鄉紳組成。部分學者認為，亨利八世的「政府介入」，也許幫助推動了現代農業和工業化發展。[9]

　　回到二十世紀，儘管社會歷經過許多變遷，但資產所有權的普及多半仍得歸功於市場的力量和創新的制度。Web3 也是同樣的道理，政府介入或許可以打破 Web2 的壟斷，但 Web3 的創新技術更可能顛覆既有的商業模式。所有權是強大的誘因，能促使大家採用。數位商品的持有人可以藉由代幣獲得經濟上和治理上的權利，因為任何人都能賺取代幣，所以代幣又稱為「全民基本資產」（universal basic asset）。

　　這讓人聯想到另一個長期趨勢。隨著經濟全球化，資產日益變得抽象且無形。在工業時代以前，農業、林業和礦業是主要產業，而土地是財富的來源。[10] 到了十九世紀，工業化加速發展，煤炭和石油等大宗商品、工業設施和其他資本資產的價值不斷成長，鈔票、證券、定期存款單、專利等人類發明的其他無形資產也日益增值。隨著新資產和資產類別的激增，資本主義帶來新的機會與可能性。

　　傳記作家施泰爾斯（T. J. Stiles）就解釋范德彼爾特如何幫助推動現代資本主義：「商業所構想出的手段逐漸將有形的事物變得抽象，成為純粹的代幣，然後甚至不是代幣。金錢從金幣轉換為以黃金為本位的鈔票，再變成法定貨幣和銀行帳戶的分類帳目。」[11] 施泰爾斯也指出，我們視為理所當然、無形的現代金融架構，是在范德彼爾特的時代成形，並「歷經一番激烈爭辯、混亂和頑強的抵抗」。聽起來有點耳熟，對嗎？施泰爾斯寫道：

「工商企業如同幽靈一般，脫離企業主的軀體，成為獨立的存在。」他的意思是，有限責任公司出現。[12]

我們現有、已知的無形資產包括股票、外匯、共同基金，以及其他金融資產，而 Web3 的殺手級應用（更確切的說，它的殺手級資產）不會只是數位化的版本。畢竟，十九世紀最有價值的上市公司握有的是出於思想的發明，而不是生於土地的果實。這些無形資產經由財產法加以建構、透過新技術加以體現，證券就是其中一個例子，能用來代表鐵路公司、鋼鐵廠、紡織製造商、社區銀行等實體的利益。同理，Web3 最有價值的資產也許不會是數位股票、債券，或其他舊有資產，而是 Web3 原生的財產。

毫無疑問，Web3 將幫助舊有資產升級。創投公司 6MV 的杜達斯（Mike Dudas）總結業界看法：「世上大部分的資產類別都將代幣化，首當其衝的就是加密貨幣。」[13] 這句話很有道理。數位資產提供即時、全球且不可撤銷的對等式交易，可以在任何個人、企業等實體之間進行。以金融資產為例，交易速度更快、更容易使用、流動性更高，能讓使用者從中獲益。

我們知道的華爾街很可能會逐漸弱化，在全球市場裡愈來愈不重要。早期的金融科技公司將創新的技術應用在舊有的基礎設施，強化了中心化中介機構的地位。發行代幣的人卻反其道而行，希望將資金和資產的控制權分散至用戶手中。這類破壞式創新的故事屢見不鮮，畢竟科技多半不會強化現有的體制，而會加以破壞。例如，《紐約時報》從紙本轉型到數位，它的商業模式就被重新定義，並開始觸及更多受眾，全球影響力也隨之提升，

2022 年的訂閱人數更是突破一千萬大關。[14]

　　當然，正如 Web1 和 Web2 最具價值的企業不是報業，Web3 中最有價值的實體也不會是銀行。Web3 的夢想家也跟范德彼爾特和當時的石油、鋼鐵、電報、鐵路和不動產同業一樣，正在重新塑造數位資產，賦予它們嶄新的用途和價值。這再次證明，歷史不會重複，但必有相似之處。

Web3的發展要件

　　代幣為何將劇烈翻轉資產所有權、財富創造和商業運作？正如企業股份累積工業經濟大部分的價值，數位經濟的價值多半將累積在 Web3 的發展要件中——言下之意，就是去中心化網路的代幣。

　　耐吉（Nike）、微軟（Microsoft）、酩悅軒尼詩路易威登集團（LVMH Moët Hennessy Louis Vuitton）等傳統企業都在 Web3 取得成功，未來可以預見將會有更多的成功案例。比特幣基地是納斯達克上市（代碼：COIN）的 Web3 最大零售交易商，市值約 150 億美元，用戶數量超越德美利證券（TD Ameritrade）。[15] 這些零售交易所提供服務給企業家、投機者和其他先驅，跟加州淘金熱期間的設備公司很像。但即使加總所有直接參與 Web3 產業的上市公司和民間企業（例如比特幣基地和圓圈公司等加密資產交易所和保管機構，但不含耐吉和微軟這類目前業務大多不屬於 Web3 性質的公司），其整體市值比起價值一兆美元的代幣市場，仍然

相形見絀。[16]

　　短短十年間，出自天才程式設計師腦海裡的一段程式碼，如何演變成價值超過一兆美元的市場？這得歸功於三十年來的雙重支付運算問題有了解答。代幣的價值取決於區塊鏈，而區塊鏈是人人可見、但任何一方都無法竄改的分散式交易帳本，也是資產所有權和出處的唯一事實來源。儘管有各式各樣的原因讓特定代幣具有價值，但所有的代幣都受益於可驗證的稀缺性。

　　此外，代幣交易近乎即時，而且具有清算最終性（settlement finality），一旦記錄在區塊鏈上，交易就難以撤銷，這一點有助於增強大眾對代幣的信賴，讓大眾更願意用區塊鏈做為交易平臺。

　　代幣還有幾個特點也十分重要。首先，代幣「可程式化」（programmable），能透過設計，滿足幾乎所有要求稀缺性和可驗證所有權的目的。如今，個人和企業使用代幣來代表藝術品、股票、選票、歌曲、虛擬世界人物、貸款合約、信用評分、身分特質、董事會席次、音樂會門票、憑證、衍生性金融商品、碳權、貨幣、定期存款單、共同基金單位，以及不動產部分產權等。

　　相信在未來幾年內，列出這麼一大串清單將變得毫無意義，就像在 1999 年一口氣列出網站的所有用途一樣，只是在浪費精力。代幣具有很強的可分割性（divisibility），如果我們想拿數位美元做為交易單位，或是將加勒比海阿魯巴島（Aruba）的分時度假（timeshare）§ 合約代幣化，都可以透過編寫程式代幣，將價值單

---

§　編注：分時度假是指與其他人共用度假資產（例如小屋），能在每年的特定時段使用。

位劃分為更小的單位，但選票或機票也許就不適用。

代幣的另一大特色是「自託管」，表示我們能選擇將代幣存在數位錢包裡自行保管，或委託他人（第三方）代管。自託管並非毫無風險，如果用戶遺失數位錢包的私鑰，而且忘了記錄備份，資產可能永遠無法恢復。[17] 根據加密資產研究公司鏈析（Chainalysis）的資料，在已經開採的比特幣中，有 17% 至 23%因私鑰遺失而無法流通。[18] 相較之下，其他資產遺失私鑰的比例似乎低上許多。原因在於，比特幣初期只不過是貨幣實驗，僅有少數愛好者使用，它在幾乎近兩年的時間內都毫無價值，所以大家對資產的安全防護意識並不高，使得許多比特幣在當時遺失或無法動用。毫無意外的，恢復代幣的服務和方法也如雨後春筍般出現。[19]

對某些人而言，自己保管資產看似致命的弱點，但對其他人而言，這個特性也許是 Web3 最大的賣點之一。自託管在開發中國家尤其有用，因為銀行業務經常只有少數的特權人士能夠接觸，又或是當地的機構可能沒那麼可靠。

短短數年間，Web3 的用戶數從零增加到近 3.2 億（以代幣持有人數計）。[20] 自託管會阻礙代幣進入大眾市場嗎？抑或，大眾的行為會有所改變嗎？據說汽車業先驅戴姆勒（Gottlieb Daimler）曾表示：「全球對汽車的需求不會超過一百萬輛，原因在於缺乏駕駛。」[21] 還有別的版本說他預測的數字是接近五千。[22]無論如何，戴姆勒顯然沒有預料到行為的改變。他對汽車的想像是基於現實世界，認為汽車等同機動馬車，能雇用駕駛的富人才

有辦法負擔。

　　這種想法在早期發明家中十分常見，現代也有類似的推論。1990 年代時，嬰兒潮世代對自己的子女（所謂的千禧世代）在上網感到無比訝異；時至今日，多數美國人每天至少花四小時在智慧型手機上。[23] 現代的年輕人非常樂於持有自己的非同質化代幣和其他數位商品，他們的父母也許需要時間才能跟上趨勢。

　　由於代幣屬於自託管，因此**無需許可**（permissionless），且具有**抗審查**（censorship resistant）的特性，意味著我們可在不受政府等第三方的干預下，持有和使用代幣，而且可以按照自己的意願編寫程式。此外，代幣交易難以中止或修改。許多代幣是用開源軟體打造，人人皆可以使用，如同電子郵件一樣。

　　數位資產資助烏克蘭的戰爭，也為白俄羅斯、香港和緬甸的抗議運動提供金援，並保護委內瑞拉人民免受惡性通膨的嚴重衝擊。不過，罪犯、流氓國家，甚至也許是恐怖份子，也都會使用代幣。（請參考後續「資助自由鬥士的代幣」一節。）

　　加密貨幣擔保的合成資產平臺創辦人沃里克（Kain Warwick）表示：「以無需許可的支付網路而言，其真正的價值在於能支援任何貨幣。」[24] 他跟我說：「我們有個想法，想推出多重貨幣的穩定幣，於是將一系列法幣代幣化。同時，我們又想，『既然要做，為什麼不加入黃金和白銀？』於是也推出代表黃金和白銀的合成資產。意外的是，黃金很受歡迎，大家的反應都是『天哪，合成黃金，這是我們等待已久的產品』。」[25]

　　當然，我們不用遭遇壓迫，也能看見非託管資產的價值，只

要試著在銀行關門後進行電匯看看。此外，許多使用情境也需要更快速、更輕鬆的存取代幣，例如音樂會門票、選票和金錢等。

代幣跟其他的經濟資產一樣，分為**同質化**和**非同質化**。同質化代幣可與同類的其他代幣互換，比特幣就是一例。多數人不在乎自己擁有的是哪一個比特幣，反正所有的比特幣都具有相同的價值和效用。蘋果等公司的股份也是同質化的，每股都有相同的價值權益、權利和義務。現金同樣也是同質化的，一張一元美鈔與另一張一元美鈔並無二致。相較之下，非同質化代幣之間的價值不見得相等，各個都獨一無二。這就是非同質化代幣廣受歡迎的原因，它能廣泛用於代表數位藝術、文化資產，以及其他稀有智慧財產權或客製體驗的所有權。只不過，我們可以在世界上創造幾近無限、獨特的有形和無形資產，因此非同質化代幣市場的成長也許會遠遠超出最初的使用情境。

另一方面，代幣也能分為**抵押型**（collateralized）和**無抵押型**（uncollateralized）。無抵押型代幣的價值是根據代幣本身固有的潛在價值而定，再相對於其他代幣自由的浮動。現金在現代是無抵押型，但五十年前，持有人可在特定條件下用現鈔換取黃金。儘管美元不與黃金掛鉤，依舊深具價值，因為 1944 年時，布列敦森林協定（Bretton Woods Agreement）會員國選擇美元做為國際準備貨幣。即使中國政府極力推動人民幣成為國際準備貨幣，美元仍占全球中央銀行準備的六成。[26]

以太坊是全球市值第二高的區塊鏈平臺，支援近五十萬名開發人員打造數千個應用程式，為數百萬用戶提供服務。用戶和

開發人員需要使用原生代幣「以太幣」（ETH）做為燃料[1]，來進行去中心化運算、運用應用程式，以及從事交易，就像在充電站為汽車充電一樣。這種固有的實用性讓以太幣非常有價值，並創造出對代幣的需求，但擁有以太幣無法讓你直接換取其他資產，例如黃金、應收帳款、實體工廠和設備、智慧財產權等等。稍後我們將討論以太幣如何為持有人提供協定收入的索取權（claim），而協定收入有一部分會用來減少以太幣的在外流通代幣總額（total tokens outstanding），概念類似於企業利用超額利潤實施庫藏股。從傳統意義上來說，以太幣仍然屬於無抵押型代幣。

相較之下，部分與美元連動的穩定幣發行機構確實提供價值索取權。例如，聯合自治聯盟（Centre Consortium）連結美國銀行持有的政府債券做為準備，用來支持聯盟集中管理的美元穩定幣 USDC（USD Coin）；MakerDAO 以其他加密貨幣做為抵押，以支持 DAI 穩定幣。由於加密貨幣的價值容易大幅波動，這類穩定幣的準備率必須維持在兩倍（2:1）以上。無論是哪種抵押形式的穩定幣，持有人都可隨時將穩定幣贖回，拿回自己的連動標的資產。這類代幣屬於抵押型。

另外，有一部分的穩定幣顯然並不穩定。2020 年，泰拉協定（Terra protocol）創立者透過原生代幣 LUNA，發行與美元連動的演算法穩定幣 UST（TerraUSD）。泰拉協定透過演算法計算 UST 的相對供需，藉此決定增加或減少總供給量，以維持 UST 的價

---

[1] 編注：在以太坊進行交易時，礦工會收取處理和驗證交易的手續費，常稱為燃料費（gas fee）或礦工費。

值穩定。然而，UST 跟其他的穩定幣並不相同，它無需抵押，意味著每個 UST 背後並沒有一美元的準備支援。抵押不足使泰拉協定面臨擠兌的風險，也就是 2022 年 5 月發生的情況：UST 的持有人急於將資產贖回，換取連動的美元，如同 1930 年代的銀行恐慌。最後，UST 崩盤，泰拉協定也一敗塗地。

代幣能**對等式**轉讓。Web3 的去中心化應用程式（Dapp）可以相互組合，表示這些應用程式如果在相同或相容的平臺上運行，可以像樂高積木一樣，跟其他應用程式組合在一起。我們也可在對等式的範圍內交換任何資產。正如戴維森和里斯莫格爵士在《主權個體》一書所預言的：「想在全球挑選完全互惠的對象，只要不限於當地人士，就更有機會找到人選。」[27]

代幣所具有的對等式、流動性和可組合性等特質，促使我們重新思考貨幣等基本概念。奧地利經濟學家海耶克（Friedrich Hayek）預言：「我們通常假設貨幣與非貨幣之間存在著清楚的分界線，而且法律通常試圖區別這兩者，但回顧各種貨幣相關的各種經濟事件，就因果來看，兩者的差異其實並不明顯。我們看見的是一個連續體，其中存在著流動性不同或價值波動不一的物件，而這些物件具有的貨幣性質會相互影響」。[28]

假如每個人都能隨時隨地找到交易對象，並利用他們的代幣創造市場，情況將會如何？艾諾瑪（Anoma）等部分 Web3 新創公司目前正努力開發私人的易貨市場，對等的媒合任何資產的買家和賣家，例如：想用非同質化代幣支付房貸？或用蘋果公司股份購買演唱會門票？艾諾瑪公司的創辦人布林克（Adrian Brink）表

示：「當初貨幣的誕生也是為了解決以物易物的問題和限制，易貨市場最終也許會顛覆貨幣本身。」[29] 稍後我們再回來探討這個問題。

資助自由鬥士的代幣

代幣在烏俄戰爭中的作用備受矚目，它幫忙資助烏克蘭對抗俄羅斯。自兩國衝突以來，數千名匿名人士、企業和公眾人物用加密貨幣捐款一億美元以上，幫助烏克蘭抵禦入侵，援助受圍困的烏克蘭人民。[30] 反普丁的行為藝術團體暴動小貓（Pussy Riot）成立非實體的烏克蘭去中心化自治組織（Ukraine DAO），募得款項超過 650 萬美元。[31]

正是因為代幣這種數位不記名資產能抗審查且可對等式轉讓，這些捐款才得以執行。持有人可以輕鬆的把具有流動性的同質化自託管資產兌換為法定貨幣、商品和服務。使用抗審查貨幣的理由多不勝數，而且例子還在持續增加。例如：美國群眾募資平臺「資助我」（GoFundMe）和其他的中介機構，將加拿大卡車司機發起的「自由車隊」（Freedom Convoy）凍結下架之後，召集者利用加密資產來向群眾募款，援助他們的抗議運動。雖然許多人不贊同這群渥太華抗議人士的行為，[32] 但對於比特幣被用來資助烏克蘭的自由鬥士時，卻沒有太多意見。

加密貨幣捐款平臺「捐贈區塊」（The Giving Block）創辦人威爾森（Alex Wilson）認為，加密貨幣無需許可的特性與不習慣徵詢

許可的用戶群息息相關。他指出，在加密貨幣捐款方面，「最受歡迎的是人權這個廣泛的類別」。威爾森補充：「加密貨幣社群認為自己可以比非營利組織做得更好。」[33]

　　許多烏克蘭的軍事供應商更偏好客戶以代幣付款，而不希望客戶換成法定貨幣。烏克蘭國防部副部長表示：「透過環球銀行金融電信協會（SWIFT）匯兌可能需要一天以上的時間，相比之下，代幣交易更容易、不複雜，既透明又迅速。」[34]

　　以代幣資助戰爭凸顯出 Web3 和 Web2 的差異。試著想像一下，如果烏俄衝突發生在十年前，根據 Web2 的情境，情況大約會是：熱心的公民向紅十字會捐款，並在臉書等中心化控制的社群平臺上發表鼓舞人心的言論，然後其他人也許會訕笑他們的「懶人行動主義」（slacktivism）**；假如這些人違反使用條款或服務條款，可能會在未經正當程序的情況下受到審查，甚至被停用帳號。但在 Web3 時代，我們可以使用數位資產來支持那些為自由而戰的人，響應烏克蘭總統澤倫斯基（Volodymyr Zelenskyy）的號召：「我需要彈藥，不是便車。」[35]

代幣之於Web3，等同網站之於Web1

　　代幣是 Web3 的關鍵工具，帶動各種 Web3 應用程式的發展，重要性跟網站之於 Web1 一樣。標準貨櫃影響全球的貨物運

** 編注：懶人行動主義是指面對一項社會問題時，沒有實際的支持行動，只做出一些滿足自我的行為，並且覺得自己很有貢獻。

輸，代幣也有類似的作用，讓價值可以點對點的移轉。代幣有助於降低成本、提升效率、減少阻力，以及提高經濟生產力。正如貨櫃可以裝載各式各樣的貨物，代幣也可以寫入幾近無限的屬性。可程式化貨幣（programmable money）是一個好例子，假如有人想寄錢給正在上大學的孩子，他可以編寫程式，讓可程式化貨幣僅適用於沃爾瑪超市（Walmart）和全食超市（Whole Foods）等特定零售商，卻不適用於酒鋪之類的商店。

如果說網站裝載的是資訊，那代幣裝的就是價值或資產。安霍創投的狄克森指出：「我將網站視為如同貨櫃的容器，可以容納程式碼、影像和文字，包含連接到其他網站的超連結，大家能根據意願在容器內裝滿想要的事物。」[36] 然而，網站只是其中一塊拼圖，全球資訊網最初設計時，讓我們能夠將網站（容器）拼湊在一起。

狄克森選擇以貨櫃做為比喻，是有用意的。現代貨櫃大幅提升運輸業的速度和效率，使企業能實現全球化的供應鏈。據估計，過去二十年來，採用貨櫃使貿易量成長 790%，遠遠超過同一時期內自由貿易協定帶來的好處。[37] 同樣的，最初全球資訊網的設計具有一套將容器彼此連接的系統，「我們就是藉此得到這套美妙、由下而上的新興系統──所有的小世界全都在一個又一個相互聯繫的世界裡」。[38]

正如你可以將任何東西放進貨櫃或網站，你也可以將任何事物放進數位資產，並賦予它所有權。狄克森表示：「此處的關鍵特性是，代幣雖然不是運輸容器，但可以是所有權容器。」[39] 儘

管代幣有無限可能，但大家多半認為所有的代幣都是比特幣、加密貨幣或其他金融資產的變體。部分原因是，代幣、加密資產、數位資產、虛擬資產等用語的混用，導致語義模糊。麻煩的是，業界和媒體報導也常以加密貨幣做為總稱，其實多數代幣的使用情境跟貨幣沒有關係。例如：非同質化代幣憑證是貨幣嗎？是藝術品又會怎麼樣呢？或者是用來治理去中心化組織的代幣？還是遊玩 Web3 電玩遊戲時的虛擬化身？抑或是納入兩方客製金融合約條款的非同質化代幣呢？

　　更可能的原因是，早期討論 Web3 時，焦點主要集中在比特幣、貨幣和其他現有的金融資產上。貨幣、股票等資產存在已久，因此聚焦這些資產令人安心且容易理解。我們常以「數位黃金」來形容比特幣，並強調兩者的相似之處，例如供給量固定、產量有限，以及十分耗費能源，就像我們拿早期的網站與報章雜誌和分類廣告做比較一樣，都是在模擬舊世界的事物。

　　狄克森認為，賈伯斯讓「擬真」一詞開始流行，這其來有自，因為賈伯斯總是在設計未來，然後把受眾帶入未來。擬真為 Web3 帶來兩個相關挑戰。首先是破壞式創新的行銷挑戰。對潛在使用者而言，破壞式技術與現有技術通常在認知上有大幅度的飛躍，以致使用者無法預見使用的方式，也難以聯想到目前所用的技術。民眾怎麼會想要一部同時具備電子郵件、相機、音樂和定位功能的電話？因此賈伯斯必須透過視覺線索，協助使用者在心理上進行轉換；所以電子郵件的圖標是未打開的信封，電話是老式話筒，瀏覽器是指南針，筆記應用程式是筆記本。最明顯的

地方在於，賈伯斯把自己的發明稱為電話，也就是 iPhone，即使它的功能遠遠不止於此。這種刻意為之的技巧，能讓令人震驚的新事物變得更有熟悉感，而賈伯斯絕對是深諳此道的大師。

另一個大挑戰則是，我們只能從現代技術的角度來看待令人震驚的創新技術有何潛力，例如只能用紙張和出版，或像數位現金和分散式交易帳本之類的比喻來談論新技術，這樣子也許會嚴重限制立法者或商業領袖的想像。這讓狄克森備感煩惱：「人們在技術領域經常犯的重大錯誤之一，就是混淆新技術最初的例證與技術本身。」早在 Web3 成為日常用語之前，比特幣就已發行，並主導早期的「加密」產業及產業分析。

想想看，那些主要的新創意媒體是如何演變的？創作者往往傾向導入先前的媒體行為。也許是為了募資的關係：既要推銷突破性的想法，但又要不聽來瘋狂，所以電影最初看來很像默劇，只不過是有配樂的舞臺劇。隨著時間發展，導演和製片在電影中加入音效、定場鏡頭[††]、特寫鏡頭和變焦鏡頭，還運用剪輯、視覺聲光效果和動畫等技術。

如狄克森所言，電影產業花費二、三十年，才「發展出現今公認的原生語法和詞彙」來製作電影——更確切來說，這樣子才創造出如此撼動人心且身歷其境的影視體驗，而不單單只是類似舞臺劇的經驗。[40]

那麼在數位時代之前，是用什麼東西來類比全球資訊網呢？

[††] 編注：定場鏡頭的視野極為寬廣，能容納風景或建築，進一步交代地點或時間。

歷史學家暨小說家瓦耶荷在巨作《書籍祕史》(*Papyrus*) 中描寫書籍的開端，同時也敏銳的觀察網際網路，指出伯納斯李「在公共圖書館有序、靈活的空間中找到靈感」。全球資訊網獨特的統一資源定位器 (URL)「等同圖書館目錄的索書號」，而全球資訊網獨特的超文本傳輸協定 (HTTP)「就像請圖書館員幫我們找書的索書卡」。瓦耶荷表示，網際網路「形成數量眾多、龐大而縹緲的圖書館」。[41] 換句話說，伯納斯李創立了全球資訊網虛擬圖書館，並一直運作到現在。

狄克森也同意瓦耶荷的看法：「我們可以說 1993 年的全球資訊網就像雜誌，但如果仔細觀察全球資訊網獨特的本質，會發現它是透過超連結來串連程式碼、影像和文字。轉眼到了現在，已經有完整的網頁設計套件西格瑪 (Sigma)，[42] 我們也擁有許多豐富的（軟體即服務）應用程式。」

換句話說，把網路比擬成雜誌，就像把小說比擬成圖書館。史上公認的第一座圖書館是由亞歷山大大帝麾下的托勒密 (Ptolemy) 將軍建造，位在埃及的亞歷山卓 (Alexandria)。又經過近兩千多年，十五世紀時，現代圖書館才在梅迪奇 (Medici) 家族出資下，誕生於義大利的佛羅倫斯。[43]

有時候，好事總是多磨。狄克森再次說道：「所以，大家花了十幾、二十年才弄清楚，可以拿網站這個新的原始技術來做什麼。」[44] 這種情況跟書籍的使用方式很類似，人們過了數千年後，才懂得用書籍當做媒介來傳達內容，一開始的內容也許是為了講述國王征戰或讚頌神祇的故事，後來卻演變出無數種形式和文

類。那麼，數位資產或代幣在未來會演變成什麼呢？

　　最初採用擬真設計的部分應用程式，最終往往不會顛覆市場成為主流，而是變成小眾產品。去中心化代幣交易所阿茲莫西斯創辦人阿加瓦爾表示：「從舊有資產轉換到數位原生資產，勢必會有一段過渡期。」[45]

　　以太坊核心開發人員貝柯受訪時表達他的看法：「手機問世時，所謂的殺手級應用並不是 iPhone 上的 Excel，而是 Instagram 和優步等公司的應用程式，這些應用程式的開發人員問：『裝置的運算能力如何？我們怎樣充分利用這些能力？』於是兩者分別善用相機和全球定位系統（GPS）功能。大眾希望看見區塊鏈獨有的應用程式，其中大多數都跟抗審查有關。人們能擁有自己的非同質化代幣，可說是意義重大，畢竟在以太坊出現之前，並不存在『無聊猿』或『加密龐克』（CryptoPunks）之類的專案。」貝柯援引兩個熱門的非同質化代幣專案做為佐證。[46]

Web3將帶來哪些殺手級資產？

　　為了理解新興的數位資產世界，我們在《區塊鏈革命》中提出一種分類法。在那之後，數位資產分類已經擴展至十一種：

1. 加密貨幣

　　比特幣等加密貨幣試圖打造網際網路的原生貨幣，做為價值儲存、計量單位，以及對等式交易的媒介。貨幣是人類最偉大、

深遠的創造之一，目前正歷經劃時代的革命。千百年以來，貨幣的形式經過無數轉變，從貝殼到泥簡，再到貴金屬、紙幣和銀行存款，如今迎來的是另外一種大躍進，也就是貨幣正逐漸數位化。

當國家權力、跨國公司，以及愈來愈自信、愈來愈勇於爭取的數位公民社會，爭奪著經濟生活命脈的控制權，未來幾年的創新技術將成為關鍵。如果想了解我們共同的未來，請密切關注數位貨幣的發展。比特幣是主流的加密貨幣，市值高達約 4,000 億美元，在所有代幣的總市值中占比近 40%。

2. 協議層代幣

以太幣等協議層代幣驅動著以太坊這類的「第一層」智慧型合約平臺，對 Web3 的應用發展至關重要。假設我們將以太坊視為 Web3 的公用事業設施，例如把以太坊類比成電網，那麼以太幣就是電力。正如我們需要電力來替家庭供暖、為汽車充電，在以太坊網路上，我們也需要以太幣來運行應用程式和交易。當大家在以太坊上開發的應用程式愈多，對以太幣的需求就愈大，以太坊上的原生代幣價值也愈高，就像電力公司擁有的客戶數增加時，收入會一併增長。

類似的智慧型合約平臺還包括索拉納和雪崩鏈。其中，雪崩鏈等部分平臺可向下相容以太坊，而索拉納等其他平臺則是有自己的獨立網路。雪崩協定開發商雪崩實驗室（Ava Labs）總裁吳約翰（John Wu）將以太坊的相容性比作過往的技術標準，他指出：

「回顧 Betamax 或 VHS 等過去的技術，一旦有足夠多的人使用特定標準，就達到技術起飛的關鍵多數（critical mass）。既然以太坊目前已經達到這一點，那麼何不維持相容性但持續改進呢？」[47]

　　另一類的協議層代幣則可以驅動第二層網路。第二層網路位於以太坊等第一層網路之上，作用像是變電所，能透過電網傳輸電力，讓交易更平穩、快速，同時享有底層「主鏈」的安全性。這一類的代幣也稱為執行區塊鏈（execution blockchain），愈需要變電所來調節交易流量時（例如電網的「尖峰時段」），這類代幣的需求就愈高。第二層網路採用對等式交易，一旦出現爭議，可以到以太坊上的第二層網路申請仲裁。因此，可以把第二層交易視為私人合約，將以太坊視為調解鏈上糾紛的法院體系。阿比特朗和歐普蒂米茲（Optimism）等擁有自己代幣的第二層區塊鏈，也屬於這個類別。

3. 治理代幣和功能型代幣

　　治理代幣和功能型代幣（utility token）能賦予持有人經濟上的權益，提供對協定、服務或產品如何運作的發言權。產品或服務的採用者可以在公開市場上賺取或購買這些代幣，因此可說是促使民眾盡早加入網路的強大誘因。

　　智慧型合約平臺上能發行治理代幣，例如在以太坊上運行的去中心化交易所優幣通發行了 UNI 幣，UNI 幣的持有人可以對影響優幣通的決策進行投票。[48]治理代幣也能建立在獨立的區塊鏈上，例如在網宇平臺生態系中，各個應用程式都有自己的區塊

鏈，其他像是菲樂幣（Filecoin）等專案則有自己專用的區塊鏈。試想，如果臉書的早期採用者光靠使用平臺，就能享有平臺的經濟利益，會是何種光景？他們只要發布照片、與朋友互動，就能賺取臉書代幣；最終他們還有權對臉書的平臺管理方式發表意見，像是投票表決是否要將臉書用戶個資出售給第三方等等。

4. 預言機代幣

區塊鏈是不可竄改的網路交易紀錄。記錄到區塊鏈的資訊值得信賴、可供搜尋且可以稽核，這是區塊鏈的一大優勢。然而，它們是獨立系統，意味著區塊鏈無法「存取」現實世界中的數據。

假設你有一份智慧型合約，會跟聯準會基準利率、蘋果公司股價、體育賽事結果、人工智慧資料來源、病歷、人口數、國內生產毛額數據、通膨、房價或其他無數「鏈下」資料來源進行連動，我們如何將這些數據帶入區塊鏈以便執行合約？這就是所謂的「預言機問題」（oracle problem），我們將在第 6 章談金融服務時詳細討論。其中一種解決方案是使用單一授權來源，但這麼做有中心化的風險。

有些協定（例如 Chainlink 和 UMA）希望將預言機流程去中心化，同時確保可靠的數據，這些協定的原生代幣主要是支付給提供準確數據的網路節點。如果我們的 Web3 理論正確，那麼將鏈下資料帶入鏈上的需求將持續增加，進而帶動對預言機網路及其底層代幣的需求。

5. 互通型代幣

這類代幣是像網宇平臺和多邊形平臺等協定的原生代幣，有助於連接不同的區塊鏈。先前提過跨鏈之間存在著相容性和互通性的挑戰。為了克服挑戰，我們需要方法來連接不同的網路，類似於透過 TCP/IP 協定來連接全球資訊網網路。

這些代幣難以簡單分類。例如，許多在網宇平臺生態系中建立的應用程式並沒有「坐落」在網宇平臺上，不像以太坊上的應用程式就坐落在以太坊，導致應用程式的開發不見得會推動對網宇平臺原生代幣 ATOM 的需求；然而，由於驗證者是與主鏈共享，開發人員能受惠於「保安共享」（shared security）[‡‡]，這使得網宇平臺深具價值，因為它是最大的跨鏈樞紐。

最簡單的理解方法也許是，將互通型代幣視為串連不同區塊鏈的計算單位，就像運河和其他要道在商業中扮演著運輸和連接的角色，隨著洲際或跨鏈的商務活動增加，這些平臺就愈來愈蓬勃發展。

6. 證券型代幣

證券型代幣代表股票或債券等證券價值的索取權。證券型代幣可以是公司股票、債券、衍生性金融商品合約、共同基金單位等。以去中心化金融指數基金為例，指數合作社（Index Coop）是由去中心化資產管理協議賽特（Set Protocol）推出的去中心化自治

[‡‡] 編注：保安共享是指平臺與開發人員／客戶共同承擔安全責任，可以減輕開發人員／客戶的負擔。

組織，運作方式類似於去中心化的代幣指數股票型基金，規模約四億美元。

由於證券是受監管的市場，傳統公司在這個領域付出諸多努力。包括證券在內的種種資產，區塊鏈都能即時進行清算、交割和記錄，但證券型代幣也有要克服的挑戰。舊有的態度是抗拒改變，當原本的整個工作流程都很傳統時，要轉換到「加密原生」的數位形式就備受考驗；而且，客戶習慣舊方法，也許不想改變。

儘管困難重重，數十種以實體發行的證券型代幣仍然大獲成功，包含桑坦德銀行（Santander）、法國興業銀行（Société Générale）、世界銀行、西班牙對外銀行（Banco Bilbao Vizcaya Argentaria）、蒙特婁銀行（Bank of Montreal）、聯合銀行（Union Bank）等。證券型代幣的潛力無窮，但目前還未獲得各國法律普遍承認，仍然屬於小眾市場。

7. 企業代幣

企業代幣由中心化企業發行，通常是加密資產交易所。某種程度而言，企業代幣是顧客積點和治理代幣的混合體。我們可以透過平臺賺取企業代幣，並在中心化交易所兌換特殊回饋、獎勵或促銷優惠等。然而它們不像治理代幣（或股票），不一定總是具有經濟和治理權益；但比起傳統的顧客忠誠計畫更好用，而且能同質替換。例如，喜達屋酒店（Starwood）的紅利積點無法在熱門交易所幣安（Binance）和比特幣基地上兌現，只能在連鎖飯店

兌換獎勵；但企業代幣可以輕鬆的換成現金。

不過，濫用企業代幣的情況時有所聞。現已破產的未來交易所平臺創建自己的代幣 FTT，聲稱它是有用的資產，並根據上述的種種原因將它部署在自己的平臺上，但隨後卻操縱資產交易，人為哄抬代幣價值，並使用增值的 FTT 做為擔保，從事高風險交易，也許還涉及非法，將資金轉移到姊妹公司阿拉美達研究（Alameda Research）。

為了建立大眾的信任感，公司必須以公平公正的方式分發企業代幣。在運作得當的情況下，企業代幣有希望成為 Web3 企業的忠誠獎勵計畫範本。

8. 自然資產代幣

自然資產代幣是以碳、水或空氣等資產做為支撐。前面提過抵押型資產和無抵押型資產之間的差異，目前兩者均已找到契合的產品與市場。比特幣之類的無抵押型資產吸引數百萬熱切的投資人，將它視為數位黃金。此外，以銀行美元做為準備的穩定幣，也比金融中介機構提供的數位貨幣更簡便、快捷且低廉。自然資產代幣是碳權等抵押型資產的一種形式。碳抵換（carbon offset）有助於因應氣候變遷，如果有去中心化的全球註冊中心負責買賣和註銷額度，將可大幅擴展碳交易產業。

9. 穩定幣

穩定幣這種數位資產跟美元等具有穩定價值的資產連動。穩

定幣是 Web3 主要的交易媒介，數年內成長二十倍，價值達 1,350
億美元。[49] 目前有中心化和去中心化兩種穩定幣。中心化穩定
幣由公司發行，以傳統金融機構持有的準備做為支持。中心財團
（Centre）負責監管的 USDC 在 2022 年的流通供給量超過 450 億
美元，每日處理的交易量約為 120 億美元，是美國最受歡迎的支
付應用程式 Venmo 的十倍以上。[50]

　　去中心化穩定幣則由鎖定在智慧型合約中的加密資產支撐，
實際上是用軟體控制資金。DAI 是以太坊上推出的第一個去中心
化穩定幣，由 MakerDAO 維護，流通量約為 47 億美元，巔峰時
期每日交易量高達 5 億美元。[51] 頂尖創投平臺天使名冊（AngelList）
如今接受穩定幣進行投資；[52] 萬事達卡也宣布，計畫將穩定幣整
合到支付網路；威士卡現在也支援使用 USDC 穩定幣進行交易
結算，相關的例子不勝枚舉。

10.　非同質化代幣

　　非同質化代幣是獨一無二且不可替換的數位商品。[53] 世界上
有多少數量的獨特資產，就能有多少數量的非同質化代幣。這種
以編寫程式產生的數位商品，構想可追溯至十年前，當時比特幣
網路上就有所謂的「有色幣」，結果因為比特幣網路雖然支援交
易，但不支援程式，所以沒有成功。直到以太坊推出奇特的代幣
標準 ERC-721，非同質化代幣才開始起飛。

　　「每個（ERC-721）單位各有自己獨有的 ID，可連結到相關
的元數據（metadata），例如資料、文字、影像等，有別於源自同

一份合約的其他代幣」，由於所有代幣的 ID 並未存成一筆總額，所以各個代幣可彼此區分開來。[54] 數位藝術品是很好的例子，元數據等同藝術品本身，而 ERC-721 非同質化代幣就如同數位藝品的簽章和出處證明。

11. 中央銀行數位貨幣

中央銀行數位貨幣是政府和中央銀行發行的數位資產。《經濟學人》（*Economist*）在 2021 年 5 月的封面標題是：〈政府數位貨幣：即將改變金融的數位貨幣〉（Govcoins: The Digital Currencies That Will Transform Finance），[55] 引起廣泛關注。然而截至本書撰寫時，就算真的有政府數位貨幣，卻鮮少有實際大規模運作的專案。

理論上，中央銀行數位貨幣有助於提高中央銀行的效率、影響力和反應能力。支持者認為，中央銀行數位貨幣可為沒有銀行帳戶的人提供服務，降低成本，並及早揭露金融風險。中國共產黨把數位人民幣拿來輔助社會信用評分，做為引導公民行為的手段。《經濟學人》建議「以樂觀和謙卑的態度」看待中央銀行數位貨幣，[56] 我們則想再加入「懷疑」的元素。正如美國商品期貨交易委員會前主席吉恩卡洛所說的：「貨幣至關重要，不能由中央銀行總裁一手掌控。」[57]

把上面這十一種類型的代幣加起來，接近整體數位資產市值的 100%，但如果我們從整體的 Web3 資產來看，以市值做為衡量標準也許不夠完整。有一種開發中的 Web3 資產叫做「靈魂

綁定代幣」(soulbound token)，顧名思義，代表這個代幣與個人綁定、不可轉讓、不可替換，就跟智慧社會安全號碼一樣，而且附帶自有的數位錢包。[58]

也許政府可在人民出生時，就發放靈魂綁定代幣，如同出生證明一樣；或許靈魂綁定代幣會成為我們身分的核心，可做為安全、私密且不斷演變的資料儲存庫，供我們自由存取和使用，像是取得駕照、開立銀行帳戶，或在不洩露個資的情況下證明自己的身分——說不定是透過零知識證明來實現。當你在酒吧點酒時，服務生只需要確認你是否已達法定飲酒年齡，僅此而已，無需知道你的姓名、居住地、是否為器官捐贈者，或其他個人資訊。

這引發一些關於代幣的有趣問題：如果我們永遠無法創造靈魂綁定代幣的市場，那該怎麼衡量它們的「市值」？還有，選舉中的選票呢？我們知道有人會花錢來左右選舉，但我們能否量化一個選票代幣的價值，尤其是選票代幣並沒有其他的效用（例如它不像治理代幣可讓持有人投票、甚至賺取協定收入）？

再者，我們沒辦法用清單詳細條列出所有的代幣，畢竟依照各種分類法，可能會產生數十、甚至數百種不同的類型。況且，有些代幣代表的事物（例如基於法律或程式碼的身分）雖然有價值，卻無法買賣，當這類代幣愈來愈多，市值的概念也許將不再那麼適用。

雖然我們覺得樂觀，看好這些類別的數位資產會持續成長，但無法確認哪些資產能夠長遠留存。如果代幣之於 Web3 就像網

站之於 Web1（前者是後者的基石），那麼現今許多數位資產，最終或許會如同早期網路泡沫時期的網站，被淹沒在歷史的洪流中。如同亞馬遜等早期網路公司成為 Web2 巨頭一般，現在的一部分數位資產日後可能會成為價值數兆美元的平臺，支持具備所有權的全新網際網路。話雖如此，Web3 的殺手級資產很可能尚未出現。

對於新一代 Web3 專案，我們該有什麼期待？我們可以從過往的歷史尋找指引：新技術不僅能使困難變得容易，還能使不可能成為可能。然而，新技術在早期發展階段往往會採用擬真設計，模仿已經存在的事物，例如 Web1 早期的網站看起來像雜誌、目錄和分類廣告，但網際網路的真正力量是做為線上的溝通協作平臺。而 Web3 早期的資產看起來像是現實世界的資產，甚至使用相同的詞彙，例如加密貨幣、加密收藏品（cryptocollectibles，現在稱為非同質化代幣）、穩定幣等；不過 Web1 的殺手級應用一開始的情況也是這樣，例如網頁和電子郵件等。

政策制定者該如何看待數位資產？

對監理機關和政策制定者來說，Web3 對現狀的衝擊，勝過先前任何資訊科技所帶來的影響。當然，電腦、網際網路和智慧型手機都曾為監理機關帶來嚴峻的考驗，迫使他們挑戰原先的設想和既定法律。

安全通訊協定是全球資訊網中一項早期發展要件，現在已經被傳輸層安全協議（transport layer security, TLS）取代。安全通訊協定對於全球資訊網的早期發展十分重要，涉及網際網路上的資安加密（例如信用卡或社會安全號碼等資訊），而且使用 128 位元加密——這是公認的武器級加密技術，禁止用於商業用途。監理機關當時如果過於積極，有可能扼殺全球資訊網的發展，但政府卻選擇讓它合法，進而大幅推動商用全球資訊網的進步。

如今，監理機關面臨更艱難的抉擇。有些人把所有的數位商品都視為證券，因為它們具有價格或價值、可以買賣。這就像把所有的部落格都稱為報紙，因為兩者都使用文字，都可以閱讀、引用和抄襲。沒錯，代幣化的股票和公司債確實屬於證券，許多金融資產也是證券。但是數位藝術品、具有智慧財產權授權存取權限的代幣，以及電玩遊戲的同質化虛擬商品呢？與個人身分相關的靈魂綁定代幣難道也是證券？

這些資產類別能否開創先例，取決於立法者、監理機關和法院如何根據現行法律來解讀它們，還要依照個案和司法管轄區判定這些法律是否適用。業界必須協助教育監理機關，而監理機關也需要自我教育，謹慎行事，將創新和實驗放在首位。率先確立基本規則和監理準則的司法管轄區，將能吸引創新者、就業機會和各界目光。我們將在第 9 章和第 10 章詳細探討這些議題。

代幣：網路原生組織的發展要件

　　英格蘭和荷蘭的股份公司可說是一大創新，這些股份公司整合風險，並從事橫跨大西洋航行等大型事業。工業化的興起，首創第一家有限責任公司，使公司進一步高速發展，個別投資人不僅可以參與籌資，而且責任僅限於最初的投資。換句話說，如果投資人以一百美元購買蘋果公司的股票，當蘋果公司破產時，投資人也許會損失一百美元；但如果蘋果公司積欠數十億美元或必須處理集體訴訟，投資人則無需承擔額外的責任。

　　安霍創投的狄克森指出：「有限責任公司和德拉瓦州股份有限公司（Delaware C-corp）發明之前，如果你有一家鐵路公司，而某人因為你的鐵路而死，你可能會入獄或遭到起訴。到頭來，大家只和家人或深信的人建立公司或形成夥伴關係。」[59] 即使你沒有殺人，也可能因為破產而被關進債務人監獄。[60] 有限責任公司改變了一切。1811 年，正值美國工業擴展的黃金年代濫觴，一群股東成立第一家有限責任公司「商人銀行」（Merchants Bank）。[61] 股份有限公司則更進一步，將公司所有權人或股東的資產、收入和應納稅額，與公司本身的資產、收入和應納稅額分開，使得企業主與股份有限公司本身有了進一步的區隔。[62] 從此，股份有限公司成為獨立的法律實體（living entity），依法具有法律人格（personhood），而且比公司的創辦人和早期股東更長命百歲。

　　股份有限公司的創立完全符合工業時代的商務活動發展。修建鐵路、創辦汽車公司、鋼鐵廠或煉油廠，以及開採金礦等技術

複雜且資本密集的事業，無法單憑家族來融資，而且風險太高。股份有限公司幫忙分散風險，並提供一份藍圖，向投資人說明公司和業務如何在創辦人的帶領下發展。股份有限公司還有助於個人朝著擁有自己的資本邁出一小步。然而，股份有限公司形式的所有權是否適用於網路的建造和推出？

　　成立新公司與當今的 Web2 巨頭競爭，無疑需要大量資本。在別無選擇的情況下，潛在的競爭對手也許會認為，集團公司是打造和維持新網路的最佳工具，並「試圖結合高資本支出的工業公司所發明的結構」。結果，這些大型網路的行為就跟工業時代的信託組織一樣，試圖囤積所有資源，壟斷市場。[63]

　　狄克森提到化名中本聰的比特幣發明者，還有以太坊背後的願景家布特林（Vitalik Buterin），狄克森指出：「Web2 發生的事在某種程度上可以預期。為了設計出更理想的系統，我們必須從基本原則重新思索代幣這個資產類別，這也許有別於中本聰、甚至是布特林的初衷。但我認為資訊網路這一種全新原生資產類別的興起，源自於全體社群共同的努力，它是純粹數位，而且全球化的。」[64]

　　代幣是 Web3 的發展要件，是一套全新的工具組，將反映人類的聰明才智，以及我們已不再那麼衝動的想形成一連串令人眼花撩亂的新網路和全球組織。到頭來，代幣或許會顛覆現今的股份有限公司。

小結與重點摘要

　　數位資產是一種新的基本能力或原始技術，可以在網路上將幾乎任何有價值的物品編寫成程式。在區塊鏈出現之前，我們無法創造數位稀缺性，意味著我們無法防止他人一再複製有價值的數位商品，而且在缺乏可信任的第三方時，我們也無法呈現網路上的所有權。以下為本章部分重點：

1.　我們可以從兩種情境理解代幣：

　　(1)　雖然出自聖經寓言的「馬太效應」（Matthew Effect）顯示富者愈富，但在漫長的歷史長河中，財富分配逐漸變得平均。現今，常由小型投資人持有的指數基金是美國工業的最大股東；[65] 代表勞工進行投資的退輔基金是金融市場上最大的資本配置人之一。Web3 的工具將會加速財富的普及。

　　(2)　隨著經濟結構日益複雜，資產變得更為抽象。在封建時代，土地是最重要的經濟資產類別；無法以物易物時，黃金是交易媒介。工業化加速資產的創新，股票、債券、貨運提單和存託憑證等證券出現。資產數位化和 Web3 新興原生數位商品的發明，都是這段歷史進程的一部分。

2.　目前有數種類型的代幣，如：加密貨幣、協議型代幣、穩定幣、治理代幣和非同質化代幣等。它們涵括大部分市

值，但隨著 Web3 持續發展，這種分類法也許將不再適用。

3. 代幣的部分核心原則（包含對等式、抗審查、自託管，而且存在於不可竄改的公共資料庫中）使它有別於傳統資產。除此之外，代幣還有無窮的變化，例如同質化或非同質化；抵押型或無抵押型；由公司、政府、非政府組織或去中心化自治組織等網路原生實體發行。

4. 基於上述等原因，開發中國家的存款戶正使用比特幣等代幣來避免貨幣貶值、資助抗議運動，或在不用現金的情況下進行點對點的資金轉移。無論有何身分、無論位在何處，只要你對網路有所貢獻，都能在 Web3 中賺取價值，並使每個人受惠，尤其是你自己。

　　正如我們即將討論，Web3 讓創作者和網路使用者能受惠於自己的網路貢獻，藉此賺取更多收入，進而改變平臺、創作者和消費者之間的互動關係。

第 **4** 章

關於人

人人都是創作者和贊助人

　　數千年來，許多史上最偉大的藝術家都是由富有的統治者和贊助人所支持。例如中世紀，社會過於窮困，連個人教育都無法普及，更別談支持專業藝術和高層次文化活動。有錢人和富裕的機構支持藝術的理由不同。對佛羅倫斯的梅迪奇銀行家族而言，藝術和建築有助於展現財富和權力，畢竟沒有什麼事物比建造家族紀念碑更能超越個人、且更能源遠流長了──這種心態稱為「雄偉建物情結」（edifice complex）。對天主教會來說，宏大的藝術事業能引起群眾的敬畏之心，畢竟唯有上帝引導的手，才能創造出如此美麗的作品！除此之外，藝術家描繪受詛咒的靈魂墮入地獄的生動場景，也讓農民深受吸引。[1] 對君王而言，則能透過戲劇和表演來激發民族主義。

　　無論原因為何，如果不是伊莉莎白女王（Queen Elizabeth I），就不會有莎士比亞；如果沒有梅迪奇（Lorenzo Medici），就不會有波提切利（Botticelli）；如果沒有教宗保羅三世（Pope Paul III），就不會有米開朗基羅。當教會成為經濟體系中最為富有的利害關係人時，宗教藝術和聖像學尤其蓬勃。在這段時間，人們仍然透過民間藝術、手工藝、舞蹈和音樂等創作來表達自我，但並非為了金錢報酬，而是享受演出的樂趣。

　　到了十九世紀，情況開始轉變。平版印刷使視覺藝術得以大規模生產，專業階級也能負擔。識字率提升，加上工業印刷技術的應用，使書籍和報紙降至合理的價格，更多人能購買和閱讀書報，這對作家來說也是一大福音。十九世紀末，愛迪生發明留聲機。留聲機是愛迪生的最愛，他製作「唱筒」，用唱針摩擦時可

以播放出音樂。留聲機最初是奢侈品，後來成為鍍金時代美國家家戶戶的必備品。1920 年代，雖然廣播和電影進一步普及，民眾接觸文化內容的管道變多，但對文化內容的創作沒有太大的幫助。然而消費客群的擴大，開啟了大眾媒體時代。[2]

回顧二十世紀，歷史學家可能會把它稱為創意產業的第一個黃金年代，當時各類的藝術家都能透過自己的創作維持生計。以音樂產業為例，黑膠唱片和光碟（CD）銷售帶來穩定的版稅收入，讓唱片歌手、錄音室樂手、作曲者、作詞人等所有幕後人員都獲得不錯的報酬。

然而，因為錄音室和其他中介機構掌控製作與發行，所以報酬並不等於控制權或權力。[3]中間人的抽成經常比應得的高出許多。[4]藝術家和音樂人希望網際網路有助於消除業界的守門人和中間人，而網際網路確實在一定程度上和一段時間內做到這一點，但也讓創作者更難以維生，尤其對音樂人來說。

因此，新的中介機構應運而生。現在，我們有了非同質化代幣和其他數位商品，這一套全新的工具組讓內容創作者能夠回歸到舊時代的贊助方式，利用作品營利。雙子星公司（Gemini）是受管制的加密貨幣交易所、錢包和保管機構，共同創辦人暨執行長溫克沃斯（Tyler Winklevoss）表示，在 Web2 經濟中，創作者獲得的報酬是「按讚數」。他解釋，「按讚數被抽象化為一種貨幣形式，從創作者所建立的影響力中萃取出實質報酬」，而 Web3 用戶則是獲得「代幣做為回饋，依照投入的價值比例來獎勵創作者，這種方式更為公平」。[5]

　　二十世紀的創意生產模式在本質上十分工業化，經常是一體適用；但 Web3 的模式會更客製化：創作者能依據對象是一般粉絲或高消費的超級粉絲，量身打造彼此的互動與關係。此外，Web3 還消除了創作過程諸多步驟的守門人。超級粉絲變得跟古代的贊助人一樣，消費的金額會比普通支持者更多，並成為所支持事業的利害關係人。創作者與粉絲將共同擁有他們所產生的價值。

Web2如何辜負創作者？

　　藝術家艾蜜莉表示：「長久以來，我感覺自己像是大機器中的小齒輪，總是在實現別人的願景，這種感覺在動畫領域尤其強烈。[6] 我從小就看宮崎駿的電影和動畫、皮克斯（Pixar）的電影，還有許多以動畫和真人形式呈現優秀敘事的作品。」

　　艾蜜莉想做的是：用數位媒體說故事。但其中充滿重重障礙，首先是性平議題。艾蜜莉指出：「視覺特效電腦繪圖產業向來由男性主導。」她的最後一份傳統工作不是正式員工，而是約聘人員；她當時所在的暴雪娛樂（Blizzard Entertainment）部門從未雇用過女性正式員工。

　　其次是文化背景，艾蜜莉回憶道：「在亞洲社會的成長過程中，從來沒有人教導我們要為自己發聲、為自己奮鬥，或追求社會地位；更多的是要謙遜禮讓、少說多做。」如果想追求安穩的生活，「在視覺特效公司裡當個埋頭苦幹的小員工似乎更適合」。

　　但是對艾蜜莉來說，實現自己想創作的藝術比安穩生活更重要。她表示：「我意識到，去中心化金融協定擁有豐厚的資金，宣傳時卻不是找藝術家出身的人，而是用微軟的小畫家和其他平臺製作一些低解析度迷因。於是我開始製作一些小動畫，用來推廣各種去中心化金融協定，捕捉加密推特社群獨特的精神和文化。這使得我當時的作品廣受歡迎⋯⋯所以我一個接一個製作，當我做完某個協定的影片，另一個協定就接著找上門來。就這樣，我為每個去中心化金融協定製作動畫，全都是靠口耳相傳得到工作機會。」

　　艾蜜莉的個性相當主動積極，她不僅是自學有成的動畫師，也是白手起家的去中心化金融藝術家，在發現 Web3 的機會之後，把握機會與加密社群互動。艾蜜莉提到，她幫去中心化金融領域的一大熱門應用服務平臺製作動畫，並補充道：「我為優幣通 V3 的發表製作了動畫，當時我很清楚這則動畫將受到矚目，因為我曉得這是一件大事，所以我比之前還要努力。大約同時，非同質化代幣正好興起。我在 2020 年接觸過非同質化代幣，但當時市場熱度還沒起來。我考慮將兩者結合，所以當優幣通的影片完成時，我把它做成非同質化代幣進行拍賣（並以 52.5 萬美元賣出），這是我先前製作去中心化金融影片時從未有過的嘗試，結果成為我的代表作。PleasrDAO* 幫助我提升在非同質化代幣領域的知名度。」[7]

---

* 編注：PleasrDAO 是一個加密藝術品收藏平臺，由去中心化金融領袖、早期非同質化代幣收藏家和數位藝術家所組成。

　　非同質化代幣的迅速崛起造就不少誘餌式的標題，主要聚焦在一些熱門且有爭議的非同質化代幣專案，以及它們所達到的天價。例如佳士得公司（Christie）拍賣當今全球知名數位藝術家溫柯曼（Michael Joseph Winkelmann，化名 Beeple）的作品《每天：最初的五千日》（*Everydays: The First 5,000 Days*），最後以 6,900 萬美元售出。還有「加密龐克」等生成式藝術計畫的非同質化代幣，內容是類似於八位元電玩角色的簡單繪圖，因為稀缺性和文化聲譽而蔚為流行，售價高達數十萬美元以上。

　　這種有錢人標新立異的消費行為，導致有些人對非同質化代幣產生強烈的反感。然而，除卻這些聳動新聞，非同質化代幣正在幫助藝術家和其他創作者，透過作品賺取合理報酬，只不過規模小了許多。文化需要新的商業模式，非同質化代幣只是其中一種解決方案。今日，雖然不是人人都會成為藝術家，但所有藝術家都有工具可以支持他們去追求所愛。

　　艾蜜莉說，她的「終極夢想是為自己創作藝術品。我擁有所有的材料，卻不知道如何把它們組成成品」。艾蜜莉建立一個 Instagram 帳號來磨練技巧，她表示：「我試著創作一些小型的 3D 數位藝術。」但這個帳號最後卻成為艾蜜莉表達自我的平臺，她說：「在我從事視覺特效的職涯中，沒有人鼓勵我嘗試藝術創作，但那些年的經驗對我有其必要，當初學到的技能讓我更能追求、實現我的願景。」[8]

　　Web2 平臺 Instagram 正在嘗試整合非同質化代幣。艾蜜莉指出：「如果他們售出作品，我可以獲得五成或類似比例的分潤。

但這是一種妥協，畢竟作品本身是連續的動畫，所以我必須選擇特定一格畫面來製作非同質化代幣。」艾蜜莉發現，傳統藝術市場和數位藝術與動畫市場並無太大分別，「主要還是看人脈，與對的人來往，出席各種展覽和畫展，讓策展人看中。對一個被教導要安靜謙讓的人來說，這實在有太多門檻和障礙需要克服，我一直在與人接洽，等待結果的期間時常感到很焦慮」。

當非同質化代幣問世，而艾蜜莉出售第一個數位藝術非同質化代幣時，她表示：「（我）簡直不敢相信。有人剛剛以數位形式購買我的作品，而且未來作品轉售時，我都會獲得一成的分潤。對我而言，這完全是人生轉捩點，我們第一次有辦法用自己的作品獲利，而不是靠『按讚數』或試圖爭取在畫廊展出謀生。」[9]

艾蜜莉密切關注觀眾的反應，她說：「雖然大家覺得我的動畫很酷，但更吸引他們的是幕後花絮。觀看皮克斯電影時，DVD 最後常常會有一些幕後特輯，（創作者）會帶著觀眾參觀片廠，並介紹他們如何製作影片。我發現大家就喜歡這些花絮。當我站到攝影機前，用低畫質的網路攝影機錄影並談論作品時，流量特別好。」[10]

從用戶生成到用戶自有，以及貨幣化

好萊塢編劇尼克森羅培茲為當代電視打造過一些最雋永的角色。她曾是電視劇《怪奇物語》編劇團隊的創始成員，負責發展「伊萊雯」（Eleven）這個角色的故事線，同時還為《局外人》（*The*

Outsiders）、《毒梟：墨西哥》等其他熱門影集撰寫劇本。2022
年，蘋果批准尼克森羅培茲的劇集《露西亞》（Lucia），並將由
奧斯卡得主、電影《樂來樂愛你》（La La Land）和《進擊的鼓手》
（Whiplash）的導演查澤雷（Damien Chazelle）執導，尼克森羅培茲
則擔任節目統籌。顯然她已在好萊塢占有一席之地。

　　三十五歲的尼克森羅培茲擁有多數編劇渴望的經歷，事業如
此成功的她將編劇視為正職，但她也透露，自己真正的熱情其實
是擔任 Web3 新創公司 MV3 的共同創辦人。MV3 匯聚故事與技
術，有希望顛覆電視、電影和好萊塢本身的商業模式。尼克森
羅培茲的經歷提醒我們，Web3 領域的建造者背景有多麼廣泛和
多樣。

　　MV3 擁有 6,500 個不同角色的非同質化代幣，由尼克森羅
培茲和 MV3 團隊一手打造，構成具有豐富故事的「宇宙」。持
有人可以參與智慧財產權的運作，決定角色的發展，甚至可以
和 MV3 團隊共同創作故事。這些不同的角色資產最終可能會出
現在電影、電視或其他傳播媒體上，也可以化身為電玩遊戲中
的人物角色，或元宇宙的虛擬化身。試著想像一下，你在 1976
年《星際大戰》上映前就先買下一個角色，然後在數十部電影、
改編作品和授權交易中共享這個角色的歷程，這就是 MV3 的雄
心壯志。從最初的「創世活動」（creation event）開始，MV3 已經
募集到大約兩百萬美元來資助開發。

　　我們透過視訊採訪尼克森羅培茲。她與丈夫卡哈瑞（Torey
Kohara）同住在洛杉磯，卡哈瑞也是 MV3 的共同創辦人。尼

克森羅培茲向我們坦承，她的兄長兼第三位共同創辦人尼克森
（Roberto Nickson）好說歹說，才終於在 2021 年說服她關注非同
質化代幣領域。

　　尼克森羅培茲說明：「我帶著強烈的目的進入這個領域，我
把錢投入以太坊，然後搞懂它。我理解到的不僅僅是賭博帶來的
快感，還發現擁有所有權的機會，也就是我能擁有產權。」不久
後，尼克森羅培茲便將這些觀察與自己的世界串連起來，她說：
「我內心的編劇魂立刻想到『我知道好萊塢的運作方式』，接下
來幾個月，非同質化代幣計畫將出現在我的電子信箱，而他們會
說：『嘿，我們正在找編劇改編這個非同質化代幣。』這種情況
絕對會發生，好萊塢什麼都能改編。那時，我就知道自己不能錯
過這一波趨勢。」[11]

　　為什麼不容錯過？因為大多數的非同質化代幣計畫都缺少故
事。先建立角色資產，再置入電影當中，這種做法與當今的內
容創作方式截然不同。現今的內容創作是由電影公司掌握智慧
財產權，並決定如何使用，從未「先建立角色資產，再置入電影
裡」，所以早期的非同質化代幣先驅甚至沒有考慮過這種做法。

　　早期的非同質化代幣比較像神奇寶貝卡，沒什麼新意。換句
話說，它們採用擬真設計，模仿舊有的形式。例如，非同質化代
幣的稀缺性和可程式化特性，催生出數百種花俏的「頭像」（pfp）
專案，各個專案都是在一個共同主題上有數百或數千個變體，像
是企鵝、猿猴、大猩猩、八位元像素點陣人物、灰色岩石等等。
其中的邏輯不外乎角色愈獨特，價值愈高。碰到熱絡的多頭市場

時，這些「極罕見」的非同質化代幣售價可能高達數十萬、甚至數百萬美元，不過只有少數計畫能夠保值。

以宇迦實驗室（Yuga Labs）創立的「無聊猿」為例。無聊猿最初是一系列繽紛炫麗的卡通猿猴，深受網紅和名人喜愛，許多有影響力的人士都用它做為網路頭像。如果你擁有無聊猿頭像，可以轉售、把它分割、部分出售，甚至以非同質化代幣做為擔保申請貸款。

換句話說，它們雖然是數位資產，卻擁有實體資產諸多常見的權利。隨後，宇迦實驗室成功將最初的頭像熱潮擴展到其他途徑，包括敘事型態的故事和一款名為《彼方》（Otherside）的大型多人線上角色扮演遊戲。這款遊戲目前正在開發，先前曾歷經一輪大型融資，宇迦實驗室將尚未開發的遊戲虛擬資產賣給未來的玩家，並稱他們為「航海家」（Voyagers），總共賣出十億美元。[12]

無聊猿也釋出商業使用權給持有人，這是演員暨製片葛林（Seth Green）的計畫，不過在計畫發表之前，他的無聊猿「福來猿」（Fred Simian）在網路上被「乳酪先生」（Mr. Cheese）綁架；後來，葛林決定向綁匪支付約 297,000 美元的贖金，救回自己的智慧財產權。在嶄新的 Web3 世界，他無疑是這麼做的第一人。[13]

葛林是創作者，很有可能利用自己的無聊猿來開發創意專案。但對尼克森羅培茲來說，她表示：「我認識的大多數作家都無法改編非同質化代幣專案，畢竟大多數非同質化代幣都缺乏基本的故事設定，只是同一張照片的不同變化而已。」[14]

這些早期的非同質化代幣專案之所以有價值，主要來自稀缺

性和傳達的訊息，導致它們更像是稀有的豪華收藏品，而不是可改編成電影或電視節目的角色。雖然非同質化代幣因稀缺性而彌足珍貴，但要把一張頭像改編成故事，就像選擇一個罕見的古馳（Gucci）手提包擔任主角，演出以它為主的迷你劇一樣荒謬（姑且不論那些詭異玩偶殺人的恐怖片）。換句話說，即使一千隻無聊猿工作一千年，也無法寫出下一部好萊塢大片（雖然這阻止不了葛林的嘗試）。[†]

然而，MV3 的故事發生在「一個結合矽谷和高譚市的城市，當地的科技企業家奪走政治家的權位，而有知覺的機器人遊蕩街頭尋求解放。」[15] MV3 將故事設定在 2081 年，背景則是「氣候末日」後的「反烏托邦電馭叛客（cyberpunk）[‡]社會」，並聚焦「一群懷抱理想的底層社會」反抗者，努力「從掌控城市的企業手中奪取權力」。[16]

尼克森羅培茲的哥哥尼克森認為，MV3 深具潛力，有希望成為「下一個誕生自非同質化代幣的偉大系列電影或電視節目，持有人可直接參與智慧財產權增值的機會」。尼克森羅培茲表示：「在好萊塢，觀眾決定你的生死，無論專案有多好，如果沒有觀眾、如果他們不看你的電影或劇集，你就不算成功，不會有

[†]　編注：這裡的敘述改編自法國數學家博雷爾（Émile Borel）的說法，原文大意是「即使一百萬隻猴子每天打字十個小時，也難以打出全球最大圖書館的所有館藏」；不過，這個說法後來衍生出「無限猴子定理」，暗示既然發生機率不是零，代表有可能發生。

[‡]　編注：電馭叛客是一種科幻故事的類型，故事背景往往建立在科技極度發達、社會體制崩壞的未來。

第二季續約，節目也不會被選中。」想讓好萊塢的領導核心對電影或電視節目砸下巨資，關鍵在於確定專案會獲得觀眾的支持。尼克森羅培茲指出：「所以我們反向操作，創造艾魯諾市（Eluna City）的世界以及身處其中的角色。」這個計畫需要極大的努力，MV3 團隊心知肚明。

雖然尼克森羅培茲架構出這個世界，也為主要角色精心設計故事線，但她和團隊並不會單獨決定故事的發展方向。她表示：「對我而言，最令人興奮的地方在於，目睹我們激發出大眾的創造力，這群人以前從來沒創作過，卻是反烏托邦世界或虛構作品的消費者，他們渴望參與。我們的粉絲構成 MV3 社群，也是共同創作者，他們對這個世界和角色投入許多心血，所以非常樂於和我們一起打造這個新世界，這讓我備受鼓舞。」

現在，MV3 會舉辦創意工作坊，協助他們的非同質化代幣持有人開發角色的背景故事。所謂的同人小說，指的是粉絲針對原有的智慧財產權進行二次創作，撰寫不同結局和全新篇章，對於《哈利波特》等熱門系列作品，這種類型的小說深具重要性，但很少以任何形式融入官方的故事線中。

MV3 共同創辦人卡哈瑞覺得：「我認為同人小說一直被視為系列作品的繼子。」[17] 但現在，粉絲可以擁有自己的角色，自行發想故事，並且有機會享受經濟利益。我實在太好奇了，所以買下其中一款非同質化代幣。現在，我也是利害關係人，接著就讓我們來看看，一個商業作家能否寫出像樣的科幻小說。

尼克森羅培茲指出，影視工業體系永遠不會允許粉絲共創和

共享內容。部分業界大老在同人小說首度出現時，就覺得同人小說是洪水猛獸，甚至有可能侵犯版權。尼克森羅培茲表示：「我的律師說：『你們像是把有價值的部分一點一點剝下，然後送給別人。』我們的反應是：『沒錯！這正是我們在做的事。』雖然人們難以理解，但我最興奮的是，這套做法能夠帶來改變。」[18]

　　至於版權方面的問題，世界智慧財產權組織（World Intellectual Property Organization）已經聯合其他法律專家，一同針對非同質化代幣的潛在應用進行分析，但透過個別的法律糾紛案例和法院裁決，通常會獲得更明確的資訊。[19]

　　話說回來，那些熟悉智財法的非同質化代幣藝術家和其他創作者，通常會明確訂下自己的期望，好讓特定司法管轄區的市場有標準來處理他們的非同質化代幣。如同創用 CC（Creative Commons）授權，藝術家和創作者可以在一定範圍內，選擇要釋出哪些權利給非同質化代幣買家，並保留一部分權利（如果有的話）。[20] 哈佛商學院教授柯米納斯（Scott Duke Kominers）在 2022年 8 月曾於推特反問：「如果非同質化代幣的目的在於實現所有權，那麼創作者還有什麼理由放棄智慧財產權，選擇創用 CC 授權裡的公眾領域貢獻宣告（CC0）呢？」[21]

　　隨後，柯米納斯和弗萊許雷克特（Flashrekt，這位使用化名的共同作者是非同質化代幣的意見領袖）在一篇部落格文章中，試圖回答前面的提問。他們的論點不禁讓人聯想到雷席格（Lawrence Lessig）的著作《誰綁架了文化創意》（*Free Culture*）。[22] 這本書在 2004 年出版，哈佛法學院教授暨創用 CC 共同創辦人雷席格在

書中解釋「創意的社會面向：創意工作如何奠基於過往傳統，以及社會如何透過法律和科技鼓勵或抑制這種發展」。雷席格描述大型科技公司做為「文化壟斷者」，如何「（限縮）公共思想領域」。[23] 他的觀點是：將作品發布到公共領域應該是創作者的選擇，而不是企業的選擇；創作者在創用 CC 授權下，發布作品到公共領域時有很多選項。

柯米納斯和弗萊許雷克特也一併說明文化相關性（cultural relevance）如何掌握藝術作品的生殺大權，當每個人都可以隨時複製、改編、惡搞原作，將有助於原作流傳得更為廣泛，與文化更為貼近。因此，兩人鼓勵創作者「把握原始作品的衍生作品」；並補充，如今創作者可決定在非同質化代幣內寫入哪些權利。[24]

回到 MV3 來看，一開始就放棄或出售智慧財產權的模式，某種程度上是一種反向操作。MV3 的發展路徑類似 Web3 遊戲，是透過出售角色募資、為角色編寫故事，並圍繞著角色建立智慧財產權。菲律賓 Web3 遊戲公司主管盧芮亞（Ria Lu）說明非同質化代幣遊戲與傳統遊戲的區別：「傳統遊戲是先製作遊戲然後推出，再慢慢賺錢，一步步建立社群；但非同質化代幣遊戲的做法是，先建立社群、募資，然後創建遊戲。」[25] MV3 也採取類似的「社群至上」方法。

MV3 這類專案最終之所以成功，不僅是因為他們讓粉絲能一同創造經濟利益，還因為他們交出部分控制權給粉絲，讓粉絲能參與、塑造故事的發展方向。而這種將控制權和經濟權交付給粉絲的做法，其實有違好萊塢的經營模式。

尼克森羅培茲也承認這點，她說：「我現在是個為了錢、為了工作而不得不寫的編劇，但我很討厭如此，打從內心厭惡，我心裡常想著：『哦，我不是為自己所愛和關心的人而寫，不是為自己而寫，而是為了賺錢。所以，我是為了蘋果公司的股東而寫，我必須讓他們滿意。』」吸引粉絲參與創作過程，讓他們不僅為了錢財，而是出於對角色的熱愛進行創作，顯然能帶給創作者動力，也為他們各自的專案賦予目標和意義。

人們可能會因為熱愛某個角色而撰寫同人小說，但如果二創的故事能吸引觀眾，作者也應該獲得相應的報酬。以 MV3 來說，最優秀的作家能夠把塑造的角色融入整體故事情節，並獲得實質回饋。

如此說來，尼克森羅培茲的團隊要怎麼實現 MV3 的願景？他們面臨哪些挑戰？首先，為了讓大家的智慧財產權出現在電玩遊戲中，必須有人設計出一個遊戲，讓持有人將角色和故事線放入更大的情節裡。以風險來判斷，片廠可能永遠都不會同意購買他們無法完全掌控的智慧財產權，因此電影或電視內容的創作者也許必須自行籌資。如果創作者自行籌資，他們則需要仔細考慮，如何計算持有人可能創造的價值，然後以公平的方式提供報酬。

除此之外，還有其他考驗，例如：規範這類型共創智財權的法律和國際條約有哪些？商業格言有云，無論公司多麼會招聘員工，公司外部總是比內部更人才濟濟；社群也有同樣的狀況，要如何從眾多人才中，找出能豐富故事宇宙的瑰寶？另外，一旦探

用共創的內容，不同司法管轄區會怎麼裁定爭議？如果菲律賓的
共同創作者想保障自己的權利，是否有資格向加州的美國地方法
院提起訴訟？綜觀 MV3 和其他非同質化代幣專案，這些創辦人
和夢想家真的能夠顛覆好萊塢嗎？當然還有一點不容忽略，那就
是好萊塢是否會覺醒，並打造自己的故事宇宙版本，然後繼續掌
控一切？

華納兄弟（Warner Bros.）已經針對《魔戒》電影系列，宣布推
出一系列限量版的非同質化代幣，無數名人為了塑造科技形象或
提升品牌，也紛紛湧入非同質化代幣領域。但距離人們能購買精
靈、半獸人或哈比人等角色，仍是長路漫漫。最具創新精神的好
萊塢電影公司也許會陷入「創新的兩難」，只在小處進行嘗試。

還有其他風險，例如現有的企業可能會利用這項技術，或是
把創新者告上法庭，剝奪他們的種子資金。那麼，擁有新工具的
新興創作者能否挑戰好萊塢？目前看來似乎難如登天，但天下事
畢竟無奇不有。

從企業控制到社群控制

另一個不同的非同質化代幣敘事實驗是由艾蜜莉主導，她推
出一個去中心化影音平臺，名為「澀谷」（Shibuya）。艾蜜莉在發
表這個專案的部落格文章中，指出當今敘事的部分限制：「無論
是短片、電影或電視劇，許多人至今仍將全部注意力放在觀看長
篇內容上。問題在於，製作長篇內容所費不貲，而且耗時。」結

果，只有像電影製片廠這樣的大公司才有能力製作長篇內容。假如創作者有其他方式向群眾募資，用來製作電影或其他大型計畫，並且取得足夠的資金，會發生什麼事呢？

她在文章中繼續寫道：「非同質化代幣背後的技術有更多的用途（不僅僅是頭像專案）！我內心渴望區塊鏈上能有長篇內容的空間，澀谷平臺的構想便起源於此。它是一項 Web3 實驗，讓大家能免費觀看長篇內容，透過區塊鏈技術讓觀眾參與創作過程，並共享所有權，進而獲利。」[26]

艾蜜莉快速而簡短的介紹澀谷平臺：「『一個去中心化、集影音串流與群眾募資特性於一身的平臺』，在平臺上可以向群眾募集的不只是資訊，還有資金，而且是兩者並行。」傳統的群眾募資平臺通常是民眾捐款後，坐待成品，澀谷平臺則使用「與實際媒介互動的方法，讓群眾募資流程比 Kickstarter 等平臺更有趣」。[27]

在傳統的電影製作過程中，好萊塢製片公司會試著在暗處操作智慧財產權；除了業內人士之外，沒有人知道當中的作業流程和方式。電影產業由上而下的階級制架構更偏好「有把握的賭注」，比較少考慮新興藝術家未經市場考驗的潛在優秀作品。於是，我們最後看到一大堆的電影續集，而不是新作。儘管好萊塢在獲得完全的控制權時，曾改編過一些同人小說，但卻不願意在經濟或創意層面上與粉絲互動。

換句話說，它不知道如何協調一群互不相識、信任基礎不足的人。艾蜜莉認為：「區塊鏈相較之下是一大進步，因為有一群

人雖然互不信任，但都同意區塊鏈足以信賴。」[28]

　　管理創作的過程是一項挑戰。艾蜜莉表示，採納任何想法，並讓社群以完全扁平化的結構運行（包含對流程毫無專業認知或認識的人在內），也許最終會「一無所獲或自食惡果」。澀谷平臺也是試圖克服這項挑戰的計畫之一，目前正嘗試拿捏分寸，決定要賦予一般人和創意總監等專業人士多少控制權，也許 MV3 和未來無數 Web3 創意專案都將面臨相同的難題。

　　艾蜜莉指出：「找到適當的平衡點將為我們帶來最佳的產品。」她也提到爛番茄（Rotten Tomatoes）電影評分、Yelp 商家評價上的群眾智慧，這些網站的用戶「相信多數人的意見」。澀谷平臺的目標正是利用這種集體心態，並應用在創造智慧財產權上。艾蜜莉表示：「與其像好萊塢那種黑箱作業方式，讓作者自己關在房裡創作，不向任何人展示任何成果，我認為不如讓鐵粉或社群在早期階段就參與計畫。在專案的早期階段讓社群參與絕對值回票價，但你會發現，大家其實並不像他們所說的，想做那麼多工作。」[29]

　　澀谷平臺有一部影集叫做《白兔》（White Rabbit），劇情採用雙結局架構，會依據哪個結局的得票數多，來決定劇中主角或善或惡。募資的創作者必須確定他們在流程中有哪些地方希望尋求群眾意見，但這些意見不會影響故事或藝術作品的品質。艾蜜莉指出：「如此優質的內容，為什麼要留給少數壟斷傳統影視產業的守門人？為什麼不讓大家參與呢？」

　　「如果沒有 Web3 的新技術或典範轉移，我不認為自己有機

會成功。在加密貨幣或 Web3 出現之前，就算我試圖打進傳統好萊塢，也只會是一場幾乎注定落敗的苦戰。」[30]

2022 年 12 月，澀谷平臺從安霍創投和法利安基金獲得 690 萬美元的注資，參與融資的人包括美國職籃球員杜蘭特（Kevin Durant）和名媛希爾頓（Paris Hilton）等名人。艾蜜莉在該輪募資的記者會上表示，她希望澀谷平臺成為「Web3 的 A24」。A24 是好萊塢獨立電影公司，因《月光下的藍色男孩》（*Moonlight*）、《淑女鳥》（*Lady Bird*）和《媽的多重宇宙》（*Everything Everywhere All At Once*）等獨立製片作品而聞名全球。[31] 如果環球影片（Universal Pictures）選擇買下《白兔》的版權，而艾蜜莉變成好萊塢大亨，那就是很諷刺的事了，反正一切都說不得準。

從以平臺為基礎，到手持裝置社群

Web3 音樂平臺傲聽的共同創辦人倫堡熱愛音樂，認為音樂是一門藝術，他不僅支持音樂人，自己也是音樂社群的活躍成員暨擁護者。正因如此，當他眼見自己喜愛的創作者紛紛離開聲音雲平臺（SoundCloud）時，倍感憂心。他告訴我們：「聲音雲平臺是當時的社群中心，我們在上面度過許多時光。所以，我們不禁自問：『為什麼大家要離開？』」[32]

歸根究柢，原因在於聲音雲平臺做出的決策，不符合早期社群的最佳利益。「他們更改『發現功能』的運作方式，有利於那些由機構擁有和管理的內容，讓人覺得像在懲罰社群內容。此

外，他們還採用許多不同的社群政策，可是那些政策跟用戶群不太相符。」倫堡指出，由於這些不當的決策，「很多音樂人都離開平臺」。

這只是音樂人因失望而轉換音樂發行平臺的案例之一。倫堡說：「從早期的聚友網（Myspace）到 YouTube，再到聲音雲平臺，音樂人每換一次平臺，都會失去他們的追隨者，而且他們沒有資料的自主權或控制權，也無法接觸到這些聽眾。假使你是 YouTube 的超級網紅，然後建立全新的 TikTok 帳號，並無法將現有的粉絲群轉移到 TikTok，還是得從頭開始。」這是將優秀創作者固定在特定平臺的手段，而且在某種程度上頗具成效。倫堡表示：「很少有人能從成功轉換媒體平臺，其中絕大部分的原因是無法將粉絲群帶走。」也因為這種拘束創作者的機制，導致有人覺得（姑且不論對錯）「新的媒體型態偏好新的創意形式，所以新類型的創作者會隨著新媒體平臺的出現而崛起」。

更重要的是，每個新媒體平臺依舊掌握粉絲的數據，音樂人無法直接得知自己有哪些受眾，也不清楚粉絲對內容的喜好、行為模式、點擊次數等使用習慣，因此無法據此開發新內容。雪上加霜的是，獨立音樂人要將音樂上架到 Spotify，必須透過第三方發行商，因此版稅得先流向第三方，然後才到音樂人手中，「一路上伴隨著重重障礙」。

倫堡將問題歸結於「企業與資產的創作者和消費者之間利益不一致」。最終，Web2 媒體資產跟提供價值的內容創作者形成「寄生關係」。他指出：「如果沒有人上傳影片到 YouTube，它

就不具任何價值或效用，Spotify 也一樣。但這些平臺的網路效應（network effect）§ 既強大又穩定，不斷吸引用戶加入。」倫堡觀察新媒體資產的演變模式，「當網路規模較小且仍在成長時，內容通常免費又優質，而且平臺運作良好。一旦他們達到某種網路效應，關係就會轉變」，平臺會開始榨取創作者和消費者。

倫堡內心不禁心想，如果平臺幫助「音樂人與粉絲直接接觸並建立關係，長遠下來，是不是能抵禦這類型的壓力」，他暗指的是聲音雲平臺必須實現企業獲利的壓力。[33]

倫堡夥同其他人創辦了傲聽，是一個以音樂人為中心的音樂社群和音樂發掘平臺。[34] 倫堡表示：「傲聽平臺也打算幫助音樂人賺取收入，但聲音雲平臺當時面臨一定程度的時間壓力，被迫做出一連串糟糕的決策。」傲聽平臺建立在以太坊和索拉納之上，倫堡認為：「如果音樂人能真正擁有、操作和控制發行工具，傲聽平臺就能夠盡量避免決策錯誤。此外，賦權給音樂人，讓他們參與傲聽平臺的成長，可以一同打造出一套長久的系統。」[35] 音樂人匯出或匯入資料的能力，將是關鍵的區別特徵。

這一點非常重要。正如拉森所說的：「如果文化代表一切，那麼社群定義部分的文化。」[36] 拉森是 Web3 遊戲商斯凱梅維斯和遊戲《無限小精靈》的共同創辦人暨營運長，他表示：「Web3 尚處於萌芽階段，所以文化主要取決於你在哪個領域投注心力和時間。例如，對於藝術家、音樂人和遊戲玩家而言，去中心化金融

---

§　編注：網路效應是指，用戶使用服務所獲得的價值或效用，與整體使用人數有關。

協定與非同質化代幣大不相同。但每個使用加密貨幣的領域都有自己的文化，就像《無限小精靈》社群的文化相較於去中心化金融協定社群，就顯得十分明確而固定。但廣義而言，大家想要的都是資產的所有權、追求自由、重視透明度。」

　　網路平臺之所以深具價值，原因在於使用者也是內容發布者，或說是網路創作者。也許你喜歡在推特上發表評論、參與 Reddit 上的討論，也許你喜歡把自己的照片和影片上傳到臉書、Instagram 或 TikTok。對這些平臺來說，用戶生成的內容，以及透過參與而維護的社交圖譜（social graph）[*]，造就平臺的成功，例如臉書平臺上的用戶共同參與而形成的網路效應，直接造就臉書的價值。儘管 Web2 在部分領域表現不甚理想，但網路平臺畢竟讓更多人能輕鬆分享意見、創作，以及發表內容，大致上算是正面發展。

　　可以肯定的是，Web3 也有平臺提供便利實用的服務，也藉此獲取價值。以開放之海為例，它是全球最大的非同質化代幣上架和交易平臺。開放之海從平臺上出售的非同質化代幣收取費用或「權利金」，類似於藝術經紀或其他傳統中間商。然而，開放之海在取得早期成功之後，很快就面臨數家競爭對手崛起。

　　Web3 研究機構布洛克公司（The Block）指出：「非同質化代幣市場為了爭奪流動性，避開了創作者的權利金，所以競爭對手能從開放之海吸引流動性，催生出數獨交易（Sudoswap）、X2Y2

---

[*]　編注：社交圖譜呈現出社交網路中的連結，例如在臉書平臺按讚、分享、打卡、標註朋友，都是在建構社交圖譜。

和魔法伊甸園等零費用市場。」結果，2022 年「零版稅交易量在總交易量的占比，從 1 月的 2.8% 躍升至 11 月底的 30%」，增幅顯著。開放平臺讓使用者和創作者可以依照需求和喜好移動資產，不被鎖定在一處。如此激烈的競爭有機會帶來更多創新，也為創作者帶來更多收入。[37]

如果說 Web2 讓用戶能生成內容，那麼 Web3 就是讓社群能集體創造並擁有內容。這句話要怎麼理解呢？以 MV3 為例，用戶不僅擁有自己創建的資產，還能夠塑造角色故事線以及 MV3 宇宙的未來走向（社群擁有的內容）。

艾蜜莉在打造澀谷平臺的過程，把 Web2 與 Web3 的工具和平臺視為相輔相成。她指出：「許多 Web3 的人犯了一個錯誤，認為他們需要完全擺脫 Web2。」澀谷平臺可以是用戶向群眾募資和創作智慧財產權的地方，但不見得是智慧財產權的最終目的地，或唯一的發行方式。例如，大家可以在澀谷平臺上製作一部短片，然後透過 YouTube 傳播。

艾蜜莉表示：「這並不是壞事，概念就像『右鍵儲存』（Right Click Save）這系列的非同質化代幣，對於在 Web3 製作的內容而言，YouTube 相當於免費的廣告。[38] Web3 只是實現獲利的新途徑，只不過目前 Web3 上的內容還沒有吸引到足夠的關注。因此我們必須仰賴 Web2 的流量，來支撐我們在 Web3 建立的內容。這是網際網路的自然演變，我們在 Web2 時期遇到的特定議題，現在由 Web3 提供解決方案」。[39]

對創作者來說，集體共有財產的概念極為重要。創作者可以

透過非同質化代幣和智慧型合約，把收入條件編碼進作品裡，並將收入支付自動化。音樂人、藝術家和其他創意人士目前正利用 Web3 工具重新定義作品。這些能力影響著網路平臺所有的創作者和使用者，就跟 Web2 賦予我們社群網路和社交圖譜一樣，每個人都會受到影響。

創投家韋爾登認為，Web3 是賦予我們具有社會經濟圖譜的社會經濟網路。他表示：「這種網路不僅僅是經濟關係或基於興趣的關係，而是建立在更個人化的關係上。」[40] 在 Web3 的框架下，臉書不會被只有 Web3 特徵的相似社群網路取代，而會被有別於以往、前所未見的全新方案取而代之。

非同質化代幣和其他代幣如今是進入「代幣制社群」（token-gated communities）的關鍵。在這類社群中，參與者可證明自己擁有某些資產的所有權，因此能獲得服務、額外福利和特殊待遇，類似於鄉村俱樂部會員資格，而代幣就是入會門票。

代幣制社群可以提供的產品或服務超乎想像，這些社群有的也許是互動敘事和建構故事世界的專案，例如 MV3 或澀谷平臺；也可能是數位藝術創作者的代幣制團體，例如社交俱樂部（Friends With Benefits, FWB）；抑或是親朋好友的社交網路；或夢幻足球聯盟；或聯手玩角色扮演遊戲的玩家隊伍；或是像 Flamingo DAO 之類的藝術藏家去中心化自治組織；又或是持有人可提前取得趨勢報告的 Trends.vc；或是無數其他社交、商業或社群組織。[41]

無論你在這些社會經濟網路中投入哪些內容和創意，都會讓

你成為未來的經濟參與者。法利安基金共同創辦人暨普通合夥人韋爾登表示:「我們在 Web3 中開始觀察到的模式是,創作者不只是在 Twitch TV 上直播,一對多的為觀眾創作內容;相對的,他們直接跟粉絲社群合作,共同建構故事與娛樂,而這群粉絲也是實際創意產品的所有權人。」[42] 儘管你當初不僅是為了經濟利益而加入社群,但如果有機會能收到報酬的話,想必更是錦上添花。

新媒介即新訊息

Web3 遊戲公司安尼莫卡公司共同創辦人蕭逸表示:「如果說比特幣的功能是價值的儲存,那非同質化代幣就應該是文化的儲存。」他也另外補充,文化是「有史以來最深的經濟水槽」,這句話取自遊戲消耗機制的術語,指的是價值如何創造與流動(像水槽中的水)。蕭逸認為,文化資產向來受到低估,而現在我們擁有新機制,可以用數位的方式儲存價值。

1964 年,媒體理論學者麥克魯漢(Marshall McLuhan)打趣道:「媒介即訊息。」[43] 當時,平面媒體、廣播和電視是主流媒體,媒體單向的把內容從製作者傳輸給消費者,形成內容播送的年代。

很快的來到 Web2 時代,隨著資訊網際網路的普及,每個人都可以創作內容並在線上發布,但只有像 Spotify 等具有強大網路效應的大平臺,才能夠透過音樂營利。獨立藝術家必須屈服於

串流媒體，否則就得面臨風險，例如作品被人拿去分享和複製，卻無法求償或獲得報酬。數位視覺藝術家的處境更為艱難，他們既沒有銷售作品的工具，也很難保護作品免受侵權。

雖然大型 Web2 平臺逐漸整合創意媒體，並將這些媒體商品化，但同時也讓每個人都成為創作者，這些平臺為我們提供工具，使我們能成為社交圈或網路社群中的公民記者、攝影部落客或微型意見領袖。然而，少數大公司控制的演算法卻誘使早期由志同道合人士組成的社群，形成自我增強的迴圈，導致社群的目的不再是為了傳遞資訊或娛樂，而是為了自我安慰，並強化既存的偏見和觀點。

麥克魯漢的格言指的雖然是傳播媒體（特別是電視），但也適用於其他時代。社群媒體無疑是當今主要的資訊媒介，而媒介本身往往會成為論述中心，我們不妨想一下臉書在散布錯誤資訊上所扮演的角色，或是在 2016 年美國大選期間和選後事件中放大極端意見的作用；另一個例子則是馬斯克收購推特的肥皂劇。

蓋茲在 1996 年發表一篇文章叫做〈內容為王〉（Content Is King），預測全球資訊網第二紀元做為用戶發布內容平臺的影響：「網際網路令人期待的事之一是，只要有個人電腦和數據機，任何人都能發布自己創建的內容。」[44] 蓋茲將所謂的內容廣泛定義為「想法、經驗和產品」。Web2 用戶確實創造出大量的內容，而且有些人的表現格外出色，尤其是軟體製造商。但軟體平臺就跟商用網際網路出現之前的大型電視網一樣，掌控內容的傳播與

發行，並擷取大部分的價值。

　　區塊鏈技術康舒公司（ConsenSys）的索克林（Lex Sokolin）指出：「在 Web2 中，資訊是一種商品，但資訊無限多，因此毫無價值。可是，對於資訊的注意力卻透過廣告被包裝成產品。」對從事典型 Web2 工作的人來說，也許不太能接受藉由所有權來限制內容的傳遞（即使他們的態度意味著創作者也許只能獲得微不足道的收入）。索克林補充：「對致力於解放資訊和普及資訊存取的 Web2 企業家來說，非同質化代幣讓人感到非常不快。」[45]

　　雖然平臺主導內容的傳遞，但蕭逸在建立安尼莫卡公司的時候，便設想過這種動態的權力變化。安尼莫卡公司的其中一項核心論點是，數位產權把「可消費的」內容轉變為「資產」，並賦予巨大價值。最後，內容成為平臺，讓創作者無需透過少數公司控制的發行通路，就能從內容層面獲利。截至目前為止，這聽來確實很有道理，所以開放之海平臺上鑄造的所有非同質化代幣總值，超越開放之海平臺本身的市值，而所有代幣的價值，也都遠大於提供存取管道的錢包提供者和交易所。[46]

　　麥克魯漢的觀察可說是深具遠見。[47]如果傳播媒體和它的擬真模仿品是 Web1 的同義詞，而社群媒體等同於 Web2 的代名詞，那麼非同質化代幣等數位產品有可能幫忙定義 Web3。當藝術家賣出非同質化代幣的時候，藝術家正把資訊（藝術）與媒介（數位商品）合而為一。

人人都是創作者

　　上面提到的種種個案，在在凸顯現今創作者正運用新穎的方式，透過 Web3 工具與各層面的粉絲互動，同時開闢更多商業途徑來賺取收入，並做為「擁有者」參與其中。但絕大多數人並非藝術家或編劇，也不是完全投身於 Web3，只依靠賺代幣或炒作非同質化代幣和其他文化資產的價值來維生。難道許多人在這場創造力復興運動中，注定扮演旁觀者的角色嗎？Web3 最具影響力的投資人之一、安尼莫卡公司的蕭逸表示：絕非如此。

　　蕭逸向來能夠從容的跨足不同文化、語言和經濟體系，這點主要源自於他特殊的成長背景。他是出生於奧地利維也納的華人，雙親均是頗有造詣的古典音樂家。蕭逸從小說德語，多數同學和朋友都是白人。他小時候曾與母親在東柏林生活一段時光，親眼目睹專制的共產主義如何運作。回到維也納後，他接觸到早期的康普網路服務（CompuServe），發現成員來自許多不同國家的社群。雖然他在學校研讀的是音樂，卻對電腦很感興趣。十幾歲時，蕭逸在德國雅達利公司找到第一份工作。蕭逸的職業生涯橫跨全球資訊網的三個紀元，每個紀元他都開展過網際網路業務。他在 1980 年代買賣虛擬資產；到了 2010 年代初，他的公司率先開拓手機遊戲業務，但蘋果後來下架了他的公司開發的應用程式。[48]

　　蕭逸在 2017 年偶然接觸到 Web3 領域，立即意識到 Web3 的重要性，並重新定位安尼莫卡公司，朝向這個美麗新世界發展。

安尼莫卡公司旋即成為 Web3 業界影響力數一數二的建造者和投資人，尤其在 Web3 遊戲領域。蕭逸數十年的經驗和獨特的成長背景，讓他看待世界時，比起諸多當代人更為高瞻遠矚。

首先，蕭逸的父母擁抱科技。他們是社區裡第一個有衛星電視的家庭，所以能觀看國際新聞，[49] 蕭逸也因此具有國際視野。他的父母還買了雅達利 ST（Atari ST）個人電腦給他，「我在網際網路服務出現之前便發現線上社群，而我的亞裔身分在其中無關緊要」。

雅達利公司在 1970 年代於矽谷成立，是當時的業界龍頭，以兵乓球遊戲《乓》（Pong）和《太空侵略者》（Space Invaders）等遊戲聞名。他們聘請一位素未謀面、擁有音樂學位的奧地利青年，聽來似乎有違常理，不過雅達利公司向來以不落窠臼著稱。艾薩克森在《創新者們》（The Innovators）寫道：「他們每個星期五都舉行狂歡派對，大家喝啤酒、抽大麻，有時最後還跳入水中裸泳。尤其當該週銷售數字達標時，大家更是玩瘋了。」其中一名創辦人固定在熱水池中召開員工聚會。[50] 我猜想，德國辦公室的啤酒可能比較好喝。

蕭逸也許是最早一批在早期電腦遊戲中購買虛擬資產的人。他表示：「當時沒有支付系統，沒有 PayPal。我必須貨真價實的寄出一張支票，並等支票兌現。」賣家收到蕭逸的錢後可能會人間蒸發，但他確實履行了交易：「我們在多人地下城 ** 裡一個類

** 編注：多人地下城是一種連線遊戲，由於原文 multi-user dungeon 的首字母縮寫為 MUD，故有「泥巴」的稱呼。

似破舊酒吧的地方碰面，並交換物品。」

　　身為音樂家的子女，蕭逸很清楚藝術家謀生的困難之處。他指出：「我母親從來不了解商業的運作方式。」他母親和同類型的音樂家經常被音樂產業的經營者利用，蕭逸解釋：「基本上是因為他們對金融體系、商業體系和合約缺乏認識。」[51] 蕭逸承認，雖然每個人都可以參與網路所有權，但不是每個人都能平等的從中受惠。他表示：「我們認為，儘管 Web3 無法實現無條件基本收入，但能提供無條件基本權益，每個人在概念上都是某種形式的數據創造者。」其中包括藝術家、軟體開發人員、遊戲開發人員等主動創造者，還有「被動創造者，他們對網路效應有所貢獻，因此也該獲得回報」。[52]

　　蕭逸說明遊戲產業的經濟學（我們會在下一章詳細介紹）：在免費遊戲中，用戶可以免費下載並玩遊戲，但如果他們想要更多遊戲體驗，就必須付費。蕭逸表示，只有 1% 到 3% 的玩家會課金，「免費遊戲的千億美元營收主要來自個位數比例的遊戲玩家」。

　　話雖如此，其他 97% 到 99% 的人仍然十分重要，他們有助於遊戲的網路效應，有些人也許會幫忙引進支付少量費用的五個到一百個人，或找來一個大筆課金的人。如果沒有不花錢的玩家現身玩遊戲，那願意付費的玩家也不會課金。蕭逸指出：「這是一種價值轉移。」免費玩遊戲的人「對網路效應有所貢獻，應該獲得獎勵」，[53] 畢竟，他們奉獻了數據和時間。

　　談到要如何把這種模式應用到臉書之類的傳統網路時，蕭

逸表示：「也許大多數用戶的價值只有數百或數千美元。但沒關係，我們是在建立公平的權益。意思並非是人人都相同，而是現在每個人都是利害關係人。」[54]

　　韋爾登也同意這個看法。韋爾登的觀點是，不僅專業創作者可從數位所有權受益，Web3 還能更廣泛的賦權給創作者的粉絲和社群。例如，2021 年 11 月，一群可說是毫無關係的加密貨幣愛好者和歷史迷聯手，一同在網路上集資，希望從私人收藏家手中買下美國憲法首印本。

　　為了募集出價競標所需的數百萬美元，這一群人成立「憲法去中心化自治組織」（ConstitutionDAO）。[55] 它隨即演變成一種網路現象。到了拍賣會舉行時，憲法去中心化自治組織已經從數千名資助者手中募集到四千萬美元，讓大家看見重要文物重回「人民」手中的機會，想必富蘭克林（Benjamin Franklin）會為此感到欣慰和自豪。儘管憲法去中心化自治組織最終並未得標，但卻創下一大里程碑：它向我們展示各個不同的人如何運用 Web3 工具，為一項志業自發性的組織、集資，並建立具有效用或經濟價值的事物。

　　之前，唱片公司主管布勞恩（Scooter Braun）曾買下美國歌手泰勒絲（Taylor Swift）前六張專輯母帶的版權。為了反制，泰勒絲重新錄製所有專輯，以削弱布勞恩握有的曲目價值。泰勒絲並沒有嘗試買回母帶，韋爾登認為：「或許泰勒絲不願自掏腰包買回母帶，但粉絲也許願意集資，畢竟他們看重的不只是版稅，還重視做為擁有者的體驗。理論上來說，新一代的網際網路將會讓所

有產品和服務的使用者變成擁有者。」[56]

　　法利安基金是一家種子投資公司，通常在新創公司的產品與市場媒合或問世之前，便進行投資。有時候，新創公司需要外部的觀點來發掘內部人士看不見的地方。這也代表韋爾登獨具慧眼，因此成為業界備受推崇的投資人。

　　韋爾登表示，代幣這項產品滿足用戶的特定需求和欲望，包括財務安全、發聲或參與等。對一部分的持有人來說，代幣提供社會歸屬感和社群，滿足我們掌控運作的需求。[57]此外，代幣也增加一層隱私：如果有需要的話，代幣的持有人可以透過使用假名的方式，隱藏數位商品所有權。

　　丹麥國會議員奧肯（Ida Auken）在 2016 年為世界經濟論壇撰寫一篇評論，引發軒然大波，標題為〈歡迎來到 2030 年。我一無所有，沒有隱私，生活從未如此美好〉（Welcome to 2030. I Own Nothing, Have No Privacy, and Life Has Never Been Better）。[58]這篇文章在網路上瞬間成為眾矢之的，已經對世界經濟論壇深感懷疑的右翼團體更是猛烈批評。

　　時至今日，這篇評論像是 2010 年代中的時空膠囊，當時所謂的「共享經濟」公司，讓共乘、分租度假屋等服務變得更加便利。千禧世代在金融危機的打擊下，無力負擔太多開支，因此樂於使用這些服務，而創投家又助長這些 Web2 新創公司的發展，讓更多人能負擔得起。

　　事後看來，奧肯宣稱「你認知中的所有產品，如今都成為一種服務」的論點似乎有點天真，因為這些企業一旦面臨更激烈的

競爭、缺乏創投公司的財務支持，就很難營利。真要說的話，
Web3 反而顛覆她的預言。奧肯指出，所有產品都將成為服務；
但 Web3 主張，所有服務都可以透過網路所有權成為資產。[59]

　　以優步和愛彼迎（Airbnb）這類共享經濟公司為例，司機、
租客和用戶等創造價值的人，並沒有平等的與這些公司共享財
富。這些平臺是自然獨占，集中並轉售多餘的勞動力、汽車、空
房等。研究顯示，這種獨占行業並沒有為工作者、客戶和社會帶
來相應的價值。如此想來，Web3 正好相反，Web3 平臺不屬於任
何人，由使用者治理，使用者能在平臺裡累積自己創造的價值。

　　然而，奧肯在某些方面還是頗有先見之明，她預見到我們過
於依賴 Web2 平臺時，在其中所做的取捨。她在那篇評論文章中
指出：「偶爾我因為自己沒有真正的隱私而感到惱怒。無論我去
到哪裡，都會留下足跡。我心知，自己所做、所思和所想的一
切都在某處被記錄下來。我只希望不會有人利用這些資料來對
付我。」[60]

　　在奧肯發表文章之後，大眾行為出現兩個重大的轉變。首
先，有愈來愈多網路使用者會審慎的考量個資的使用方式，並採
取保護措施。第二個轉變更為深刻，那就是所有權再度蔚為風
潮。事實證明，千禧世代確實想擁有直到最近才買得起的東西。
如今，他們占購屋者的 43%，遠遠超過任何一代人；他們也是
購買汽車的最大族群，至於其他被視為理所當然的必需品，他們
同樣是消費主力。[61] Web2「租客」經濟的雙重條件（我們既沒有
所有權，也沒有權利），加上普遍回歸的所有權潮流，為我們營

造出完美的環境，足以測試所有權全球資訊網（ownership Web）是否能變得無所不在。

啟蒙運動大家洛克（John Locke）說：「每個人都享有人身所有權：除了他自己之外，無人有權擁有。我們可以說，個人身體的勞動和雙手完成的工作，全是他的財產。」洛克的論點是以一個觀念為基礎：個人的勞動和行為是個人的財產。「勞動無疑是勞動者的財產，因為除了他自己以外，無人有權擁有他曾參與其中的事物。」[62]

但值得一提的是，當情況有利於洛克時，他也會在這些權利上妥協，因為他和同時代的人，助長大英帝國的殖民主義或奴隸制一直持續到 1833 年。話雖如此，洛克的觀念合情合理：當人們投注時間和精力創造有價值的事物時，他們應當擁有某種權利。然而對網路創作者（包含日常網路使用者）來說，情況並不是這樣。

去中心化金融顯示出，用戶自有的網路可以採用初期的獎勵迅速成長。去中心化交易所優幣通就是一個例子，因為交易所擁有的流動性愈高，交易所的價值就愈高，所以優幣通一開始提供原生代幣 UNI，獎勵用戶及早提供流動性。交易所的流動性愈高愈有利，對平臺、用戶和創作者來說是三贏。

現在不妨試著想像一個剛起步的 Web3 社群網路，由於推出新服務的成本極高，為了抵消新創的成本，新專案透過治理代幣來獎勵早期採用者，賦予他們經濟權和平臺發言權。結果顯示，代幣將早期採用者和用戶變成網路中的經濟參與者，為大規模協

作和採用提供極強大的誘因。

　　狄克森表示：「在 Web2 時代，想克服自立創業的障礙，意味著創業家需要極大的努力，還有許多情況是要在銷售和行銷上砸大錢。」[63] 過程困難且成本高昂，導致只有少數網路平臺能夠達到全球的規模。而一旦它們立定根基，針對類似用戶的新網路平臺就很難跟它們競爭，臉書正是一個例子。

　　狄克森繼續說道：「Web3 為自立創業的網路平臺導入強大的新工具：代幣獎勵……基本概念是，在早期創業階段，網路效應尚未發揮作用時，先透過代幣獎勵為用戶提供金融效用，以彌補原生網路效用上的不足。」[64] 用戶可以毫無阻礙的發行代幣，並嘗試建設網路。跟以往的技術週期相比，既然專案總數的分母大增，想必失敗的專案也會高出許多，但這也凸顯代幣在獎勵大規模協作、協調和價值創造方面的作用。

健全性檢查：代幣獎勵是否導致應用體驗變差？

　　我在 2004 年就讀阿默斯特學院（Amherst College）大一時，第一次聽到班上的女同學談論「臉書」這個新網站。我對這名女同學頗有好感，所以儘管心有疑慮，我還是迫不及待的接受她的建議，開立臉書新帳號。我認識一些人使用過聚友網和交友達人等網站，因此當時的我認為，真正有朋友和個人興趣的人絕對不會把所有的時間都花在網路上。

　　可惜的是，我跟那個女孩緣分不夠。不過，我成為臉書的忠

實用戶，就像當時數百萬的「早期採用者」一樣，我迅速建立起個人的社交圖譜，擁有數百個聯繫。早期的臉書沒有廣告，讓人很容易上癮，我們很樂於拿自己的時間和社會資本，來換取比電子郵件更好的免費通訊服務。

對於新網路來說，早期採用者十分珍貴。我們所有的聯繫都能幫忙創造網路效應，進一步鞏固臉書的市場龍頭地位。儘管如此，我們的貢獻卻從來沒有換到任何的財務利益。這一開始似乎沒什麼問題，畢竟臉書算是有趣又好用的消遣。但後來，我們都陷入 Web2 的魔鬼交易，因精準廣告（hypertargeted ad）而失去個資、隱私和網路自主權。

現在請試著想像 Web3 版本的社群網路平臺。從一開始，每個人的利益就更加一致：我們仍然會使用這項服務與朋友聯繫、分享照片和建立社群，但可以選擇保留照片的所有權利；我們可以成為網路平臺的利害關係人，並對於策略決策或技術變動有一定的發言權。我們使用、推薦和上傳的次數愈多，賺取的代幣就愈多。在如此有力的獎勵機制之下，其他人也會加入、參與，並吸引新的用戶加入。儘管現有的大型網路平臺地位穩固且資本充裕，但這個用戶所擁有的新社群網路平臺會一步一步進逼，穩定的削弱對手的基礎。新的用戶也因為新網路平臺的原生代幣價值上漲而受惠，創辦人和早期採用者都獲得不錯的收益。這個概念聽起來有任何問題嗎？

遺憾的是，有些創辦人的 Web3 模型設計得非常糟糕，以致早期用戶只是想利用代幣獎勵獲利，毫不在意基礎的服務。一旦

獎勵用盡，他們就會轉向下一個可以利用的平臺，留下其餘的代幣持有人爭奪所有權的殘羹冷飯。這種行為也讓一般使用者擔心自己的網路體驗會被過度金融化，因此望而卻步或心生反感。

也有人覺得，導入財務報酬機制或許會帶來其他意想不到的後果。維基百科共同創辦人威爾斯告訴我，他認為 Web3 的獎勵措施「對維基百科來說是糟糕的主意」。[65] 他主要擔心的是，金錢會破壞維基百科純粹的知識性，貢獻者編輯詞條是出於對知識的熱愛，而不是因為有人願意付錢給他們。他表示：「假設你現在編輯的是關於『艾克森瓦德茲號』（Exxon *Valdez*）的文章，可能只有一家有錢公司會在意，那就是艾克森。」

威爾斯指出，向文章對象收取報酬「可能不是我們樂見中立的優質百科全書會做的事」。[66] 再者，他的另一項疑慮是貢獻者獲得報酬的方式和原因。如果貢獻者的收入是基於瀏覽數，那貢獻者就有動機炒作文章，也許會斷章取義，或有失偏頗。第三，他認為比特幣等區塊鏈的生態足跡不夠永續，所以維基百科才停止接受加密貨幣捐款。[67] 最後，威爾斯對於以代幣募資來支持志願者的方法抱持懷疑：「社群裡沒有人詢問或提出要求。」像維基百科這樣的創新者無疑能設計出解決問題的系統，但對威爾斯來說，風險難以接受。[68]

儘管威爾斯的態度有所保留，但他對於音樂和影音串流等其他用途的用戶自有平臺，仍然有很高的期待，創作者在這些平臺上可以獲得更優渥的報酬，並且擁有更多權限存取自己的數據。在我們的討論中，威爾斯認為，建立簡單的方法讓貢獻者能從平

常使用的平臺獲益，整體而言是個高遠的志向。

威爾斯跟艾蜜莉、尼克森羅培茲和其他利用 Web3 工具的創作者一樣，將去中心化自治組織視為簡便的網路原生工具，可以根據任何創意構想來組織志趣相投的人。威爾斯表示：「我們不會在千辛萬苦之後，將成果拱手讓人；我們會投注心力，然後嘗試將作品上架到網飛（Netflix），或賣到亞馬遜 Prime，再試圖在電影院上映。」

他憑藉直覺，理解去中心化自治組織成員的想法。威爾斯說：「我們可以組成一個社群在網路上創作，大家會投票，並根據個別的貢獻來分潤，我們會找出公平分配獎勵的辦法。」最重要的是，每個人都成為作品的所有權人，共享成功。威爾斯補充：「如果你在電影公司工作，並且製作出紅極一時的作品」，這對你的履歷和公司都大有助益，但你無法從海外票房、周邊商品、影音串流和隨選視訊、海外授權等其他收入獲得分潤，只因為「你並不是作品的所有權人。」[69]

儘管有前面這些顯而易見的好處，但用戶自有網路的模式並不一定比較公正或比較永續。例如，用戶自有網路可能無法產生足夠利潤來維持網路的長期發展、安全性和用戶體驗，而自願採用由廣告驅動的模式。在這個例子裡，大多數的代幣持有人可能會投票支持大多數用戶反對的模式。如果十九歲時的祖克柏遇到 Web3，是否會成為愛好代幣的企業家，致力推出病毒式代幣分配模式，導致代幣價值波動劇烈，最終消失於市場？

即使是立意良好的聰明企業家，在最初的執行過程也會遭遇

挫折。例如，《無限小精靈》推出「邊玩邊賺」（play-to-earn）的遊戲模式，但獎勵機制並不完善。結果，早期用戶獲得大量報酬，而晚期加入的人卻得借錢玩遊戲，到頭來發現沒剩多少獎勵，導致他們負債累累。

《無限小精靈》的遊戲商斯凱梅維斯公司重新調整策略，專注於提供出色的遊戲玩法，並邀請玩家參與，幫助改進他們的工作。斯凱梅維斯公司創辦人拉森希望遊戲玩法能帶動他們下一階段的成長。他表示：「如果能在品質上媲美現有的遊戲，尤其是手機遊戲，再加上遊戲道具的 Web3 所有權，想必會是一道殺手鐗。」[70]

其他像是優幣通的平臺，在藉著原生代幣賺輕鬆錢的人來來去去之後，依舊深受青睞。為什麼會這樣呢？首先，這類平臺建立公平且永續的代幣分配模型，獎勵長期採用。

再者，他們不單靠代幣獎勵來推廣採用。畢竟發行過多代幣可能會稀釋每個代幣的價值，即使是短期擴展網路的情況下也是如此；這種方式雖然是一種成長策略，但如果網路所有權是用戶體驗的一部分，那麼持有人想必會希望自己的資產能夠保值，而非像威瑪共和國的德國馬克那樣遭人遺忘。

第三，優幣通等平臺的基礎應用程式或服務本來就有用，用戶加入是為了社群、文化或功能，而不僅僅是為了代幣獎勵。最後，他們使所有權成為用戶體驗的一部分，但不是唯一的用戶體驗。Web3 企業家開發應用程式的舉動，許多時候只是為了合理化自己賺取代幣的行為，除此之外別無其他目的。一旦透過所有

權權益，使用者就能參與平臺，共創財富，並對平臺的運作方式
發表意見。

掌握你的虛擬自我

　　自啟蒙運動以來，「個人」（individual）的概念一直在社會和
經濟中發揮著重要作用。馬丁路德鼓勵個人自行解讀《聖經》，
去除牧師和教宗的居間作用。亞當斯密（Adam Smith）在《國富
論》（*The Wealth of Nations*）中主張個人追求私利，以實現整體利
益。享樂主義（hedonism）鼓勵個人在個體愉悅感中尋找更高的
目的。民主以「一人一票」為號召，將個人置於敘事中心，[71] 強
調個體至上，擁有權利。個人擁有主體性和人身所有權。然而在
Web2 中，我們卻在網路上喪失自己一部分的主體性和控制權，
其中一個例子就是聲譽。

　　聲譽對於所有的經濟活動至關重要。蓋德一號公司（Gyde
One）共同創辦人、Web3 聲譽系統權威葛舒尼（Stepan Gershuni）
表示：「當兩方互動、進行經濟交易時，都希望能建立信任。」[72]
然而，如寇斯（Ronald Coase）在影響深遠的文章〈企業的本質〉
（The Nature of the Firm）中指出的，建立信任的代價正是主要的
衝突點之一。[73]

　　葛舒尼表示：「也許某家提供借貸的銀行或協定，想確保貸
款可以償還；也許某家遊戲公司想尋找高階用戶；抑或是某個雇
主想聘請 Solidity 語言開發人員。他們可以進行五輪面試，或者

直接查看面試者在區塊鏈上的專業聲譽，加快招聘流程，因為他們能夠先確認這個人擁有必要的專業技能，然後把五輪面試減少到一輪文化適性面試。」[74]

　　將個人的身分加以管理和控制，能夠幫助我們精簡線上生活、增強個人隱私，讓我們能管理數據資產並從中受惠。[75] 透過人才智庫（Braintrust）等公司的 Web3 服務進行驗證，我們將能更輕鬆查驗面試者的真實身分，改變招聘人員、求職者和人力資源經理的角色。然而截至目前為止，業界和政府對於如何推動鏈上身分識別，尚未達成共識。

　　數位身分可以是個人從出生證明開始就擁有和掌控的資產，也可以僅限於錢包層級，只做為儲存和管理數位資產、證書和帳戶的工具。研究機構梅薩利公司創辦人賽爾基斯（Ryan Selkis）表示：「將不同的屬性與錢包綁定在一起，這些錢包就會各自擁有不同的屬性，可能是非同質化代幣或憑證，讓人能夠依狀況選用。一個人可能會有十個不同的錢包，或是有一個包含所有資產和智慧財產權的錢包。」[76]

　　另一個用於保護數位身分自主權的要件是「以太坊域名服務」（Ethereum Name Service, ENS），個人和企業都能使用這一套去中心化的網域名稱系統，建立獨特的鏈上身分，並用以太坊網址連結到以太坊區塊鏈。用戶可以使用申請的域名來支付和接收款項，並存取服務和應用程式，並且無需共享個人資料。企業可使用以太坊域名服務來驗證客戶身分、提供服務存取管道，並安全存放客戶資料。[77]

　　以太坊域名服務也是其他專案的要件。例如，域名供應商「網不住」（Unstoppable Domains）正在開發應用程式，讓使用者能建立自己的全球資訊網網域，並連結到以太坊域名服務，用那裡的域名進行管理。「域名市集」（Name Bazaar）等其他專案正在開發市場，讓用戶能買賣和交易以太坊域名服務的域名。最後，還有「通用登入」（Universal Login）等專案在開發應用程式，讓用戶使用以太坊域名服務的域名來存取去中心化應用程式，不需再強記那串連結到區塊鏈、又臭又長的網址。

　　在個人方面，防審查域名也許會是數位身分的關鍵。請試著想像一下，某群異議人士能夠用以太坊域名服務維護網頁，而且網頁在去中心化的雲端平臺上運作，獨裁政權無法插手關閉。

　　至於葛舒尼，他整理出數十家正在打造去中心化聲譽系統的公司，而且所有公司著重的使用情境各不相同，其中以信用評分為最大宗，包含 kycDAO、紫羅蘭（Violet）和光譜（Spectral）等公司。[78]

　　這些鏈上系統之間有什麼差異呢？葛舒尼解釋：在 Web3 中，我們不需要易速傳真（Equifax）等信用評等機構做為單一的信任來源，我們甚至不需要看到數據。我們可以採用葛舒尼所說的「零知識識別」（zero-knowledge badge），在不揭露資訊的情況下，證明非公開或祕密資訊的真實性。他指出，這個領域有另外一家叫做希斯莫（Sismo）的公司，正嘗試使用零知識識別技術來實現去中心化的聲譽系統。[79]

　　在 2023 年年初，我們目睹鏈上身分認證解決方案以爆炸般

的方式成長，例如吉特幣護照（Gitcoin Passport）就廣受歡迎，有許多人使用。吉特幣護照提供一套系統，讓 Web3 用戶建構去中心化的憑證紀錄；系統允許用戶蒐集「戳章」，類似於鏈上活動的收據。護照持有人可以藉由一系列的戳章，從吉特幣獎助金（Gitcoin Grants）等平臺解鎖新的 Web3 體驗和福利：「驗證身分的次數愈多，就愈有機會在 Web3 上進行投票和參與活動。」[80] 吉特幣獎助金等 Web3 聲譽系統可以相互組合：它們允許用戶自己（而非造訪的網站或使用的平臺）將各種 Web3 活動匯總成單一的自主身分識別。

在 Web3 裡，你能確切掌握自己的虛擬自我，包含聲譽、資產、交易歷史、數據等等。

小結與重點摘要

Web1 和 Web2 讓創作者能向全球受眾分享他們的作品內容、思想和才華，而 Web3 最終賦予他們實現營利的工具。事實證明，人人都是創作者，每個人在新的創作者經濟中都有各自的角色和機會。以下為本章重點摘要：

1.　Web2 辜負創作者。音樂人等藝術家習慣出售實體作品，但數位技術將這類資產變成免費商品，透過全球資訊網流通，最後變得毫無價值。平臺藉著空檔進入產業鏈，再次瓜分價值，到頭來創作者獲得的報酬甚至比以前更少。

2. 用戶生成的內容逐漸成為用戶擁有的內容，不再是社群媒體平臺能平白擷取的資訊。當粉絲和其他資助者在網路上為社群、藝術家和創作者貢獻時間和精力，將獲得相應的獎勵。粉絲的行為是出於愛、樂趣和熱情；如果他們的行為創造出價值，就應該獲得分潤。有了 Web3，他們將能獲得合理報酬。

3. 如果澀谷平臺和 MV3 這類專案成功的話，Web3 將會顛覆智慧財產權的所有權模式。舊典範的產業大亨極度排斥在商品推出前就先放棄部分授權，但這個做法也許能讓創作者在推出新專案的同時，兼顧創作者控制權或社群控制權。此外，社群可以移動、可以組合，而且不依賴單一平臺，使用者能控制自己的資產、資料和身分。

4. 媒介依然是訊息。Web3 這個數位媒介不僅僅承載資訊，還承載價值。當蕭逸說非同質化代幣應該看成文化的儲存時，他引用的正是麥克魯漢的說法。代幣是媒介，因此也是訊息。

5. 代幣無法保證更公平或更永續的模式。一旦代幣的模型設計不良，也許會因為利益和獎勵不一致，影響原本大有可為的專案發展。然而，如果設計得當，代幣及其生態系能夠培育出新型的網路原生組織。

6. 在 Web2 中，虛擬的你四散在數十家公司、政府機關和其他第三方擁有的資料之中；在 Web3 中，我們控制並擁有每一部分的虛擬自我。

7.　文化需要新的商業模式：Web3 工具可以幫助確保創作者
　　即時且公平的獲得報酬，並且更充分的分享他們所創造的
　　價值。

第 **5** 章

關於組織

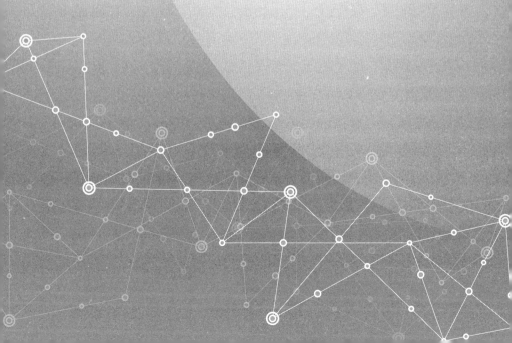

何謂長期利害關係人資本主義？

　　法利安基金是首屈一指的 Web3 創投公司，身為共同創辦人的韋爾登過去曾投資一部分著名的去中心化組織，例如加密貨幣交易所優幣通、以太坊擴展解決方案多邊形平臺，兩者的市值分別高達 50 億和 80 億美元。

　　韋爾登生於美國，畢業於加拿大的麥基爾大學（McGill University），他第一份工作是在蒙特婁擔任新興獨立音樂人的經紀人，負責的音樂人包括創作歌手諾爾斯（Solange Knowles）和血橙樂團（Blood Orange）等，他戲稱：「就是在獨立毒舌樂評網站草叉媒體（Pitchfork）會讀到的那一類歌手。」[1] 他告訴我：「說到新科技，音樂界可說是最抗拒技術革新的產業之一。」

　　然而，韋爾登從科技中看到新契機，他旗下的音樂人可以借助技術平臺，「直接觸及粉絲，並從中獲利，而無需依賴任何第三方唱片大廠」。[2] 韋爾登運用他在音樂產業擔任經紀人時學到的知識，創辦「媒體鏈」（Mediachain）。媒體鏈是區塊鏈數據解決方案，主要是為了幫助創作者從網路上取得作品的報酬。韋爾登解釋：「比特幣是 2014 年加密貨幣領域最廣為人知的產物，但我們感興趣的是，區塊鏈如何應用在其他類型的數位資產上，我們為影像、影片、歌曲等所有媒體資產製作版權追蹤連結。」[3]

　　媒體鏈的想法很棒，許多核心概念在現在的非同質化代幣市場司空見慣。只不過在 2014 年，媒體鏈的時機未到，一部分原因是缺乏良好的技術平臺來實現運作。韋爾登表示：「這是以太

坊創立之前的事了，老實說，有點為時過早。」[4]

　　儘管如此，韋爾登擔任藝人經紀和媒體企業家的經歷，幫助他精煉理念，進而創立法利安基金。他在安霍創投任職一段時間後，於 2018 年成立法利安基金公司，並推出第一檔 Web3 基金。他指出：「我們都是某種形式的網路創作者，只不過作品不見得是音樂，可以是程式碼，也可以是社群媒體內容。Web3 深具潛力，能讓每一位網路創作者、每一位產品和服務的使用者成為擁有者。」[5]

　　如果法利安基金的理念正確，且全球五十億網路用戶都擁有他們所消費的服務，並享有所有權伴隨的權利和責任，那麼我們想必將面臨有記憶以來最大幅度的經濟和社會劇變。有鑑於此，我們必須努力回應許多迫在眉睫的議題，例如：這會對企業產生什麼影響？當今的各界領袖應該如何應對？

　　首先讓我們想一想，要怎麼稱呼這些新的「用戶所有權人」（user-owner）。企業界普遍存在「利害關係人資本主義」（stakeholder capitalism）的概念，意思是公司的行動不僅應該針對股東利益，還應該為客戶、供應鏈夥伴、員工、所在社群的利益著想，其中包括公司對環境、氣候和社會不平等的影響。利害關係人資本主義稱不上盡善盡美，畢竟比起公民自己選出的代表，社會大眾總不會希望由企業領袖來決定怎麼做對社會最有利。

　　儘管如此，利害關係人資本主義整體上還是讓許多資本主義企業成為更好的企業公民。不過，接下來要談的是用戶自有網路，且讓我們自創一個新詞：長期利害關係人（stakehodler）。這

個詞的英語原文結合「hodler」與「stake」二字；hodler 源於拼寫上的錯字「hodling」（意指長期持有代幣，並期望未來的價值值得個人承受市場波動的痛苦），而 stake 則是指利害關係或權益，代表擁有數位自我和數位資產所有權的網路用戶，他們從自己在線上創造的任何內容賺取公平的報酬。[6] 長期利害關係人有發言權和投票權，能從網路中管理重要全球資源的方式獲得經濟利益。長期利害關係人跟長期代幣持有人（hodler）一樣，也擁有代幣，但不只是為了長期投資，還為了身為網路用戶的日常體驗。

再來，我們該如何稱呼這些全球化、去中心化、網路原生、建立在代幣所有權模式上、且使用者可分享收益的組織？常見的用語是「去中心化自治組織」。說來確實有點拗口，但事實證明，這個稱呼既準確又恰當。儘管去中心化自治組織十分新穎，但它卻與矽谷的新創公司擁有相同的經濟思維，兩者都是以人對於獎勵的反應為基礎。

韋爾登清楚解釋矽谷的重要銘言，並指出：「如果想吸引世上最優秀的人才來參與你的宏大計畫，就必須以股權或所有權做為薪酬獎勵。」[7] 擁有就會關心，這些人會因此對自己的工作感到自豪並努力取得成功，因為計畫的成敗與他們有著利害關係。

一般而言，所有權通常只提供給創辦人、創投公司和創立企業時的重要員工，但 Web3 將這個概念應用到整個網路。韋爾登表示：「回到比特幣，最初建立和運作比特幣網路的開發人員和技術人員，因本身的貢獻而獲得所有權做為獎勵」。所以，法利安基金不只投資這些平臺，也把自己視為平臺開發團隊的夥伴，

甚至是平臺用戶所有權人的夥伴。韋爾登表示：「我剛進入加密貨幣領域的時候就注意到，加密世界最早的網路並不是由矽谷建立，但卻採用相同的所有權模式來吸引協助發展和運作網路的人才，這點讓我大吃一驚。」[8]

　　威爾斯提出的假設是，電影可以透過去中心化自治組織，由一群人合力製作，來自數十國的人可以平等的參與，並享有利益。威爾斯表示，這種計畫在 Web2 世界幾乎行不通，因為「簽訂符合所有國家規範的合約十分困難，加上付款超級麻煩」，複雜得令人望而卻步。他繼續補充說：「我們將以去中心化自治組織的形式來處理。」[9] 威爾斯承認，這類型的早期創投計畫當然有風險，但矽谷的經驗告訴我們，許多高知識份子願意為了長期報酬而接受短期風險。

　　這種模式顯然跟以前不一樣。如同好萊塢片廠要求擁有智慧財產權的創意控制權，傳統的創投公司通常希望擁有權利來控制投資對象，或至少有極大的發言權能左右企業家的經營方式。畢竟，早期創投計畫的投資風險不低，而且還伴隨著機會成本。不過在 Web3 網路中，創投（其實還包含創辦人）通常只占代幣持有人的一小部分，用戶則擁有其餘大部分代幣。

　　自兩百年前發明有限責任公司以來，隨著基於代幣的網路原生組織（去中心化自治組織）興起，商業和企業再度翻天覆地的改變。企業領導者面臨新技術和創新時，必須做出艱難的抉擇，好帶領公司前進。但在新技術和創新發展早期（也就是我們現在所處的階段），問題往往多於答案，而領導者提出的問題，往往

可以顯示他們的洞察力、創造力，以及對未來的視野。

當所有權機制包含數百萬名個人用戶時，對組織（特別是公司）有什麼影響？當公司的成敗與客戶具有經濟上的利害關係，且客戶對高層的經營方式有投票權時，管理團隊該如何有效「領導」公司？從用戶或客戶的觀點來看，所有權將如何改變用戶體驗？會讓用戶對品牌更加忠誠，還是當更誘人的財務優勢出現時，用戶會更輕易轉往他處？對受惠於網路效應的社群網路等技術平臺而言，更密切的潛在經濟聯繫是否會讓網路更具韌性，更有利於發展？還是會因干擾而成為阻礙？用戶是否會像善變的投資人一樣關注投資的損益？

韋爾登指出：「將用戶變成所有權人，意味著用戶就是投資人，而投資人肯定會受到市場變化的影響。」光是有優質的用戶體驗還不夠，韋爾登強調：「想讓用戶保持參與，還需要提供良好的所有權人體驗」。[10] 對於維基百科、網際網路檔案館（Internet Archive）或一般非營利組織等網際網路組織來說，用戶除了熱愛組織的工作和支持組織的基本理念之外，毫無動機去維護和改進這些數位公共財，網路所有權也許能解決這道難題。

《網路財富》（*The Wealth of Networks*）是關於 Web2 早期發展的重要著作，作者班科勒（Yochai Benkler）在書中指出：「個人在與他人鬆散的聯繫中更能確保有效的合作，不需要穩定、長期的關係，例如同事關係或加入正式組織等。」[11] 但 Web2 的現實是，正式組織占據主導地位，而鬆散的聯繫關係則受到邊緣化。也許奧沃基和吉特幣團隊是對的：透過代幣賦予的所有權，我們可以更

輕鬆媒合人才與問題，並將開源模型應用到企業範疇，幫助協調複雜的問題和提供服務。

從股份公司到用戶自有網路

第一家股份公司可溯及十一世紀的中國，同時間歐洲也有零星的例子，但一直到十五世紀至十七世紀的大航海時代，股份公司才成為主流。當時最新的商業模式是全球貿易，正需要股份公司這種簡單的概念：由數名投資人集資從事大型事業，例如建造礦區，或更常見的裝備船隻進行貿易等。

股份公司是資本主義史上的重要創新，也推動了一些新概念。首先，它們實現個人無法獨力從事的複雜商業活動。其次，公司的所有權人可以交易股份，而不影響公司的持續經營。

在貿易時代，鮮少有人有足夠的資金能準備好幾艘船，進行橫渡大西洋的航程。此外，這些早期的探險活動有著極大的風險。好比坎貝爾（Matthew Campbell）和謝勒爾（Kit Chellel）就在合著的《海上生死》（*Dead in the Water*）中寫道，現存最古老的海上保險單可以追溯至 1613 年，「承諾承擔來自『戰事、火災、敵人、海盜、流浪者、盜賊、遇難投棄＊、私掠許可和反擊私掠許可†、國王和親王等人的逮捕、限制和拘留、船長和水手的失

＊　編注：遇難投棄指的是船隻遇難時，為減輕負載而丟棄的貨物。

†　編注：當時的海權強國會頒發這類許可，授權私人船隊攻擊、追捕敵國商船，而且不會被視為海盜。

職，以及所有其他危險、損失和不幸 』的財務影響」。[12]

　　既然海上探險的危險程度如此之高，沒有一個傻子會甘願冒這麼大的風險，不如募集幾個想找樂子的貴族和市商，一起組成一家新公司，然後以最快的速度啟程尋找寶藏。這些公司的名稱可說是精采萬分，例如現在的哈德遜灣公司（Hudson's Bay Company），在當時的名稱叫做「進入哈德遜灣貿易的英格蘭冒險家公司」，聽起來讓人覺得，所謂的股東與其說是為了潛在的經濟利益而投資，不如說是為了擁有更多自吹自擂的權利。

　　儘管如此，早期的股份公司還是會盡可能降低風險。例如為了確保獨家壟斷，這些公司會根據英國樞密院（Privy Council）的建議取得皇家特許狀，或取得荷蘭國會發放的特許狀，其中或明或暗的保證國家統治機構將代表公司介入（有時也會反過來）。[13] 洛克撰寫《政府論》（*Two Treatises*）時，正值荷蘭東印度公司和哈德遜灣公司開展海洋貿易，而現代保險業就在勞伊德咖啡館（Lloyd's Coffee House）誕生。[14]

　　股份公司在全球貿易中愈來愈受歡迎，但最初並沒有擴展到其他產業。這是因為發生惡名昭彰的南海泡沫事件（South Sea Bubble），南海公司（South Sea Company）在市場上引發投機熱潮，最終這家股份公司倒閉，造成金融災難。所以英國在 1720 年通過《泡沫法》（Bubble Act），明定除了經過皇家特許之外，禁止成立新的股份公司。在接下來的一個世紀裡，國王只另外發放特許狀給兩家公司。

　　十九世紀初，基於現代資本主義和工業生產的需求，使得法

律有必要重新修訂，以便更容易成立公司，從事製造、鐵路建設和其他高資本支出的業務。有限責任公司應運而生。安霍創投的狄克森表示：「在我看來，有限責任公司是高資本支出工業公司的原生資產類別。」根據法律規定，有限責任公司將所有權人或股東的資產和收入，與公司的資產和收入分開，所以投資人只會損失他們投入公司的金額，財務負債有限。[15] 隨著時間發展，他們可以選擇投資或撤資，而公司的存續將超越他們的壽命，一代又一代傳承。

　　蒸汽機技術和軌距標準問世時，想建造鐵路的企業家無法從家族籌措足夠的資金；同樣的道理，電網的硬體建設也面臨相同的情況。企業家需要新的機制從陌生人身上募資，有限責任公司正是為此而生，更幫忙促進現今股市和所有其他金融基礎建設的發展。

　　對現代資本主義來說，有限責任公司、蒸汽機和蒸汽火車頭如今已是公認的重要創新。1926 年，《經濟學人》寫道，發明有限責任概念的「無名英雄」值得「與瓦特、史蒂文生等其他工業革命先驅齊名」。[16] 股份公司的資產類別（股票和債券）完全吻合這種新型態的業務模式。

　　然而在數位時代，有限責任公司和股份有限公司的用處是否已經走到盡頭？狄克森指出，電腦網路出現時，「我們試圖把高資本支出工業公司所發明的結構移植過來，結果現在的大型網路就像當年的鐵路公司，試圖獨占所有資源」。[17] 鐵路大亨們深知不同網路之間需要使用共通的軌距來相互連接，但狄克森也沒說

錯，他們瘋狂的鞏固自己在全國各地的獨占壟斷。

　　戴維森和里斯莫格爵士在《主權個體》中指出：「當武器或生產工具能被有效囤積或獨占時，權力往往會集中。」[18] 早期網際網路巨頭的行為顯示，還有許多需要改善的地方。如果說特許公司是貿易時代的基礎，而有限責任公司是工業時代的支柱，那麼用戶自有網路也許將定義數位時代的新紀元。

　　有限責任公司和去中心化自治組織有類似之處，這兩種組織都允許多數人共同承擔商業活動中的風險，並共享潛在的報酬。但有限責任公司是法律體系內的產物，通常是由少數人管理的單一法律實體，並受到公司所在地司法管轄區的立法和法規約束。另一方面，去中心化自治組織（目前）不受任何法律架構管束，運作通常不受政府管制，但這種情況未來幾乎肯定會改變。最後，有限責任公司通常需要大量資金支撐設立和營運，去中心化自治組織則可以用最低的資金來組成和推出。

　　工業革命使得主宰社會的地主菁英被邊緣化，只是過程非常漫長。范德彼爾特在十九世紀中開啟新模式，運用資本密集且法律結構複雜的大企業追求他的遠大事業，但這個模式經過數十年後才成為主流。

　　溫格是合廣投資公司的共同創辦人，他在《資本時代後的世界》（*The World After Capital*）指出：「當我們從漁獵生活轉向農耕，而土地成為稀缺資源時，控制土地的人就是最終的掌權者。」[19] 當啟蒙運動為科學、技術乃至工業時代拉開序幕，當權者「想的不是『工業時代來了！我們應該推動工業時代發展！』，而是『我

們可以擁有坦克和戰艦,這樣子就能擁有更多土地』」。[20]

　　儘管一般認為十九世紀末時,土地的重要性被崛起的資本蓋過,但溫格表示,舊習難改,而且帶來災難般的後果:「希特勒的計畫全都跟『生存空間』有關,認同他的人都是貴族,這群人掌控了土地,所以對他們而言,這完全合情合理。」(「生存空間」是納粹的政策,目標是不惜代價清理歐洲土地,讓德國人定居。)溫格表示,有時候這種轉變會帶來更多害處,因為當權者想的是:「我要用這個新工具來鞏固現有的權力。」[21]

　　到了二十世紀中葉,地主菁英不再控制經濟中最具生產力或最有利可圖的資產,土地讓位給資本,而貴族讓位給富豪。那麼,面對接下來的大規模變革,現在這些主要典範(大公司)的領袖應該做什麼準備呢?

重新審視創新的兩難

　　毫無疑問的,Web3 將會顛覆許多公司,情況就跟 Web1 和 Web2 顛覆郵購業務、人才招募一樣,至於以往做為青少年聚會場所的購物中心,也不再像以前那麼熱門。舉例來說,優幣通這一類去中心化交易所開啟流暢的對等式交易方式,幾乎適用於任何資產,用戶可以運用「自動造市商」這項核心創新技術,進行股票和債券交易,徹底翻轉傳統交易所的業務;傲聽等音樂共享平臺是由創作者共同擁有,將挑戰 Spotify 的商業模式;穩定幣也許會取代國際匯款仰賴的傳統銀行網路。

　　Web3 技術為各種產業（例如遊戲業）帶來長期的影響，並對現有企業產生威脅，其中最主要的威脅有：傳統的中介角色被新興對手淘汰；失去對數據、交易和客戶資產的控制；以及新模式帶來更激烈的競爭，迫使企業反思舊有的行事方式等。只不過大家現在對這些風險警告已經沒什麼反應。因此對許多尚未完全把握住機會的公司來說，儘管擁抱新技術的契機持續不斷浮現，大多數公司還是選擇觀望，只從小處調整。例如一部分品牌將非同質化代幣當作代幣收藏品；有些金融公司專門向客戶推薦比特幣投資，卻從來沒有思考過，去中心化金融和數位資產對公司業務的整體影響。

　　有一部分在位者則是沒看見機會。美國證券交易委員會委員皮爾斯懇求同僚要抱著耐心看待 Web3，她重申克里斯汀生的發言：「科技發展需要時間，通常必須與其他領域的創新發展相結合，才能實現全部潛力。在這段期間內，外界可能會覺得它顯得相當尷尬、毫無用處或全然有害。」[22]

　　我們雖然看到一項技術的破壞性，卻看不見它在當前業務中可能占有的一席之地，這其中的矛盾正是諸多企業領袖面臨的考驗。經營良好的成功企業通常會忽略新技術，原因在於管理階層專注在為最佳客戶提供價值，而疏忽邊緣的少數顧客：這個族群通常是利潤最低的潛在客戶。克里斯汀生在 1997 年時曾寫道：「一般來說，破壞式創新技術在主流市場上的表現不如既有產品，但它們還有其他功能，那就是提供服務給邊緣客戶或非客戶。」[23] Web3 也是如此。以 Web3 的邊玩邊賺遊戲應用程式為例，

菲律賓等新興市場便擁有最高的採用率。

紐約和密西西比流域印刷電報公司（New York and Mississippi Valley Printing Telegraph Company，現為西聯匯款公司）總裁任命的委員會曾寫道：「這種『電話』有太多缺點，無法視為一種真正的通訊工具。」當時貝爾（Alexander Graham Bell）正打算出售電話專利，委員會給出上述的分析。[24] 我們可以用工具來衡量過往最成功的產品和服務，但如果在面對新事物時仍採用同一套衡量工具，評估結果經常會令人失望。

依照克里斯汀生的觀察：「不存在的市場無法進行分析。[25] 在開發破壞式創新技術時，豈只是不知道，而是完全不可能知道它在市場上有什麼應用。」[26] 這就是在位者面臨的挑戰，但創投家卻不這麼想。安霍創投的狄克森表示：「我們根本不太在意所謂的市場規模，因為真正強大的技術通常會創造出新的市場和使用情境。假如你從飯店業市場來檢視愛彼迎公司，就會錯失新商機真正的規模。」[27]

同樣的道理，我們要如何衡量破壞式創新對現有企業營收的潛在影響？狄克森表示根本無法量化，因為包含新商業模式在內還有許多變數。依照狄克森的觀察，他指出：「IBM 還在，惠普科技（HP）也還在。我不認為它們對世界特別重要，也不認為它們成長迅速，但大型科技公司往往會以某種方式繼續存在。人們仍然在使用微軟的辦公室套裝軟體，三十年後的人也許還會使用某種形式的谷歌搜尋，但它們是否會像現在一樣快速發展並獲利？它們在文化和經濟上是否仍然具有影響力？創作者是否需要

仰賴臉書或 TikTok 的排名演算法？我不曉得，也無法確知。不過坦白說，我並不在乎這些公司的表現。」[28]

雖然許多現有企業會無法順利轉型到 Web3，但過去也有不少公司成功轉型到新的運算模式，IBM 正是其中一個例子，它從二十世紀初到個人電腦時代崛起，一直主導著運算領域。這一次，微軟等公司已經搶先布局 Web3、人工智慧，以及其他新興領域，它們也許能安然度過科技的變遷。

狄克森解釋：「科技界有許多不同的層次和組成，如果一家公司勝出、在市場獲得成功，就會持續採取相同的成功方式或策略很長一段時間。接著市場會有新的突破，成為下一波浪潮。我正是如此看待 Web3，我們想搶得下一波浪潮的先機。」他引用商用軟體界慣用的「綠地」（greenfield）與「棕地」（brownfield）市場策略，並表示：「綠地是指追求新機會，而棕地則代表試圖贏得之前的市場。有了新技術之後，比較容易拓展新機會。Web3 的加密領域很重要，目前只有臉書投注過一些實質努力，其他科技巨頭基本上都是直接忽略。這是件好事，因為對新創公司來說，都是機會。」[29]

當一項技術尚在新興階段，且市場機會還未明確定義時，企業領袖所面臨的考驗，就是如何調動資源和企業意志進入新市場。Web3 領域的情況也確實如此，一直到近期才有所變化。許多公司選擇迴避最尖端的 Web3 領域，並退回自己的舒適圈，加倍投資現有技術，做些微幅調整或改進。麻省理工學院的薩爾（Donald Sull）把這種做法稱為「行動慣性」（active inertia），意思是

「加碼過去成功的活動，來因應最為顛覆的變革。」[30]

　　抑或，有些公司會加入聯盟，與同行交換意見，宣揚自身的觀點，試圖影響區塊鏈在產業裡的發展。國際研究暨資訊科技顧問機構顧能公司（Gartner）的弗朗格（David Furlonger）和烏茲霍（Christophe Uzureau）合著《區塊鏈的真正商機》（*The Real Business of Blockchain*），在〈與敵人結盟〉（Consorting with the Enemy）這章中，分享了他們的研究發現，說明企業為什麼要跟競爭對手在區塊鏈聯盟中合作：主要是為了學習、公開討論想法，避免觸犯反壟斷法，或許最重要的是，藉由制定和推廣業務、技術和供應商驗證等相關業界標準來管理風險。[31]

　　弗朗格和烏茲霍也提醒：「那些直接在同業內競爭的企業，過去合作良好的紀錄通常很少。」聯盟失敗的首要原因常是隱瞞資訊、不與他人分享，他們寫道：「問題終歸是信任。」[32] 這一句並不是反話，弗朗格和烏茲霍發現：「比起意圖模糊、廣泛聚焦的聯盟，有明確目標、集中聚焦的聯盟更具成效。」[33]

　　安尼莫卡公司的蕭逸認為，企業鏈（enterprise blockchain）並沒有掌握讓區塊鏈網路真正強大的因素，也就是開放性和可組合性。他指出：「一般來說，企業喜歡保持機密……而數位產權的好處在於，我們可以在上面自由組合……產生網路效應。就跟實體產權一樣，數位所有權讓我們能在其他人的工作上創造無限的網路效應。」[34]

　　有潛力達到無限的網路效應，也會是共享的網路效應，不屬於任何單一公司或實體。「由於開放的可組合性，讓我們知道

該如何考量 Web3 領域的投資，我們不能試圖壟斷和累積網路效應」。[35] 共產主義國家嘗試過那種模式，但以失敗告終，「人民」並沒有真正的擁有生產工具，而且那些系統是封閉的。企業鏈也是一樣的狀況。蕭逸表示：「當你建立企業鏈時，也限制在上面進行組合的能力。企業網路不論擁有成百、甚至成千的客戶，或是顧客和廠商，都可以運作；但談到要聚集數百萬計的客戶和人群時……公共帳本[‡]便占了上風。」

　　例如，新創公司能夠根據鏈上的數據，查看過去六個月在開放之海平臺上交易的任何人士，並透過代幣獎勵吸引他們轉換平臺。由於用戶擁有自己的藝術品和數位藏品，因此換平臺的成本對他們而言微不足道。最後，開放之海的獨占地位只維持不到幾個月。蕭逸要我們假設一個情境：「試想如果人人都可以造訪亞馬遜的資料庫，然後說：『購買雷蛇（Razer）電腦螢幕的每位顧客好，我們有一款特殊螢幕請您試用。或者，如果您想改用我們的產品，我們會為您打九折。』（這種開放性）徹底顛覆整個商業模式，這就是我們喜歡區塊鏈的原因。」[36]

　　微軟區塊鏈共同創辦人羅茲三世（Yorke E. Rhodes III）的看法則略有出入。他表示：「我並不是指聯盟不會成功。我們正在高科技生態系中運行一個成功的供應鏈聯盟，未來六個多月內應該可以全面部署到生產環境。目前它是 Web3 堆疊[§]，負責運行

[‡]　編注：公共帳本是公開透明的資料庫，以分散式的方式記錄、保存交易數據。

[§]　編注：Web3 堆疊包括智慧型合約、去中心化金融等。

仲裁區塊鏈（Quorum）。我的觀點是，聯盟也許可行，但相較於全球，規模不夠大。例如聯邦快遞（FedEx）跟各行各業都有業務往來，要有多少聯盟才能滿足它的所有需求？這就是聯盟的規模問題。」[37]

羅茲觀察到，企業決策者開始質疑封閉網路的可行性，擔心它們本質上無法連接到公共基礎架構。他指出，相較之下，「如果你使用的是像仲裁這類基於以太坊的區塊鏈，就可以連接到公共基礎架構。你可以利用平臺進行公開的專案，因為它具有99% 的相容性」。

他以自己在微軟負責的供應鏈研究專案為例，「我目前帶領一個非常小型的團隊，成員有一名同事和一名資深研究員，我們的工作是驗證我的假設，也就是只需小幅調整這個應用程式堆疊的程式碼和基礎架構，就能在以太坊虛擬機（EVM）的相容區塊鏈中，將應用程式部署到主鏈和第二層解決方案的組合上」，換句話說，這類區塊鏈可以輕鬆的跟以太坊互通。羅茲表示：「這將證實我的論點，也就是技術堆疊在本質上是相同的。」[38]

微軟在執行長納德拉（Satya Nadella）的帶領之下，成功把公司的業務模式轉型為軟體即服務（software as a service, SaaS），也就是雲端。微軟跟惠普和 IBM 不一樣，已經成功進軍新市場，成為全球第二大公司。狄克森同意並表示：「微軟做得很好，它現在基本上就是企業軟體公司。企業軟體市場的競爭情況十分不同，而且企業軟體的轉換成本非常、非常高昂。微軟並未在網際網路嶄露頭角，在雲端運算方面起步較晚，顯然也錯失行動市

場，不過微軟非常努力迎頭趕上，而且是透過有效的產品搭售來實現。」

狄克森提到，消費者網路和消費者市場比企業和政府市場更容易遭到全面顛覆，他指出：「百視達（Blockbuster）的命運遠比 IBM 和其他企業軟體公司更戲劇化。各個市場都有特點，如果不與時俱進、甚至搶先布局，消費者軟體公司的處境也許會相當艱難。」[39]

對於那些專注在企業對企業（B2B）市場的 Web3 創新者來說，他們也許需要更長的時間，才能撼動 Web2 的企業服務供應商；但如果成功了，可能會有更充足的時間去應對未來的破壞式創新。

羅茲任職的微軟，是早在全球資訊網問世前就成立的電腦公司，公司的共同創辦人在 1990 年代初就極具遠見，意識到丘姆的數位支付系統 eCash 很有價值，希望把它整合到 Windows 95。[40] 微軟後來轉型為多元化的科技公司，從軟體下載服務轉換跑道，不再著重於廣告收入，而聚焦在企業的軟體即服務。另外值得一提的是，領英公司（LinkedIn）雖然是利用用戶資料營利的社交網路，但公司的大部分收入並非來自目標式廣告，而是付費訂閱。

羅茲親身見識到企業思想的開放或變革。他自稱「企業人士」並表示：「大家都公認，以協定堆疊（protocol stack）來看，公鏈（public blockchain）之於企業鏈，其實十分類似網際網路之於企業內部網路（intranet）。」當商業網路在 1990 年代初出現時，

許多公司都看見它的潛力，但也心存疑慮，認為它「不安全」、「不可靠」，而且「只有罪犯在使用」。這些說法聽起來是否有點耳熟？於是這些公司用網際網路協定，建立自己專有的許可網路，又稱為企業內部網路。然而隨著時間發展，公共基礎架構日益強大且全球化，因此公司及企業又放棄封閉系統，轉而投向公共的網際網路。

　　羅茲認為，現今的區塊鏈也面臨類似情況。隨著區塊鏈技術演進為 Web3，企業領袖開始意識到，他們可以在公共網路上建立功能強大的應用服務，能帶來的影響力遠比私有網路更大；這種情形與數十年前一樣，企業從內部網路轉換到網際網路，為企業帶來新的能力。

　　羅茲指出，在企業鏈的發展初期，有一部分專注於雲端、技術、追求專利等數位業務的公司，「爭相嘗試大規模重現公鏈的魔力，卻又希望在『企業內』使用。因此誕生超級帳本結構（Hyperledger Fabric）等經過美化的資料庫，或科達（Corda）這種分散式帳本。問題在於，它們缺乏公鏈的核心特徵和優勢。就資源配置而言，為了確保技術的可行性和適應性，我們公司始終傾向於尋找符合公共網路特性的解決方案。」。[41]

　　埃森哲（Accenture）、IBM 等公司涉足企業鏈領域後，意識到以區塊鏈做為協調多方治理的分散式系統很有趣。但羅茲表示，「實際運作起來卻很難讓人接受」。IBM 為了追蹤食品和藥品的來源，推出私有鏈解決方案的前導計畫，確實成功吸引到數家知名大型企業，例如家樂福、都樂（Dole）、得里斯柯爾

（Driscoll's）、金州食品（Golden State Foods）、克羅格（Kroger）、味好美（McCormick）、麥克連（McLane）、默克（Merck）、雀巢、泰森食品（Tyson Foods）、聯合利華（Unilever）和沃爾瑪超市；他們也與丹麥航運巨頭馬士基（Maersk）合作，開發貨櫃物流平臺。[42]

科莫（Gennaro "Jerry" Cuomo）曾擔任 IBM 區塊鏈技術副總裁暨發言人，他說：「IBM 是認許制區塊鏈（permissioned blockchain）[✎]的典型代表。」科莫表示：「我研究比特幣和區塊鏈。但我雖然研究，卻從來沒有親自接觸過。」後來他接觸到以太坊，深深認同布特林「讓以太坊成為虛擬世界電腦」的願景，因此「著迷不已」。[43]

科莫非常興奮，對公鏈進行更全面的探索，然後分享他一個又一個的領悟。以聲譽為例。過去一百多來，IBM 一直致力於了解企業在「運算、製表和記錄」方面的需求，從 1880 年代開始取得專利，在 1890 年首次簽下重要的政府合約，負責統計和分析當年的美國人口普查資料。[44] IBM 的商譽隨著產業和電網的發展水漲船高。

然而，依照科莫的觀察，「我們可以透過區塊鏈網路來建立信任和聲譽，使用的是演算法」，而不是代代相傳的服務。[45] 水能載舟，亦能覆舟，演算法也能迅速摧毀聲譽。想想泰拉協定生態系，由原生代幣 LUNA 支援演算法穩定幣 UST，即使演算法按照設計運作，但當持有人開始拋售他們的 UST 時，LUNA 便

[✎]　編注：認許制區塊鏈是一種私有鏈，使用者必須取得許可才能加入。

無法維持穩定幣的價值，導致泰拉協定突然崩盤。[46]

微軟的羅茲分享自己的經驗，將以太坊和其他公鏈比作基礎設施（或底層），就像公共的網際網路是預設的基礎設施。他指出：「如果有人說：『我們正在打造這個網路，而且可以提供安全的網路連接。』那麼大家就無需爭辯基礎設施的選擇，但現在你得決定要加入哪個小團體。以太坊正視了這一點，在早期開發時就非常公開的表示：『我們具備這個現有的基礎設施，它等同於公共網際網路版的區塊鏈，我們正加倍投資。這個基礎設施就在眼前，如果你想加入，無論是主鏈、第二層網路或任何方式，我們都可以討論參與的方法。』這對企業來說，其實更容易抉擇，反正根本沒得選，只需決定加不加入全球基礎設施。如果我想觸及更多目標受眾，就往這個公共基礎設施靠攏，而不是將人們拉進專門的研發中心或聯盟網路。」[47]

具有五十年歷史的微軟，把自己定位成未來三項基礎科技的領導者，分別是 Web3、人工智慧、元宇宙。微軟的企業客戶如果想嘗試 Web3 工具，會聯繫羅茲的團隊，他們對 Web3 技術在特定機構的應用和流程具有專業的知識。

此外，以太坊進行「合併」（the merge），轉向權益證明共識演算法，實現了綠化，消除使用公共區塊鏈在環境、社會和公司治理（ESG）方面的疑慮，這也是面向消費者的企業、甚至所有公司應當關注的議題。接下來，我們即將探討非同質化代幣等新型且易於使用的 Web3 工具，如何大幅降低採用的障礙。

微軟在人工智慧方面也處於領先地位。為了資助人工智慧

研究，微軟向 OpenAI 投資十億美元，OpenAI 在 2022 年 11 月
發布容易使用的全球資訊網應用程式 ChatGPT，GPT 的全稱是
「生成式預訓練變換模型」（Generative Pre-trained Transformer）。[48]
ChatGPT 證明了它可以回答複雜問題、寫詩、協助程式碼偵錯、
講笑話等等。

　　或許我們距離庫茲威爾（Ray Kurzweil）所說的「奇點」（指人
工智慧超越人類智慧）還有一段距離，但人工智慧和機器學習顯
然將成為主導我們生活的力量。微軟不僅支持 OpenAI，還跟這
家人工智慧新創公司簽下獨家的雲端協議。現在，微軟正在自己
的軟體套件中廣泛部署 OpenAI 的技術。[49]

　　最後，微軟在電玩遊戲和虛擬世界也積極的開疆拓土，預
示著它對元宇宙的野心。當蓋茲與巨石強森（Dwayne Johnson）
在 2001 年美國消費電子展（Consumer Electronics Show）上，宣布
推出首款 Xbox 時，或許從未預料到這個平臺二十年後將幫助微
軟躍進元宇宙，但現在的情況正是如此。[50] 2014 年，微軟斥資
二十五億美元購買熱門虛擬世界遊戲《當個創世神》（*Minecraft*，
俗稱「麥塊」），用戶可以在遊戲裡使用方塊建構自己的主世界。

　　《當個創世神》不僅僅是一款遊戲。例如，《當個創世神》
的用戶合作建造了規模媲美洛杉磯（一千兩百平方公里；編注：
約桃園市大小）的虛擬城市；此外，無國界記者組織在 2020 年
時，委託《當個創世神》的玩家打造一座博物館，名為「不受審
查圖書館」（Uncensored Library），讓俄羅斯、沙烏地阿拉伯和埃及
的人民可以閱讀被禁止的文學作品和受審查記者的報導。[51] 截至

2022 年底，每個月有超過 1.7 億人使用《當個創世神》。[52]

不過，美國聯邦貿易委員會（FTC）對微軟提起訴訟，阻止它收購遊戲開發商動視暴雪（Activision Blizzard），[53] 原因是擔心微軟「壓制對手與自家遊戲機臺 Xbox 的競爭」。[54] 此外，微軟對 Web3 的開放態度還是很保守。例如微軟最近宣布，禁止使用者透過雲端服務平臺 Azure 從事比特幣挖礦。[55] 然而整體而言，微軟對 Web3 的開放、對人工智慧的投資，以及在電玩遊戲和虛擬世界領域的悠久歷史，讓它在面對運算、娛樂和商業的新紀元時，比多數公司處於更有利的位置。

非同質化代幣對公司意識的影響

由於非同質化代幣日益普及，古馳甚至塔可鐘（Taco Bell）等品牌，能以相對較低的成本和技術能力推出 Web3 專案，最後帶來超乎預期的影響；另外，耐吉銷售非同質化代幣獲得超過 1.5 億美元的收入。[56] 當然，這其中不乏宣傳噱頭，但有些卻是核心業務的重大創新，例如星巴克的非同質化代幣獎勵計畫。這些公司在管理方法上都有一項共同點，就像克里斯汀生所寫的：「他們刻意選擇在早期且成本相對較低的階段投入，好從失敗中學到教訓，藉此探索破壞式創新技術的潛在市場。」[57]

微軟的羅茲指出非同質化代幣的影響：「這個名為 ERC-721 的非同質化代幣很有趣，吸引到的注意力不只來自創作者，還有處理非加密貨幣數位資產的人。」羅茲在紐約大學擔任行銷公關

系的兼任講師，負責教授電子商務行銷課程。[58] 他表示：「無論是軟體授權、遊戲或廣告，任何以數位為優先的企業都會做數位行銷。非同質化代幣具有非常明確的屬性，可以跟耐吉、愛迪達（Adidas）等品牌或消費產品產生連結。」羅茲接著解釋企業敘事的轉變：「突然之間，每一家公司都注意到這種名為『公鏈』的技術，以及它所依賴的加密貨幣基礎設施，其實很有用。」即使是藥廠這類最初沒有參與非同質化代幣的公司，也發現相關應用的好處，比如用來追溯供應鏈。

羅茲說道：「過去從未聽過的品牌也來跟我們接洽，微軟從上到下所有部門、人員的工作重點都因此改變，包括高階主管在內。我們自問：『現在有件要緊的事，品牌客戶向我們求助，我們應該如何應對？』所以我們像許多大型科技公司一樣，內部開始積極探索 Web3 和相關技術。我們有面向消費者的產品、面向專業用戶的產品，再到終端產品、辦公室套裝軟體產品、甚至雲端服務，Web3 應用的領域非常廣泛。」

2018 年，微軟收購 GitHub，這個熱門的程式碼託管服務儲存庫主要基於開源分散式版本控制系統 Git。[59] 羅茲認為，GitHub 採用的元素有「可驗證聲明或靈魂綁定非同質化代幣等，能做為工具來協助社群驗證和開發者（儲存庫）參與。這某種程度上是 GitHub 的決策。就像是領英公司是否應該採用靈魂綁定代幣、聲明或其他內容，自然是領英公司自己的決定。因此，依照我的看法，所謂的公司策略是，當某些重要變革發生時，各家公司都該根據自身情況和需求做出相應的決定」。各個

團隊必須釐清哪些方面是重要的環節，積極學習和了解相關知識，以做出明智的決策。

羅茲表示：「雖然外界普遍認為微軟是一家 Web2 公司，但我們其實更有能力運用可驗證聲明、去中心化身分識別等技術，原因在於我們的收入核心並不是客戶資料，但臉書有 97% 的收入來自於利用消費者數據獲利的應用程式。我們厭惡這種做法。雖然微軟的搜尋引擎 Bing 偶爾也會發生類似情況，但我們堅信消費者個資和隱私的自主權非常重要。微軟確實掌握專業人士、企業或消費者的資料，但我們並不想持有這些資產，甚至寧可不要。握有這些數據資產的風險太高，根本是吸引駭客的陷阱，因此需要審慎考量這個案例的價值。」

用戶自有網路的架構

如果使用者將擁有網路，我們就必須建立新的模型來管理線上的同儕生產過程。我們必須解決去中心化的資源治理問題，包含決策、將資金引進新計畫、雇用和解雇貢獻者、起訴交易對手的不當行為、跨司法管轄區購買財產、遊說政府、簽約等等。我們治理的動機是什麼？為了盡可能提高代幣持有人的獲利？還是改善用戶體驗？網路有收入時，我們會分給用戶，還是把收入再投資到新產品和服務中？

班科勒在《網路財富》中主張：「同儕生產一詞，指的是基於共享的生產模式，也就是生產系統仰賴的是自主且去中心化的

個人行動，而非根據階級分配的工作。」許多早期去中心化自治組織有很多心懷善意的人自願貢獻，但有時我們需要一些協調機制。班科勒認為：「中心化是這道問題的特殊處理方式，以便讓許多個別代理人的行為凝聚成有效模式，或達成有效的結果。」[60]

　　為了克服這些問題，用戶所有權人可以把他們的用戶自有網路組織起來，成為去中心化自治組織，同時設置領導團隊或管理小組，並針對不同目標進行最佳化。韋爾登表示：「股東持有的公司有一種最佳化功能，就是將股東的利潤最大化，但用戶自有網路可以根據使用者的需求進行最佳化。用戶想要的可能是網路、產品或服務維持最低限度的抽成，意思是不收取不需要的費用，只收取營運服務所需的成本。」[61]

　　1970 年，托佛勒（Alvin Toffler）出版《未來的衝擊》（*Future Shock*），他預先看見這種更靈活、更動態的治埋和決策形式，並用「變形蟲組織」（adhocracy）來稱呼，指的是「行動迅速、資訊豐富且充滿活力的未來組織，旗下單位靈活應變，個人極具行動力」。[62]

　　如果說股份有限公司是工業時代生產的體現，那麼去中心化自治組織便具體呈現班科勒所謂的「網路智慧」（networked intelligence）。儘管去中心化自治組織的名稱包含「自治」一詞，但它就跟股份有限公司一樣，大致上是人為的結構，會在各種新的網路化全球組織中，反映出人類的聰明才智（以及我們最糟糕的衝動）。

　　去中心化自治組織可以為班科勒的同儕生產網路提供架構，

2000 年代中期，開源軟體正催生許多極重要的新資源，他在當時寫道：「自由軟體（free Software）專案通常不依靠市場機制或管理階層來安排開發過程。程式設計師參與專案的原因通常不是……老闆的吩咐……他們參與專案通常不是基於金錢報酬，不過有些參與者確實透過金錢導向的活動來實現長期的收入，例如顧問或服務合約。」[63] 去中心化自治組織的機制讓用戶有機會在使用的產品和服務上分一杯羹，同時也便於支付費用給網路程式碼和其他價值的貢獻者。

去中心化自治組織有一些具體特徵。首先，它們通常有一個共享錢包，就像桌遊《地產大亨：社會主義》（*Monopoly: Socialism*）中的社區基金一樣，由用戶和利害關係人控管。** 只要透過賺取或購買治理代幣或非同質化代幣等原生代幣，任何人都能成為去中心化自治組織的所有權人。代幣有助於管理錢包中的資金並協調經濟，代幣持有人還能投票決定如何運用資金、分配預算、雇用和解雇貢獻者等。

去中心化自治組織已經協調過許多經濟資源，好比優幣通這類去中心化金融專案。去中心化金融協定通常涉及大量交易，人們不斷進行資產買賣的交易所正是一例。這種協定會把業務活動的費用轉移至公共錢包，但也可以跟企業一樣，以相同的方式獲取資本，為去中心化自治組織金庫提供資金，像是外部投資、從用戶端賺取營收，或讓原生代幣升值等。

** 編注：這個版本的《地產大亨》會在公共版圖上設置公用的社區基金，一旦社區基金耗盡，遊戲會強制結束，沒有任何玩家獲勝。

去中心化自治組織還有其他特徵，顧名思義，就是去中心化。這意味著它們經常吸引來自世界各地的貢獻者和使用者，通常是開放且無需許可，任何人都可以跟它們往來互動，但如果你想參與經濟上的利益或治理，通常必須成為所有權人。去中心化自治組織也可以量身打造，它們有如一張白紙，可以用來實驗各種的治理、集體共有財產，或新型商業模式。換句話說，去中心化自治組織可以簡單，也可以複雜。

去中心化自治組織在 Web3 中已經廣泛應用於各式各樣的任務，從組成共享錢包的小團體，到形成擁有數百萬資金的 Web3 協定。去中心化自治組織可以重現複雜的企業功能，或用於簡單甚至臨時的任務，例如在虛擬世界／電玩遊戲中組隊，或成立慈善機構來資助急迫的人道主義需求，就像烏克蘭去中心化自治組織在俄羅斯入侵後所做的行動。

如果去中心化自治組織是人為結構，目的是為共同的事業組織資產和人員，並擁有共享的金庫，定期對重要事項進行投票表決，那麼它們只不過是把股東換成代幣持有人，難道不算是集團公司嗎？當然不是。以太坊共同創辦人布特林寫道，去中心化自治組織早期引發呼聲，要求去中心化自治組織變得更近似公司：「爭辯的論點總是千篇一律，說高度去中心化的治理沒有效率，而傳統公司的治理架構具有董事會和執行長，還歷經數百年的演進與最佳化，有助於在瞬息萬變的世界裡做出明智決策，為股東創造價值。」[64]

　　布特林寫道，去中心化自治組織的批評者認為：支持的人是過於天真的理想主義者，竟然相信平等和去中心化模式優於階級制模式。他反駁道，去中心化自治組織不但優於公司組織，而且在三種情況下是唯一可行的模式。首先是布特林所謂的「凹型環境」（concave environment），代表沒有非此即彼的答案，而需要妥協或部分解決方案的情況。對於引發分歧的問題，中心化可能會導致兩極化的反應，去中心化的方式則會更慎重商議，況且群眾智慧比單一決策更勝一籌。

　　第二種情況是，網路必須去中心化來對抗審查。有時，應用服務必須保持運行，「同時對抗強大的外力攻擊」，好比大型企業或國家權力。以烏克蘭去中心化自治組織為例，當其他的募款行動違反支付處理器的服務條款而遭到關閉時，它幫助烏克蘭軍方籌款。

　　最後一種情況是，去中心化自治組織必須保持可信任的公平性。在這種情況下，去中心化自治組織「負責的職能類似於國家的基礎建設提供者，因此可預測性、穩健性和中立性等特質比效率更重要」。[65] 此外，還有許多原因足以說明去中心化自治組織是更理想的選擇，包括組織成本較低、更能挖掘全球人才、所有權人能夠表達更多意見，以及用代幣形式能輕鬆產生所有權獎勵並進行分發等等。接下來，讓我們進一步探討幾個實驗去中心化自治組織的領域。

商業、文化和遊戲領域的去中心化自治組織

　　有些去中心化自治組織致力於讓 Web3 工具更方便用於各種業務，例如 Web3 新創公司亞拉岡（Aragon），就幫助不同公司進行協調和協作，但企業也可以使用去中心化自治組織來建立和管理去中心化的團隊或部門，實現更有效率的內部協作和彈性。亞拉岡公司為 3,800 多個去中心化自治組織提供開源基礎設施和治理外掛程式，這些去中心化自治組織都希望能善用去中心化的決策流程。

　　有了亞拉岡公司的應用程式和服務套件，任何人都可以輕鬆成立去中心化自治組織。持有亞拉岡公司原生代幣 ANT 的人，可以參與亞拉岡網路去中心化自治組織（Aragon Network DAO）和亞拉岡法院紛爭解決機制（Aragon Court dispute resolution system）的治理。亞拉岡公司自 2016 年成立以來，已經發展成擁有三十多萬會員的全球分散式社群。[66]

　　為什麼非 Web3 的公司會採用這些工具呢？有幾個原因值得探索。首先，企業可以使用去中心化自治組織來管理與外部合作夥伴、供應商或客戶的關係。[67] 公共的去中心化自治組織提供透明且去中心化的方式，可管理構成這些關係的資料，去中心化自治組織堆疊（DAOstack）和寶德潤（Boardroom）等管理平臺正嘗試提供類似的解決方案。

　　創新者部署去中心化自治組織的另一個大領域是 Web3 遊戲，例如《無限小精靈》、《加密太空探險》（CryptoSpaceX）、《沙

盒》(*The Sandbox*)、鏈之守護者平臺(ChainGuardians)和分散遊戲平臺(Dgaming)等。

在 Web3 遊戲中，創辦人可以用去中心化自治組織來管理遊戲的某些層面，像是遊戲資產的分配、遊戲虛擬經濟或原生貨幣的管理，如同《無限小精靈》的情況。去中心化自治組織所有的交易都在鏈上，公開透明且不可竄改。如果所有流程都是開放和公開，遊戲社群就可以看到各種關於變動的提案，參與辯論，而且無論用戶是否參與投票，都能看到投票結果，這樣子能讓用戶對於任何變動的決定更有信心。

創新者也使用去中心化自治組織，管理以 Web3 為基礎、共享的元宇宙資源。例如去中心化 3D 虛擬實境平臺分散之地(Decentraland)，它由用戶共同擁有，而用戶擁有共同的願景，也就是「決定虛擬世界的未來」。在這個虛擬世界中，用戶可以探索土地(代幣 LAND)，打造獨特的體驗，彼此交易數位資產；他們還可以透過平臺的兩種代幣 MANA(加密貨幣)和 LAND(非同質化代幣)，運用內容或應用程式獲利。

分散之地平臺由梅里希(Ari Meilich)和奧爾達諾(Esteban Ordano)於 2017 年創立，獲得 2,550 萬美元的投資，刺激全球的網路使用者合作營運這個虛擬世界。公司宣稱，截至 2022 年 10 月 11 日，它每天擁有 8,000 名活躍用戶，但到了 12 月，估計數據變成每月 60,000 名活躍用戶。[68] 加密貨幣媒體貨幣窗口(CoinDesk)採用四種不同的工具，得出的數據是每天 526 名至 810 名活躍用戶。[69] 分散之地平臺的去中心化自治組織結構，讓

MANA 和 LAND 的持有人能夠掌控虛擬世界的運作，他們透過治理社群的投票來制定政策。截至本書撰寫時，分散之地平臺的市值大約有 13 億美元，金庫總價值為 1,740 萬美元，其中絕大多數是 MANA 代幣。[70]

社群組織者能夠根據一套利益、原則或價值觀，使用去中心化自治組織來進行動員，並制定規則管理團體的行為。在創意和社運領域裡，這種方式愈來愈常見。先前提到的「社交俱樂部」就是這種去中心化自治組織，裡面的創作者和代幣持有人希望形塑 Web3 的未來，想向眾多獨特的人尋求合作，藝術家尤其受歡迎。社交俱樂部社群會集資，並由原生代幣 FBW 的持有人投票，選出相關的網路服務去中心化專案，再把資源分配過去。

麥克費德里斯（Trevor McFedries）在 2020 年創立社交俱樂部，目的是「結合文化和加密貨幣」，如今這個社交去中心化自治組織不斷發展壯大，擁有 3,000 名成員，含括藝術家、企業家，以及加密貨幣和文化領域的愛好者。2021 年 11 月，它的估值高達 1 億美元，並收到 1,000 萬美元的注資，好讓它建置團隊，並透過所謂的社交俱樂部城市實體活動擴大足跡。[71]

社交俱樂部是「代幣制社群」，表示成員必須持有 FWB 代幣才能參與治理。從傳統意義來看，它也是入會限制很嚴格的俱樂部，想加入的人必須向社交俱樂部社群提出申請，並購買至少 75 枚 FWB 代幣。[72] 至於官方成員參與治理的情況，平臺也會驗證。[73]

用來解決全球問題的去中心化自治組織

Web3 工具還有助於我們解決氣候變遷等全球問題。各種規模的公司、非政府組織、學術界和各級政府等利害關係人團體，可以利用去中心化自治組織和數位資產來合作和動員，加速轉型為潔淨能源組織。例如，我們現在可以用代幣來代表碳權。（先前也提過烏克蘭去中心化自治組織在其他支付管道失敗時，如何為烏克蘭戰爭募款。）氣候變遷是去中心化自治組織試圖因應的另一個領域，目前包括再生能源網路平臺（Regen Network）、氣候去中心化自治組織（KlimaDAO）、亞拉岡公司、碳信用平臺（Flowcarbon）等專案。

再生能源網路平臺共同創辦人暨再生能源長蘭德華（Gregory Landua）告訴我們：「氣候變遷是市場、政策和協調失靈的結果。」[74] 他指出，生物多樣性崩潰、微塑膠擴散，以及生物圈的威脅等問題都是市場失靈所造成，但他也在市場中看到實現健康地球的途徑。蘭德華表示：「無論是財富或商業，都需要一個健康的地球。」

碳交易市場（carbon market）試圖為碳定價，有成本之後，大家便會進行捕集封存、減少使用，或者拿來交易；但其中也存在挑戰：如何達成共識、確認一方真的有把碳捕集封存？蘭德華指出：「畢竟二氧化碳是一種無臭無味的無形氣體。」[75] 再生能源網路平臺的使命是，把監測生態健康的社會和科學流程內建到鏈上的經濟流程。

　　要落實這個概念的方式有好幾種。一般而言，方法是將「碳交易市場」智慧型合約整合到現有的碳權登錄系統，或者在區塊鏈（也許是以太坊）上建構新的登錄系統。智能合約負責執行碳交易市場的規則，例如在執行合約時，會遵守任何一方能用來交易的碳權總量規定和限制。

　　碳交易市場的參與者可以買賣碳權，藉此跟去中心化自治組織的智慧型合約互動，如同自動造市商一樣，但主要是用於碳抵換，藉由抑制碳權的市場流動性，設法讓企業減少碳排。智慧型合約會自動、對等的執行這些合約交易，並更新碳權登錄資料。由於去中心化自治組織在鏈上運行，因此所有的碳權交易紀錄都是公開透明且不可竄改。

　　在某些情況下，系統裡的去中心化自治組織成員可以賺取治理代幣，進而投票決定改變市場規則，或進行碳抵換專案的資金配置，但這不見得是必要條件。

　　我們可以長期使用去中心化自治組織做為組織新國家的實體。儘管聽起來有點牽強，但有愈來愈多的運動希望利用網際網路工具來建立所謂的「網路國家」（network state），同名書籍的作者斯里尼瓦桑（Balaji Srinivasan）將網路國家定義為：「具有集體行動能力、高度志同道合的線上社群，可以在全球集資購買土地，最終獲得國際社會給予既有國家的外交承認。」[76]它將以「雲端優先」國家的形式開始，完全在線上，然後逐步引進國家的每一項功能，最終提供資金給國庫和領土。

　　斯里尼瓦桑一直在思考這些概念。2014 年，當時治理代幣還稱為「應用幣」（appcoins），他曾向我描述一個去中心化自治組織。他若有所思的說，如果我想建立新版的洋蔥路由器（Tor），可以發行「Tor 幣」來預先資助開發，並運用收益「開發開源軟體，並付款給網路上運行伺服器的節點」。他補充：「現在我們開創前所未有的方式，能透過開源軟體獲利。」[77]

　　如果我們可以用網際網路工具組來建構去中心化的產品和服務，為什麼不能建立一個國家？城市去中心化自治組織（CityDAO）專案就借用這個概念，它提供「公民權」給成員，讓成員有權利對提案進行投票，或提出自己的提案。它也有公會可負責解決問題，甚至在懷俄明州擁有一些土地。[78] 斯里尼瓦桑在書中指出，取得獨立國家的地位需要經歷很多步驟，唯有在形成社群、取得土地、建立關係、發展經濟和文化之後，這樣的共同體才能尋求真正的國家地位。[79] 相較於戰爭或革命，利用這些工具漸進且和平的建國，聽起來更引人入勝。

人工智慧領域的去中心化自治組織

　　另一個與去中心化自治組織創新接軌的是人工智慧領域。引領人工智慧和機器學習領域的去中心化自治組織包括奇點網路（SingularityNET）、海洋協定（Ocean Protocol）、去中心化自治組織堆疊、張量流治理去中心化自治組織（TensorFlow Governance DAO）和以太坊 AI 去中心化自治組織（AI Ethereum DAO）。

　　我們請 OpenAI 解釋何謂海洋協定，得到的答案是：協定中的資料所有權人可以將數據集中在共同的資料市場，供機器學習演算法使用，同時所有權人保有隱私和控制權。在這樣的去中心化資料市場裡，個人用戶可以針對自己關注的項目，例如疾病和治療方面的科學研究，去發掘、貢獻或使用數據。用戶如果想購買資料、參與社群治理，必須持有原生的海洋（OCEAN）代幣。

　　海洋協定由龐博施（Bruce Pon）於 2017 年成立，總共向投資人募集 3,310 萬美元，用來保護開放存取、管理資料並推動網路成長。個人用戶透過在資料集上質押海洋代幣，成為流動性提供者，並從礦池的交易費用中賺取一定比例的報酬。海洋協定市值約為 1.58 億美元，完全稀釋市值為 5.14 億美元。[80] 因此，姑且不論海洋協定和其他協定的前景而按照市場規模估算，如果公開上市，這些協定堪比微型股公司。[81]

　　奇點網路是另一個前景看好的專案，它是「在區塊鏈上運行的去中心化人工智慧市場」。[82] 這個平臺讓不同的人工智慧程式協同工作並共享資訊，讓它們變得更有智慧、更有用，進而解決任何單一人工智慧程式無法獨自克服的難題。例如，一個人工智慧程式可以辨識圖片中的面孔，而另一個人工智慧程式可以理解自然語言，兩者就能在奇點網路上合作，彼此相輔相成。我們某種程度上可以說，奇點網路正試圖以去信任化且上鏈的方式，讓人工智慧演算法變得可組合。

去中心化自治組織取代公司後的世界？

　　去中心化自治組織是深具經濟組織能力且大有可為的工具，能夠深刻扭轉商業和世界。去中心化自治組織幫助我們重新思考一切事物，從公司在經濟中的角色和工作的本質，到我們如何共同管理公共財，以及如何開發和維護開源技術，不一而足。去中心化自治組織是新治理模型和指標的數位培養皿，應用的範疇遠遠超出商業和科技之外。對於網路用戶使用的平臺和用戶使用的其他共享資源，去中心化自治組織則建立所有權的行使機制。去中心化自治組織有助於降低協作、交易和建立信任的成本，也許能夠在很多情況下取代公司。

　　話雖如此，去中心化自治組織也伴隨著巨大的風險和不確定性。如同數位資產，去中心化自治組織缺乏在傳統法律體系內運作的立法和監管框架。沒有法律地位的實體可能難以雇用或解雇受薪員工、發放薪資，以及簽訂和執行傳統的法律合約。儘管智慧型合約可以自動執行這些功能，但缺乏法律的強制性，所以這點仍有爭論。去中心化自治組織建立在公鏈上，並使用跨鏈橋等軟體，使得它們容易遭受網路攻擊，不過話說回來，傳統企業也經常遭到駭客攻擊，並造成災難般的後果。

　　理論上來說，由用戶治理的立意甚佳，但為了讓系統能按照預期運作，用戶必須參與決策並採取行動；如果用戶過於被動又怠惰，就無法形成充滿活力的社群。從類似公司治理等體系的投票紀錄來看，去中心化自治組織能否真正解決經濟中的治理問

題，或許是我們必須加以三思的問題。

現在的 Web3 企業家使用去中心化自治組織來推出新產品和服務，但科技會不斷發展，有朝一日，Web3 產業將能克服實施上的挑戰，將願景推廣至全球各地，未來我們也許會看到愈來愈多產業採用去中心化自治組織，並從中受惠。

小結與重點摘要

如果 Web3 真的能把創作者變成所用產品和服務的所有權人，可以預見未來新的用戶自有網路將日益成長。儘管 Web3 的部分創新是來自公司，但網路原生的去中心化自治組織將在數位經濟中發揮更大作用。以下為本章重點摘要：

1.　長期利害關係人資本主義將有所擴展。網路用戶將更關心他們使用和擁有的平臺，他們並不被動、遲鈍或無力，他們是支持 Web3 社群的長期利害關係人。

2.　當組織的目標不僅是獲利，更注重網路的健全和效用時，做為網路生物存在的去中心化自治組織，也許是比公司更理想的組織形式。此外，在實驗治理和經濟協調的同時，去中心化自治組織正開創新的模式，以便應用於商業之外的領域。

3.　企業面臨創新的兩難。對大多數公司來說，Web3 的市場機會尚不明確。他們應該擁抱新技術還是觀望呢？他們可以

選擇在早期且成本相對較低的階段投入，以便從失敗中學到教訓，或許直接大獲成功。非同質化代幣降低實驗的門檻，能做為大多數公司的起跑點，尤其是銷售消費產品的公司。

4. 去中心化自治組織面臨許多實施上的挑戰。我們需要一個框架來治理、管理和發展這種新型組織。去中心化自治組織也缺乏法律地位，所以簽約、聘雇和解雇等能力受到限制。此外，去中心化自治組織各不相同，可以複雜或簡單、可以是全球性或地方性、可以管理線上或實體資產。

5. 去中心化自治組織在去中心化金融領域成功發展，但我們期望看到去中心化自治組織遍地開花，擴張到實體基礎建設、文化、遊戲和元宇宙，以及人工智慧等領域。

下一章中，我們將更深入探討三大關鍵產業的 Web3 轉型，探索去中心化自治組織、代幣獎勵、非同質化代幣和其他 Web3 原始技術將如何幫忙改善並促進經濟的各個層面。

第 **6** 章

去中心化金融與數位貨幣

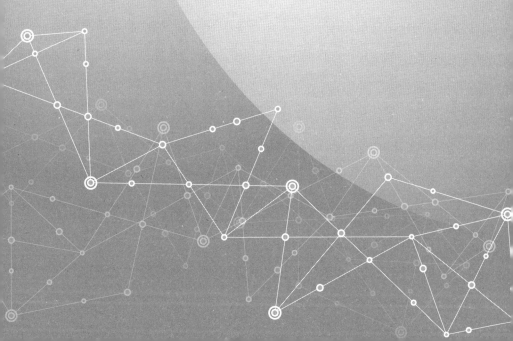

2005 年，網路泡沫事件已經逐漸走入歷史，隨著科技抵制潮的消退，網際網路顯然並不像克魯曼（Paul Krugman）等諸多主流評論家所聲稱的，只是一時的潮流或是技術範圍有限的乏味工具。克魯曼曾說，網際網路的影響力不會比傳真機大，結果證明並非如此。[1]

網際網路成為比 1990 年代末期所預期更加強大的工具，扭轉了商業和文化。在網際網路第一紀元，全球資訊網讓有權存取網路的人更便於利用資訊。接著全球資訊網又讓發布資訊的管道改得更普及：我們身為用戶，不再只是被動的訊息接收者，而可以加入對話，甚至上傳照片、音樂、文件或自己的文字，用來設計和編寫全球資訊網。人人都可以成為公民記者、業餘科學家、居家數位藝術家、金融分析師名嘴等等。

部落格（Blogging）為英文「網誌」（Web logging）一詞的別稱，是 Web2 早期的重要應用，讓一般人可以編寫全球資訊網。班科勒談到部落格時說道：「部落格可透過連網的電腦隨時隨地修改，只要是能讀取部落格的人，都可以立即看見編輯網頁後的結果。」[2] 部落格增加「大規模對話」的潛力。[3] 班科勒認為，可寫的全球資訊網所帶來的影響是，「在全球資訊網上提供大規模協作內容的生產系統……專門為龐大的群體所設計和使用……本質上屬於團體通訊媒介」。[4]

班科勒在《網路財富》一書中，誠摯的期許民眾能在線上進行大規模合作，讓人類進入協作創新的新黃金時代。畢竟，看看維基百科，到了 2006 年，它已經成為有史以來最大型且最權威

的資訊來源，完全由自願者使用網際網路編纂而成。

　　面對全新數位工具帶來的潛力，大家興奮的心情並不難理解。讀寫網路讓我們重新想像創造價值、協同合作和協調活動的方式，因此也可能重新定義公司、政府和其他機構的角色。所謂「有效的大規模合作」，挑戰商業和政治教條，現在的開源軟體運動就是一個例子。在班科勒眼中，人們在毫無明確的金錢獎勵下，自願聚集在網路上建立和維護全球社群、資源、技術和文化價值，這種概念「某種程度上違背了根植於工業經濟、最基本的經濟直覺」。[5]

Web2創新者的成果

　　認真分析 Web2 創新者的成果，成績可說是好壞參半。一方面，他們為股東和創辦人創造出巨大的經濟價值，加速網際網路的普及，並以數十年前難以想像的方式連結全世界。他們為從前被邊緣化的族群創造發聲的空間；提供推特等平臺，開創公平的競爭環境，讓科學家、企業家、運動員、投資人等角色觸及新的受眾。這些平臺讓志趣相投的人能夠自行組織，往往可以帶來正向的改變，但不見得每次都有好結果。整體而言，Web2 技術的使用並沒有達到初創時的高遠抱負，甚至還產生新問題，這也是 Web3 創新者亟欲解決的難題。

　　依照伯納姆（James Burnham）在《管理革命》（*The Managerial Revolution*）中的定義，許多公司本身曾是活躍的新興企業，如今

卻僵化成某種形式的管理資本主義。除了臉書之外，沒有一家公司是由創辦人領導；它們在許多領域以寡頭或壟斷的形式經營；所有權人通常不參與決策；這些公司可能與政府有緊密的關係，尤其在中國，常跟共產黨密切合作。[6]

狄克森表示：「Web2 在使用者介面上的表現一直相當出色，為數十億人帶來方便好用、無比流暢的免費服務。在理想的世界裡，我們可以設計一個兼顧兩者優點的系統，結合 Web2 先進、順暢的功能，以及 Web1 的開放生態系和由社群驅動的開發工作，這將是最佳版的網際網路。」[7]

可是，為什麼 Web2 的表現不符預期？首先，在缺乏網路原生所有權和交易機制的情況下，廣告成為主要的營收模式。許多平臺從最初的開放式轉變成廣告模式，然後努力吸引用戶參與，好蒐集更多的用戶資料。狄克森指出：「廣告商想要可以控制的體驗，他們希望自己的廣告出現在某些內容旁邊。由於種種原因，廣告模式導致推特關閉它的開放生態系，以便獨攬服務；臉書也有相同情況。這些公司變成既龐大又封閉的服務平臺，以擴大用戶參與和廣告收入為核心。」[8]

其次，Web2 助長金融中介機構的發展。因為 Web2 並沒有改變金融機構做為中介的角色，讓它們無需創新卻仍可發揮影響力。正如我們前面看到的，大多數的金融科技創新多半是新瓶裝舊酒，只是在傳統金融架構上覆蓋一層數位化的裝飾。

第三，隨著行動化全球資訊網愈來愈普及，蘋果和谷歌兩家公司透過安卓和蘋果作業系統生態系，掌控網際網路的主要閘

道，並開始向平臺上的開發商收取過高的獨占（或雙占）費用。行動應用程式商店已經成為新發展的瓶頸，它們不僅是守門人，還會要求抽成，幾乎應用程式裡的任何經濟活動都無法倖免。[9]例如，無論是有人購買應用程式，或是在應用程式內消費，蘋果公司都會收取 30% 的費用。[10]

對多數技術開發商來說，這些費用已經成為發展業務的稅金或通行費。中心化保管服務商比特幣基地指稱，蘋果公司希望比特幣基地錢包應用程式的用戶在支付「手續費」（gas fee）時，是透過蘋果的程式內購買系統，如此一來，蘋果也能從中分一杯羹。[11]

比特幣基地表示，這不僅在技術上難以實現，而且蘋果的舉動就像是對電子郵件協定課稅；蘋果最後封鎖比特幣基地的最新版應用程式，連帶阻止用戶透過比特幣基地錢包發送非同質化代幣。[12] 行動運算也進一步鞏固了廣告模式。臉書更著眼於運算領域的下一個發展方向，希望將廣告模式擴展到自家發展的封閉式元宇宙，並將抽成提高到 50%。[13]

第四，使用者無法控制平臺，甚至在部分情況下，無法得知平臺的運作方式。平臺也可能沒有徵詢過社群的意見就產生變動，例如有些最初採用開放式網路的 Web2 企業，為了追求更高的廣告收入而變成封閉式平臺。

第五，Web2 成為贏者全拿的模式，造成壟斷，抑制競爭。在 Web2 經濟中建立競爭網路，變得成本過高且風險太大，是注

定永遠徒勞的薛西弗斯式任務 `*`。Web2 巨頭採用雙重股權結構，一方面賦予管理階層權力，另一方面減少股東和董事會的責任，也導致這種情況變得更嚴重。馬斯克對推特隨意做出的決策已經導致平臺流失用戶、廣告商和企業價值。

第六，網路使用者深受推薦引擎影響。推薦引擎雖然能協助用戶找到想要的資訊，但也會造成自我強化的循環。Web2 演算法學習到，極端主義和錯誤資訊能增加參與度。如今公共論述的分裂和政治上愈來愈激化的極端主義，有一部分出於這個原因。[14]

第七，大型平臺成為網際網路的隘口，也是政府想追蹤公民時的施壓目標。例如中國政府收編 Web2 巨頭，將它們變成國家監控體系的延伸，隨後又迅速吸收 Web3 創新技術。

Web3 將如何為產業帶來轉變？我們將在下一節中探討最深受影響的領域：金融服務和貨幣。

Web3有可能重塑金融服務與貨幣

在美索不達米亞出現蘇美文明後不久，銀行興起。最初，銀行業務由寺廟負責，而寺廟是政治、經濟、宗教和文化生活的中心。這些原始的銀行是儲存和交換物品的安全場所，為了追蹤交

`*` 編注：薛西弗斯是希臘神話裡的人物，因為欺騙神明而受到處罰，必須將大石頭推向山頂，可是一旦抵達山頂，大石頭又會滾下山腳，所以永遠無法休息。

易和管理帳戶，開創會計和記帳系統。

多倫多大學的美索不達米亞考古學教授賴歇爾（Clemens Reichel）與我一同參加 2022 年 11 月多倫多皇家安大略博物館（Royal Ontario Museum）主辦的座談會，[15] 他在會上說明蘇美時代的銀行如何從「儲存實體貨幣（廣義定義為穀物等有價值的實體商品）」，演變為「儲存關於貨幣的資訊」。他補充，楔形文字（最早的書寫文字）與貨幣同時出現，不只是為了遠距傳遞訊息，還用於記錄帳戶資料。[16] 在錢幣出現之前，這種早期的紀錄形式，讓貨幣成為儲存價值的工具和記帳單位。

從最初的貿易開始，貨幣某種程度上一直是虛擬的概念，它是刻在泥板上的楔形文字紀錄，而不是黃金或貝殼之類的實體物品。最終，銀行業務日益壯大，逐漸脫離寺廟成為專門的服務，但各個專業機構仍然保有分類帳系統來記錄價值，而且時至今日依舊發揮類似的功能。

金融服務業是全球商業的核心和命脈。但是，它就像科學怪人一樣，有著七拼八湊而來、過時的主體架構。根據世界銀行指出，跨境轉移資金平均需要好幾天，且成本為 6%。[17] 金融服務排除大約十四億人，[18] 並且因循守舊，即使 Web2 讓更多交易轉移至線上，金融中介機構卻沒有相對應的創新舉動，但依舊繁榮昌盛。

此外，金融服務資訊不透明，因此具有交易對手風險；它也是中心化的機構，對政府的影響力遠大於大型科技公司、製藥公司，或石油和天然氣事業。金融服務業獨立於其他產業，自成一

系，在各個市場受到不同的監理規範管制，因此無法有全球的可
組合性和流動性。毫無意外的，它正準備迎接史上另一場大型變
革。Web3 的去中心化金融創新者正把許多金融服務去中心化，
並迫使我們重新思考貨幣的意義。

數位貨幣

　　貨幣的出現是為了解決以物易物問題，交易中的各方需要可
同質互換、流動、可分割（可分批支出）、以及可驗證（金、銀
等可證明的物質）或由強大機構支持的交換媒介。[19] 通常，商品
本身愈不具實用性，就愈適合成為金錢的替代品。洛克曾說，貨
幣這種東西只能「在交易雙方同意之下，用來交換真正有用但容
易腐壞的生活維持品」，[20] 是某種形式的集體錯覺，黃金之所以
能做為貨幣，正因為它的實際用處不大。更重要的是，不論何種
形式的貨幣，都是建立在信任的基礎之上，因此政府自然成為首
選的貨幣發行人。

　　政府也可以進行創新。古西班牙的「八里亞爾幣」（pieces of
eight）盛行於十六世紀，部分原因是墨西哥、祕魯等西班牙殖民
地的原住民工匠使用世上最純淨、最輕便的新世界白銀來鑄幣。
工匠們單獨鑄造或手工切割八里亞爾幣，讓使用者能輕鬆將錢幣
分成八片來找零（因此得名）。八里亞爾幣廣泛用於西班牙殖民
地，後來北美十三州殖民地脫離英國之後，新興的美國也採用八
里亞爾幣。[21] 八里亞爾幣的一面壓著西班牙國徽，一面印上天主

教十字架，藉此強調主權。

西班牙人橫渡大西洋之前，元世祖忽必烈曾強制使用難以偽造的紙幣；忽必烈採用巧妙的生產技術，將罕見的樹皮融入紙幣，這項技術從十三世紀沿用至今。馬可波羅（Marco Polo）造訪中國時發現，商人和公民很快就接受這些紙幣，原因在於：忽必烈以暴力威脅國內進行交易的人，如果有人濫用或拒用他的紙幣，他將嚴懲造假者，並處死不服從的人。[22] 這種透過政府命令發行的金錢，正是所謂的法定貨幣。忽必烈利用中央集權，以國家權力來強制採用並支撐他的貨幣制度，也證明那是成功的模式。如今，法定貨幣成為主流。

雖然如此，Web3 現在正引領著貨幣的新紀元，為我們帶來全新的數位不記名資產，可以用來移轉和儲存價值、進行交易和做生意，如同現金一般，但能即時結算、不可竄改且具有全球流動性。隨著國家、跨國企業和日益堅定的數位公民社會不停爭奪對未來貨幣的控制權，接下來幾年的創新將成為關鍵。

在未來貨幣的爭戰之中，三種以區塊鏈為基礎的創新技術將會嶄露頭角。其中一種是我們討論過的公共加密貨幣，例如比特幣。第二種是以擔保品支持、私人發行的數位美元，也就是所謂的「穩定幣」，主要以一比一存放於銀行的美元做為準備，但這可能只是小試水溫的第一步，未來的穩定幣也許會由各種資產做為支持，例如和臉書命運多舛的虛擬貨幣 Libra 一樣。第三種是由中央銀行鑄造和管理的中央銀行數位貨幣。

比特幣有可能稱霸一方嗎？它確實不容小覷，比特幣在某些

方面取得成功，但仍有所不足。不過，截至本書撰寫時，比特幣的市值高達 4,000 億美元，超越萬事達卡的 3,350 億美元。[23] 全球各地都有人使用比特幣做為價值儲存的工具和交易媒介。

比特幣是無銀行帳戶者的救命稻草，它抗審查的特性受到左翼和右翼的自由鬥士歡迎。支持者表示，比特幣和其他無需許可的貨幣能夠捍衛言論自由，所以非常重要，並主張沒有交易自由就沒有言論自由。科技作家亞歷山大（Scott Alexander）指出：「如果你付不起雜誌的印刷費用，還談什麼言論自由；如果你付不起教會的租金，宗教自由就是白說；如果你付不起前往示威現場的公車費用，那示威自由也不過是空談。」[24]

人權基金會（Human Rights Foundation）在 2007 年成立，現任主席是西洋棋大師暨普丁批評者卡斯帕洛夫（Garry Kasparov）。人權基金會主要支持獨裁政權國家的公民社會和民主運動，其中一項職責就是關切俄羅斯、委內瑞拉和黎巴嫩等國的異議人士和其他民主領袖，並予以支持。在比特幣問世後，人權基金會幫助受壓迫人民的方式便多了一種。

人權基金會策略長格拉德斯坦（Alex Gladstein）表示：「人權和政治界很少討論金融與貨幣議題，但這兩者非常重要。跟我們合作的人多半活在法定貨幣很糟糕的政權底下，這些貨幣的崩潰速度通常比美元快上許多。」而這些政權利用貨幣和金融服務來剝削人民，限制他們接觸全球金融體系、沒收資金、凍結銀行帳戶，並限制或禁止使用美元。

格拉德斯坦指出：「人民甚至可能因持有美元而被捕，即使

公民試圖取得黃金等資產，也受到限制。」[25] 例如 Web3 企業家
暨巴貝多（Barbado）駐阿拉伯聯合大公國（United Arab Emirates）大
使阿貝德（Gabriel Abed）就表示，比特幣不會根據信仰、種族、
宗教或收入來評判用戶。他提到自己的經驗：「我在成為大使之
前，從來沒有真正擁有過銀行帳戶。比特幣救了我，它賦予我財
務的自主權。」[26]

　　格拉德斯坦指出，生活在美國、歐洲、加拿大、日本等其
他國家、享有「經濟特權」的十億人，假裝沒看見地球上其他
七十億人所經歷的殘酷現實。比特幣雖然有缺點，但它在非洲和
其他地方的最大賣點之一，就是幫助人們擺脫當地獨裁者、遠離
過去殖民列強金融統治沿留至今的遺毒；格拉德斯坦說，非洲國
家之間的金融往來有 80% 必須經由美國或歐洲公司。[27]

　　不過，比特幣也跟黃金和其他大宗商品一樣，相當耗能、缺
乏效率，而且波動劇烈。更重要的是，中央銀行業者並不相信比
特幣，他們建議的替代方案是中央銀行數位貨幣。政府認為中央
銀行數位貨幣可以代替比特幣等公共加密貨幣，甚至做得更好。
他們認為，中央銀行數位貨幣能讓經濟更加兼容並蓄，降低價格
波動，提高資訊透明度，進而提升中央銀行回應危機的能力。

　　然而，中央銀行數位貨幣卻引發人權相關的隱憂。例如，假
設政府可以即時查看每一筆數位美元在經濟活動中的使用方式，
我們要如何確保用戶的隱私權？

　　如果政府希望公民和遊客採用中央銀行數位貨幣，就必須保
護公民自由。部分業界評論家認為我們別無選擇，Web3 投資人

保羅（Ari Paul）表示：「政府有強烈的動機要求獨家使用加密法幣，這將使得稅務執法更為容易，讓政府能夠『中斷』犯罪份子和異議人士的資金，中央銀行除了偏好加密法幣的即時透明，還想更嚴格的控制貨幣。他們會先推出加密法幣，然後迅速禁止任何與之競爭的事物，例如現金、非加密法幣等。一旦加密法幣獲得大量使用，甚至連黃金和比特幣等公共加密貨幣都可能被禁止。」[28]

　　接著讓我們來談談穩定幣。其中最主流的兩種分別是美元穩定幣（USDC）和泰達幣（USDT），兩者加總的市值超過一千億美元。[29] 臉書曾經嘗試推出自己的穩定幣，最初命名為 Libra，並且全部使用真實的資產儲備做為擔保。但美國政府把它視為對美元體系和國家安全的威脅，這也顯示出任何試圖重塑貨幣的公司所面臨的風險。[30]

　　格拉德斯坦表示：「對於穩定幣，我深深感到矛盾。我們必須承認、甚至慶幸擁有穩定幣，他們已經為數千萬、甚或數億人提供美元工具，而且他們不需要任何銀行帳戶。」但他擔心穩定幣也許會加劇美元體系現有的權力失衡。格拉德斯坦補充：「穩定幣擴大美元的網路效應，跟比特幣的預期效果不同。」[31]

　　MakerDAO 建立在以太坊上的 DAI，是一種合成去中心化穩定幣，由智慧型合約中持有的資產做為擔保，運作方式類似於具有銀行帳戶的軟體。然而，DAI 持有大量美元穩定幣和美國公債做為擔保，某種程度上仍然屬於中心化貨幣。在治理代幣 Maker 中加入一些現實世界的資產，或許能幫助 DAI 像美元穩定幣一

樣擴展，但也因此犧牲一部分抗審查的特性。

　　如果比特幣（數位黃金）和中央銀行數位貨幣（數位法幣）只是把貨幣擬真設計後帶到 Web3，那麼由鏈上持有的各式資產支持、抗審查的去中心化穩定幣最終或許會勝出。說不定「貨幣數位化」的想法本身就是一種擬真設計，假如 Web3 能讓我們重回某種私人、數位化的以物易物貿易形式呢？

　　1997 年，戴維森和里斯莫格爵士預見這一點，他們認為「想在全球挑選完全互惠的對象，只要不限於當地人士，就更有機會找到人選」。[32] 他們補充道，「全球電腦網路的數位貨幣，會讓海耶克所謂流動性連續體[†]中的每一項資產變得更為流動，但政府貨幣除外」。[33] 他們顯然頗有先見之明，只是有一點點出入：美元支持的穩定幣是 Web3 率先推出的殺手級應用之一，實際上增加政府貨幣（以這個例子來說是美元）的流動性和實用性。

　　全球化的數位易貨貿易本身就是可組合的形式。Web3 企業家布林克正在發展艾諾瑪專案，讓「任何資產都能做為交易或支付的工具，在一切正常的情況下，有希望為交易創造更大的流動性、減少滑價（slippage）[‡] 和增進安全隱私。數位易貨貿易的終極目標，也許是徹底顛覆貨幣本身，畢竟當初創造貨幣就是為了解決以物易物的問題和局限」。[34]

[†]　編注：流動性連續體是指，買賣各種資產的難易度可以排列成一個連續的結構。

[‡]　編注：滑價是指下單時的價格與成交時的價格不一致。

眾所矚目的USDC

　　阿萊爾於 2013 年創立線上支付公司圓圈時，與其他創辦人抱著一個共同的理念，那就是「為網路法幣建立超文本傳輸協定」，讓貨幣能跟網際網路的資訊交換協定一樣，在線上運作，「任何人都可以連接這個協定並交換價值，就像人人都可以連接網路瀏覽器和伺服器並交換資訊一樣」。[35]

　　阿萊爾最初想在比特幣網路上建立自己的公司。當時普遍的想法是，開發人員可以編寫比特幣，用以處理智慧型合約等各類應用程式，以及美元、日元、股票、非同質化代幣等其他資產。在比特幣出現之前，創新人士並沒有跟網際網路一樣的公共設施，所以很難在全球各地移轉價值。比特幣解決了這個問題。因此，阿萊爾（合理的）認為自己應該將公司建立在比特幣的成功基礎之上；狄克森和我們採訪過的其他 Web3 長期建造者都是這麼想。

　　但隨著時序推移，阿萊爾發現比特幣的技術存在限制，而且社群不同意發布新的程式碼，理由主要是他所謂的政治和意識型態因素。[36] 所以他們在公司成立四年後，也就是 2017 年時，做出一個十分重大的決定：放棄在比特幣上的發展計畫，轉往以太坊。以太坊是當時正興起的協定，具有新穎且可程式化的架構和更開放的文化，相當引人矚目。

　　家父與我在 2015 年撰寫《區塊鏈革命》時，採訪過阿萊爾。阿萊爾專注於打造簡便的公共工具，以便移轉和儲存價值，

至今仍舊如此。他當時希望在數年之內,「某個人只要下載應用程式,就能在其中儲存想要的貨幣,包括美元、歐元、日元、人民幣或數位貨幣」,並能安全、私密的在全球「隨時進行支付」。[37] 數年過後,圓圈公司的表現可說是十分亮眼。

時至今日,圓圈公司旗艦穩定幣 USDC 的流通量超過 450 億美元,理論上任何擁有數位資產錢包的人都可以使用,估計至少有一億個用戶。[38] USDC 運行在以太坊、索拉納和網宇等平臺的公共協定上。2022 年,USDC 光是在以太坊網路上就促成 4.5 兆美元的交易,而且在去中心化金融和 Web3 遊戲所有交易中的占比高達 60%,凸顯 USDC 對 Web3 經濟的重要性。[39]

圓圈公司在 2022 年年度報告中指出,光是以太坊上由 USDC 支援的兩百萬個錢包中,「就有超過 75% 的錢包餘額不到一百美元,低於一般銀行帳戶的最低餘額要求,這證明先決條件已經具備,能因應普惠金融挑戰」。[40] 阿萊爾在 2015 年受訪時曾表示,他希望自己建立的貨幣協定能像網際網路一樣,免費讓大眾使用。如今圓圈公司不負所望:花費 USDC 的平均費用從低於一美分到五十美分不等,交易時間從一秒至三分鐘左右。[41]

圓圈公司深入參與 Web3 的開發者社群,因此大獲成功。阿萊爾表示,在去中心化金融領域,「每個人都在為可組合、可程式化的貨幣建立新協定,而(我們)勾起大眾和比特幣基地的期待,更吸引頂尖加密零售平臺加入,一同開始這場競賽。我們顯然無法確知最終的成長和獲利,但可以肯定的是,我們打造的協定方向正確,最終得到許多支持和動能。」如今,USDC 在十八

個不同區塊鏈上發行，並整合了兩百個協定，而且已經獲得威士卡、萬事達卡、推特和史崔普（Stripe）等公司採用。[42]

圓圈公司在美國註冊，目的是在公共區塊鏈基礎設施上打造產品。阿萊爾表示，我們需要更多類似的混合方法，Web3 才能成功。他指出：「我認為，如果把標準設定為每個人都必須採用某種非政府發行、非主權的商品貨幣，可能太強人所難。因此，我們得採混合模式，意思是政府的公債以數位貨幣的形式表示，但建立在開放、去中心化的基礎設施上，或建立在開放、可程式化且可組合的協定上。」[43]

阿萊爾列舉出需要採用混合方法的其他例子，例如：結合政府和其他傳統證明與鏈上資訊的數位身分；現實世界資產的代幣化；或是需要法律地位才能簽訂合約、聘雇和解雇人員，以及與大公司競爭的去中心化自治組織。這些新的 Web3 服務全部都將跟 USDC 一樣，建置在開放、可程式化的基礎設施上。

圓圈公司找到商業模式，目前行之有效。USDC 是與美元一比一掛鉤的穩定幣，意味著圓圈公司可將持有的 450 多億美元擔保品投資於美國公債，賺取 3% 至 4% 的無風險收益。如果利率上升，圓圈公司有機會獲利更多。

摩根大通（JPMorgan Chase）和匯豐（HSBC）等銀行會發行自己的穩定幣嗎？阿萊爾認為可能性不大。銀行看待貨幣的觀念不同：銀行放款量通常是準備金的五倍、十倍，有時甚至是十五倍。阿萊爾說：「現在有新的貨幣物理學：貨幣主要是以網際網路上數據的速度、效用和成本效率為基礎。」[44]透過泰拉協定的

LUNA 和後來的傳統借貸機構矽谷銀行這兩件案例，我們可以了解，新的貨幣物理學容易引發銀行快速擠兌，因此銀行最好擁有充足的準備金或流動性來因應貨幣贖回，否則就得面臨系統崩潰的風險。

　　至於中央銀行數位貨幣，阿萊爾表示，已開發國家政府沒有必要針對終端用戶建立國家基礎設施，也毫無先例。他指出：「無論是電匯系統、支票本身、自動票據交換系統、信用卡、金融卡、ATM、PayPal、Apple Pay、穩定幣等，西方國家的電子貨幣創新史，無疑是私部門的創新史。」[45]

　　阿萊爾認為，在制定美元數位貨幣的聯邦監理規範方面，各國中央銀行的角色十分重要，他表示：「我們支持聯邦監理規範，這是關鍵所在。公部門應該制定安全和可靠的規範，而私部門應在技術層面和銷售層面推動創新。」[46]

　　有一部分中央銀行的官員同意阿萊爾的觀點，例如前聯準會理事沃勒（Christopher J. Waller）就在 2021 年 11 月的演講中說，政府和私部門長期並肩合作，有時甚至採取一致的行動，以推動國家和全球金融體系的發展，並促進競爭。沃勒表示，「透過適當的網路規劃，穩定幣也許有助於提供更迅速高效的零售支付服務」，尤其是在跨境支付方面，並觸及更多消費者。[47] 因為穩定幣以區塊鏈為基礎，所以具有更高的資訊透明度，能讓中央銀行的工作更輕鬆。

　　在政府改變立場之前，Web3 產業也許可效仿圓圈公司的例子，專注於在公鏈基礎設施上，努力不懈且負責任的持續發展。

去中心化金融功能

我們可以把中本聰的對等式電子現金概念擴展到其他八項金融服務，統稱為「黃金九角」（Golden Nine）。如今，隨著 Web3 工具開始取代、擴增或強化傳統中介機構的功能，「黃金九角」也開始經歷深刻的變革。[48]

1. **價值移轉和支付**：我們現在逐漸從環球銀行金融電信協會、代收代付業務（ACH）等其他舊式系統，轉向穩定幣或是中央銀行數位貨幣。

2. **價值和身分認證**：我們現在仰賴銀行查核客戶是否符合相關法律規範，如認識客戶（KYC）、洗錢防制（AML）和打擊資恐（CTF）等，未來將逐漸轉向鏈上信用評分和 Web3 聲譽系統。

3. **儲存價值**：我們過去只能仰賴銀行和其他機構，如今逐漸採用多重簽名錢包、自託管解決方案等其他方法。銀行和其他中介機構將持續扮演值得信賴的第三方，尤其是對機構客戶而言。

4. **借貸價值**：我們逐漸由銀行做為放款人的體系，轉型到基於智慧型合約的借貸池（lending pool），自動連結借款人和放款人，實現對等式交易。

5. **集資和投資**：從首次公開募股（IPO）、創投和 Kickstarter 募資活動的體系，轉型到首次去中心化交易所發行（IDO）和

其他以代幣為基礎的群眾募資模式，使推出新資產或組織的障礙和成本趨近於零。

6.　**交換價值**：中心化交易所需要由公司或其他值得信賴的中介機構來維護委託簿（order book），現在則逐漸轉向去中心化交易所，讓用戶透過自動執行的智慧型合約進行對等式的原子化交易[§]，自動造市商機制正是一例。

7.　**保值和風險管理**：以往必須仰賴中心化的保險提供者，現在逐漸轉向預測市場，主要提供給希望抵消風險的投資人、企業和一般人。

8.　**計算和稽核價值**：我們向來仰賴傳統會計稽核公司負責準備財務和稽核報告，現在逐漸轉向鏈上自動化稽核工具。區塊鏈留下大量不可竄改且值得信賴的數據，創新人士可以透過工具和視覺化介面來彙整和稽核這些資料，幫助投資人和企業理解複雜的新系統。

9.　**分析價值**：從財務報表分析轉型到鏈上區塊鏈數據分析。

　　去中心化金融利用自有的一套原始技術，大幅減少金融服務的阻力和成本。應用程式必須不斷的在區塊鏈上運行，而且不需第三方的信任就能使用，才能符合去中心化金融去中心化應用程式的資格。MakerDAO 創辦人克里斯滕森（Rune Christensen）表示：「去中心化金融的主要優勢和特點跟開源軟體十分類似，兩者

---

§　編注：原子化交易是一種不依靠去中心化交易所，在兩種區塊鏈間快速交換加密貨幣的技術。

的重點都在於解鎖網路效應，以及眾人無縫協作的價值，而且無需中介和許可。」[49]

　　加密資產投資基金「派勒戴姆」（Paradigm）共同創辦人暨創投家黃共宇（Matt Huang）補充，去中心化金融的一部分原始技術「將從傳統金融遷移過來，例如 MakerDAO，是具有自動清算功能的保證金貸款；而其他的則是全新技術，例如去中心化交易所優幣通，以自動造市商技術為基礎，開啟廣闊的設計空間」[50]。除此之外，去中心化金融也將帶來五大優點，有助於降低成本、提升會計效率、完全透明、轉換成本低、更容易使用。銀行家最好加以留心，去中心化模式也許會顛覆或取代大部分的金融服務，且讓我們進一步討論。

　　處在新興市場的人民往往很難有機會使用銀行的服務。去中心化金融無需許可，沒有守門人，因此使用的主要障礙在於網路連線、連網裝置的取用，以及相當程度的金融素養。去中心化交易所優幣通創辦人亞當斯（Hayden Adams）認為，去中心化金融的數據和分析工具完全免費，也能公開取用，而且「支援借貸或交易的資產負債表公開透明，只要擁有網路連線，每分每秒都可以追蹤協定裡的資產和負債情況」[51]。他覺得就是這個原因，讓摩根大通、高盛和歐洲投資銀行（European Investment Bank）等歷史悠久的大公司在鏈上發行和交易資產，以便減少「現有資產發行相關的結算、營運和流動性風險」[52]。

　　去中心化金融開啟多項創新，例如自動造市商。自動造市商是去中心化交易所（如優幣通）的協定，用戶無需透過中間人

就可以交易數位資產。哈維（Campbell Harvey）、拉馬虔蘭（Ashwin Ramachandran）和桑托羅（Joey Santoro）共同撰寫《DeFi 未來銀行》（*DeFi and the Future of Finance*）一書，他們在書裡說：「自動造市商是一種智慧型合約，它持有交易雙方的資產，並持續提供買賣報價……從合約的角度來看，價格應該屬於風險中立，不偏袒買方或賣方。」[53] 換句話說，智慧型合約的功能與交易所的中心化造市商相同。

以班科（Bancor）為例，它是一種去中心化金融交易和擔保協定，由去中心化自治組織管理，因首度推出自動造市商而大獲讚揚。[54] 創辦人貝納爾奇（Galia Benartzi）解釋，班科協定之所以開發自動造市商，並不是為了做為交易者和投機者的金融基礎設施，而是為了替有特殊需求的少數族群建立社群貨幣的平臺。

貝納爾奇表示：「假如你治理一座島嶼，你想加入聯合國、成為新國家、發行自己的貨幣，有何不可。但如果其他國家不願接受你的貨幣，你便無法進口或出口任何貨物，所以，最好要有一個完整的經濟體為你服務。」[55] 班科協定在「這個以區塊鏈為基礎的貨幣新世界」很有機會。貝納爾奇指出，「你可以將流動性編寫到貨幣本身，意味著你可以針對可兌換性（exchangeability）、互通性進行編寫」，如此一來，代幣就能「在特定時刻精確『知道』自己與其他代幣之間的兌換匯率」。[56]

自動造市商確實是主導數位資產對等式交易的模型，但我們可以輕鬆的將這個模型應用到其他多數資產上，顛覆主流由紐約證券交易所（NYSE）等權威機構維護的傳統金融委託簿。例如透

過借貸協定，放款人和借款人可以分別賺取收益和獲得信貸。永續期貨（perpetual futures）合約是一種新的衍生性金融商品，讓用戶可以推測資產的未來價值或預防風險。它們和傳統期貨合約不一樣，並沒有固定的到期日。

哈維、拉馬虔蘭和桑托羅表示，有一種特殊的借貸創新技術也許會顛覆金融業，那就是閃電借貸（flash loan），意思是「在同一筆交易中借款和還款」。[57] 他們將閃電借貸比喻成「傳統金融中的隔夜貸款，但有一個關鍵的差別：在交易中必須還款，並且由智慧型合約強制執行」。[58] 因此，它消除存續期間風險（對利率和時間的敏感性）和交易對手風險，但卻帶來智慧型合約風險，駭客可以利用程式碼的漏洞，清空智慧型合約代管的資產。

由於去中心化金融屬於開源性質，大家能輕鬆複製和改進去中心化金融專案或平臺，並在部分情況下，「提供更誘人的獎勵，藉此占據流動性或挖角用戶」。[59] 業界把這種做法稱為「吸血鬼主義」（vampirism），結果可好可壞。一方面，吸血鬼主義能把更優渥的前期權益，提供給用戶自有的去中心化金融專案，吸引早期採用者，並促進該領域的新創公司發展；另一方面，不擇手段的行為者也許會提供難以長久的高收益（也確實有人提供），最終導致一切崩潰，損害所有權人的利益。

另一項去中心化金融創新是「首次去中心化交易所發行」（IDO 或 DEX）。企業家能發行代幣，透過 USDC 等穩定幣來進行交易，設定價格，然後等待買家。如果代幣具有實用性，並提供權限，讓用戶可以存取新興的用戶自有網路，那麼也許會有更

高的價值。首次去中心化交易所發行的概念源自於首次代幣發行（ICO），如今逐漸成為 Web3 原生新創企業熱門的募資方法。

　　預測市場（prediction market）是去中心化金融另一項原生的創新技術。過去幾個世紀以來，人們一直拿選舉或體育賽事等事件的結果來打賭，可以確定的是，去中心化金融能讓押注完全透明，而且點對點，並擴及其他難以預測卻易於下注的事件，像是天氣。美國散文家華納（Charles Dudley Warner）曾戲謔的說：「每個人都抱怨天氣，但沒有人為此採取行動。」[60] 預測市場能幫助我們採取行動。如果我們是農夫，可以利用預測市場來規避農作物歉收的風險；如果我們是華爾街交易員，可以抵消投資組合風險，因應貿易協定或和平談判失敗、升息等任何事件帶來的風險。

　　讓我們先把閃電借貸等新式的去中心化金融創新技術放在一旁。舊式的貸款是金融服務十分重要的一環，某位無比聰穎的銀行家曾告訴我：「我們負責移轉資金。因為我們移轉資金，所以有機會儲存資金。因為我們儲存資金，所以有機會可以放款，而借款幾乎占據我們整體的業務。」他的觀點是，穩定幣之類的 Web3 技術也許會讓銀行的支付服務不再重要，進而減弱核心貸款業務的基礎。Web3 怎麼翻轉借貸服務呢？用戶能利用去中心化金融借貸池這個平臺，借出和借入加密貨幣或其他數位資產，且無需經由傳統金融機構介入。

　　以康麗平臺（Compound）為例，它是支援數種資產的借貸市場，匯集每一種代幣，讓「每個貸方擁有相同的浮動利率，而每

個借方也支付相同的浮動利率」，非常平等。而且每筆貸款均為超額抵押，如果用戶的擔保品價值下滑到特定的門檻，則用戶的擔保品將自動清算。康麗平臺有許多優點：因為每筆貸款都是超額抵押，貸方不會有交易對手風險，因為借方不可能違約；而能夠借入和借出數種不同資產，也提供用戶選項；最後，康麗平臺可與其他應用程式組合：用戶可在某處借款，然後毫不費力的在另一處消費。然而，這個平臺效率不高，也有風險。例如，由於以匿名申請貸款，信用評級無關緊要，所以即使在「現實生活中」擁有良好的信用紀錄，借貸的利率卻跟毫無信用紀錄的人一樣。

去中心化金融還有另一個更根本的挑戰必須克服：它主要仍是封閉式系統，意味著除了代幣的借貸、儲存、移轉和交換之外，無法輸出太多經濟價值。

造成這種情況的原因有三個：首先，由於目前的去中心化金融為匿名服務，大多數的去中心化金融應用程式都會要求用戶在使用時提供擔保品。第二，整體而言，擔保品完全是加密資產，而不是證券、現金、不動產等；也就是說，潛在用戶必須先取得加密資產，才能使用去中心化金融服務。第三，在傳統金融服務中，貸方會使用個人的信用評分，評估借款人定期支付帳單或償還貸款的可能性，但去中心化金融仍在開發衡量用戶還款能力和意願的聲譽系統，因此協定預設的貸款都是超額抵押。

讓我們直接面對這些挑戰。人們可能會選擇以代幣做為擔保進行借貸，避免引發資本利得，但借來的錢很可能用來支付新車

或家庭度假的費用。這是向現實世界輸出經濟價值的一種手段，十分類似於大家使用房屋淨值信貸額度（home equity line of credit, HELOC）和融資帳戶的方式。

有些企業現在使用 USDC 等中心化穩定幣來支付員工薪資，或付款給承包商，科拉支付（Korapay）正是其中一種工具。一般個人則會使用穩定幣來儲存財富、支付租金，以及購買商品和服務，因此我們能以相同的方式使用去中心化穩定幣（如 MakerDAO 的 DAI）。但截至目前，大家對去中心化金融的開發還是很有限，尚未達到全面應用。

借貸池確實可以提供無擔保的貸款，但通常是針對已知的機構借款人，而不是零售客戶（也就是個人）。去中心化金融借貸平臺楓葉金融公司的鮑威爾表示：「楓葉金融公司接收並集中存款，然後再放款。」[61] 雖然聽起來很簡單，但必須透過 Web3 工具才可以讓這個機制真正的發揮作用。鮑威爾指出：「智慧型合約提供非常、非常有效率的工具，容易聚集資本並將還款轉回給投資人（LP，指有限合夥人或資金池的存戶），讓我們能在鏈上營運信用基金或非銀行借貸業務。」[62]

起初跟楓葉金融公司往來的只有造市商和避險基金等加密貨幣原生組織。不久後，其他金融公司也開始使用，而且立刻發現使用上的便利性。鮑威爾表示：「整體工作流程都在鏈上進行，並且由智慧型合約推動。」他另外補充，「這就像我按下按鈕，馬上啟動智慧型合約，然後我再去思考：『好的，我現在要建立並發放一筆貸款，所以貸款利率是多少？還款頻率如何？借款人

是誰？借貸條件？』等等，所有一切都發生在鏈上。如果換成其他方式，就只會是銀行帳本裡的一連串資料欄位，而且沒有其他人知道。」[63]

雖然楓葉金融公司必須解決未來交易所崩盤帶來的一些不良貸款問題，但另一方面也證明企業可以使用加密貨幣原生平臺進行借貸。話雖如此，這並沒有解決一般用戶的鏈上身分識別問題。

我們要怎麼克服這些挑戰呢？首先，我們必須將更多資產數位化——不僅是傳統的股票和債券，還包括住宅、不動產等資產的所有權和契約。納入現實世界的資產是去中心化金融企業家關注的一大重點。以太坊創辦人布特林認為，由去中心化自治組織治理、有現實世界資產支持的穩定幣也許能做為橋梁，連接去中心化金融和傳統金融，同時大幅降低對美國等單一貨幣發行者的依賴。[64]

不過，這可能需要一段時間才會實現，但我們顯然正朝這個方向前進。例如，MakerDAO 已經在原生穩定幣 DAI 的擔保品中加入美國公債。去中心化金融專案帕爾克（Parcl）則以數位代幣來表示主要不動產市場的投資，例如曼哈頓和舊金山等地的市場，並提供簡單的方式讓 Web3 用戶購買。[65]

這種將傳統與數位市場整合的方式，能夠提高去中心化金融工具的流動性、穩定性和功能。其次，我們可以把去中心化金融的業務擴展到無擔保或零售信貸，將其視為微型貸款，並根據用戶的鏈上聲譽建立 Web3 信用評分。

聲譽和身分識別系統的建立

　　每個人都有自己的聲譽。早在去中心化金融成為業界用語之前，我們就在《區塊鏈革命》中寫道：「聲譽也是在日常生活與商務領域建立信用的關鍵。到目前為止，金融中介機構尚未以聲譽為基礎，建立個人在銀行的信用評等。」

　　金融中介機構更偏好以費埃哲公司（Fair, Isaac and Company，簡稱 FICO）的信用評分、社會安全號碼和其他身分識別資訊來判定。信用評分是很不錯的業務：企業自願將客戶資訊提供給易速傳真、益博睿（Experian）和環聯（TransUnion）等信用評分公司，而信用評分公司將這些客戶資料與其他資訊整合，然後賣回給最初提供資料的公司。Web3 企業家希望鏈上聲譽系統能補強傳統的信用評分系統，最終取而代之。

　　瓦爾蓋斯（Sishir Varghese）是 Web3 信用風險評估基礎設施光譜公司的創辦人，他從線上撲克這個非典型途徑進入加密貨幣領域。或許是因為經常要在牌桌上評估機率，讓他對風險產生直覺，他很快就意識到去中心化金融缺乏分析客戶風險的機制。

　　瓦爾蓋斯並沒有在鏈上串連傳統的信用評分系統，他反倒想像，是否能夠「建立無需許可或可程式化的信用評級」，也就是鏈上信用評分系統。[66] 光譜公司建立的機制等同傳統的費埃哲公司評分，名字叫做多元資產信用風險預言機（Multi-Asset Credit Risk Oracle, MACRO）評分系統，讓用戶能在平臺中檢視自己的鏈上評分。

傳統的信用評分不會把所有的數據全放在鏈上。瓦爾蓋斯表示，「我們希望讓信用評分系統成為可以公開存取的網路，如此一來，就不受西方三大信用評等機構的把持，也不會受到中國政府極端反烏托邦版本的社會信用制度控制」。[67] 儘管光譜公司希望取代費埃哲公司評分，但它採用的分數範圍跟費埃哲公司一樣，落在 300 至 850 之間，算是向鏈下的前身致敬。

光譜公司目前處於關鍵時期，它還在發展完全去中心化的路線圖，需要克服許多考驗來建立一套系統，也肯定會有許多人想加以利用或操縱。正如金融科技作家強生（Alex Johnson）所說：「中心化和認識客戶等制度的好處之一，就是（它們讓）貸方深信自己評估的是申請人完整的信用紀錄。」至於 MACRO 評分，強生的想像是：用戶開啟「一堆與去中心化金融協定往來的 Web3 錢包」，當他們想借款時，由於錢包已經與 MACRO 評分連動，所以他們只需連結錢包。[68] 此外，MACRO 評分衡量的是清算風險，而費埃哲公司則是評估個人還款的能力和意願。兩種指標並不相同，但前者不見得代表個人的信用程度。

身分識別是 Web3 重要的原始技術，而鏈上信用評分則有助於強化身分識別，為 Web3 用戶開闢各種新服務和產品。如果去中心化金融成功的話，就能充分發揮潛力，為所有的人（而不僅僅是少數的人）建立更理想的金融體系。

實際上來說，鏈上身分識別既帶來便利，也賦予控制。蓋德一號公司的葛舒尼表示：「我知道的每一種 Web3 身分識別服務，都可以使用我的以太坊位址進行身分驗證。如果我持有小狐

狸錢包,它便是我唯一的身分,就算錢包裡沒有任何代幣或加密貨幣,我依然能在任何網站上進行身分驗證。」[69] 比起在多不勝數的 Web2 平臺上擁有各式各樣的身分識別,這種方式顯然更加方便。

至於控制方面,葛舒尼指出:「你擁有與這個身分識別相關聯的每一個資料點,並且能決定應用程式可獲取哪些資訊。目前當我用推特帳號登入應用程式時,應用程式可以向推特要求提供資訊,但僅限於我在推特上的資訊。」推特因此控制資訊流通。葛舒尼表示:「如果推特決定封鎖應用程式介面的某些內容,就沒有人能取得這些資訊。」[70] 然而,在 Web3 的世界,權力掌握在用戶手上,而不是他們與之互動的服務平臺。

去中心化金融的風險與契機

去中心化金融當然也跟許多新產業一樣,形勢嚴峻,充滿前所未有且難以預見的風險。例如,去中心化金融交易雖然會產生大量不可竄改且可信的鏈上數據,但也仰賴現實世界的資訊。假設有一份智慧型合約,約定蘋果公司的股價一達到特定的價格,就支付款項給合約持有人,如同傳統期權交易的買權(call option)一樣。那麼,智慧型合約要如何追蹤蘋果公司的股價呢?

此時就必須依靠預言機(oracle),也就是智慧型合約調用區塊鏈外部資料的來源。哈維、拉馬虔蘭和桑托羅表示,這個連結鏈下世界的橋梁需要更多的投資和創新:「去中心化金融必須解

決預言機在開放設計上的問題和挑戰，才能超越自身的獨立區塊鏈，充分發揮效用。」[71]

　　雖然去中心化金融排除交易對手風險，卻納入監管風險：除了中國共產黨中央委員會，以及一部分完全禁止加密貨幣的國家，監理機關仍在試圖了解去中心化金融。[72] 監管上的不確定性不利於創新。此外，由於互通性的問題，各個應用程式之間的可組合性仍舊只是理論上的某種理想，尚未實現。不僅如此，去中心化金融還有治理風險：雖然代幣持有人擁有投票權，但他們是否願意參與？

　　去中心化金融的創新者希望取代傳統金融機構，而競爭已經開始。網宇公司的布赫曼擔心，我們正在「複製許多華爾街現有的行為模式，例如投機、賭場、富者愈富機制、內線交易等等」。他補充道，如果華爾街介入去中心化金融領域，並把惡名昭彰的金融手段和技術應用到 Web3，「後果將令人遺憾」。[73]

　　金融業對經濟有著舉足輕重的影響，也有許多優秀人才參與其中，但布赫曼的看法相當正確，畢竟金融業向來以不知節制著稱。事實上，華爾街的交易員紛紛湧向去中心化金融，尋求賺錢機會，正如他們當年追逐由次級貸款支持的證券和擔保債權憑證（CDO）一般。小說家暨歷史學家瓦耶荷在《書籍祕史》中說，金融業吸引「一群特異族群，他們全是精明狡猾的商人、罪犯、冒險家和能言善道的騙子，總在未開發的領地尋找機會」。[74] 布赫曼則認為，去中心化金融產業的行為模式必須從墮落邁向革新，專注打造更為兼容並蓄、更能永續發展的全新模式。

　　另一項風險則是，這個新金融領域也許會助長傳統市場陰暗、詭譎的一面，挑起同樣唯利是圖的零和心態。我在 2022 年去中心化金融的第一波高峰期時，採訪過康舒公司的首席經濟學家索克林。他指出：「現在 TikTok 上每個十四歲的青少年都能成為衍生性商品擔保債權憑證金融工程師。如果你不喜歡這種情形，那就太糟了，畢竟現在為時已晚，已經來不及把一切收回潘朵拉的盒子。因此，在這個極其複雜、但令人難以抗拒的多巴胺國度，我們有數以百萬計的業餘金融工程師，他們透過網路引戰、迷因、卡通人物和民粹的無政府資本主義集結成群，實在瘋狂，對吧？」[75] 儘管這聽起來既刺激又誘人，但並不足以構成新一代全球金融基礎設施的穩定基礎。

　　去中心化金融也增加智慧型合約的風險，聰明的駭客可能會潛入系統，利用程式碼、設計或規則中的漏洞進行攻擊。國際清算銀行（Bank for International Settlements）表示：「經濟分析的一項關鍵原則是，企業制定的合約無法涵蓋所有的可能情況。中心化讓公司能夠應對這種『合約的不完備性』（contract incompleteness）。」[76] 在去中心化金融中，類似的概念就是「演算法的不完備性」（algorithm incompleteness），也就是編寫程式碼不可能涵蓋所有的意外情況。[77] Web3 的死忠支持者會說，各個合約的程式碼都是全然透明，駭客只是利用明確「編寫」的內容。因此，買家自行負責。

　　彭博社的專欄作家萊文（Matt Levine）指出：「在加密貨幣領域，明確的規則備受歡迎。」開發人員通常會把規則編碼至電腦

程式和開源智慧型合約中，任何人皆可讀取。「如果你找到巧妙的方式來利用它們——用傳統較負面的說法，就是『駭入』智慧型合約，或『操縱』市場，你便能快速、高效且大規模的利用演算法的不完備性」。[78] 萊文推測，不成文的行為「規範」也許能約束這種行為，甚至帶來好處。

萊文對這種新規範的說明是：「如果你駭進一個去中心化金融協定，並洗走一大筆錢，你可以保留一部分資產來獎勵自己的聰明才智，但必須歸還大部分的錢。保留全部的錢太過惡劣，甚至可能構成犯罪。」這個做法有效的把惡意攻擊變成事後的「漏洞獎金」（bug bounty），類似在軟體發布前獎勵指出程式碼漏洞的測試人員。萊文補充道：「如果你發現協定有資安漏洞，對方應該獎勵你指出漏洞，但你不該拿走他們所有的錢。」[79]

在大多數的社會團體中，規範會逐漸發展。但是，把我們的信任交給罪犯或採取惡意行為的人，符合 Web3 的精神嗎？這種方法是否可靠，而且能否大規模複製？這些利用他人的人有可能是在自家地下室磨練技巧的青少年、由國家贊助的網路恐怖份子，或是來自世上最大犯罪集團的惡意駭客，而他們的真實身分重要嗎？

另一方面，我們需要技術解決方案來加強防護這套智慧型合約系統，確保系統萬無一失。安霍創投的葉海亞表示：「某些程式語言比其他語言更適合用來建構資安系統，它們能提供保障措施，檢查程式的運作方式。可以使用的工具林林總總，例如（臉書的）Move 程式語言。」Move 是基於 Rust 的開源語言，與臉

書的 Libra 加密貨幣計畫共同開發，從本質上就支援臉書所謂的
「資源類型」（resource type）；在 Move 語言中，資源類型是用來
代表金錢或資產的數據類型。[80]

　　葉海亞指出：「編譯器和執行環境可以防止你不希望發生在
資產的（可能）事件，例如偽造。你可以全程進行所謂的『正規
驗證』（formal verification）。」[81] 他總結自己的看法：「人類習慣的
改進加上技術的提升，將有助於我們實現目標。這個問題並不難
處理，而且解決辦法不僅適用於智慧型合約風險，還可用於跨
鏈橋。」[82]

　　另一個因應智慧型合約風險的老派解決辦法，是雇用一家公
司，在軟體發布前先進行程式碼稽核。稽核公司的聲譽愈高，
所發出的認證就愈有分量。開放齊柏林（OpenZeppelin）是比特幣
基地、以太坊基金會（Ethereum Foundation）、康龐平臺、艾維平
臺等組織的最愛，它試圖解決三項相關問題：（一）安全性：遭
受駭客入侵或攻擊的風險；（二）開發人員體驗：缺乏適當的開
發和測試工具也許會導致錯誤；（三）運作問題：部署去中心化
應用程式後的管理和修復也許會有點棘手。資安稽核作業可以驗
證系統是否按照預期運行。有時候，仰賴專家的專業和見解並不
打緊。

如何評估Web3資產？

　　1602 年，阿姆斯特丹首度出現股票市場，主要做為新成立

的荷屬東印度公司的股票交易場所。荷屬東印度公司是早期所謂的股份公司之一（這種組織形式在前面已經討論過），從那時起，公開上市公司日益成為商業和經濟的主導力量。

儘管上市公司有著悠久而輝煌的歷史，但證券分析（如何確定公司股票或其他資產的價值）是相對現代的概念。葛拉漢（Benjamin Graham）和陶德（David Dodd）在 1934 年撰寫《證券分析》（*Security Analysis*）一書，後來成為價值投資聖經。[83]

假如大部分的資金都集中在 Web3 的協定和分散式應用程式，那麼就像葛拉漢和陶德針對當時的傳統資產提供分析法，我們也需要針對數位資產開發出評價方法和架構。

我們可以仿效傳統企業的評價方法，研究相關人員、商業模式、產品供給和市場定位，從中得出一個價值。不過，在這些傳統指標之上，我們還可以加入「社群」這項指標：用戶的參與度如何？他們正在發展的區塊鏈經濟規模有多大？資金的流通速度有多快？我們可以分析代幣模型、治理模型和技術效能。還能評估代幣分配模型、費用結構和代幣流通量，類似於公司的股數；正如股數可能增減，流通的代幣數量也會增加或減少。無論數位資產的評價如何，代幣數量都很關鍵，它是我們諸多量化指標的分母。

網路參與者需要誘因才會貢獻自己的時間、精力和電腦，來處理交易和保護網路。用戶自有網路向早期參與者提供獎勵，將新代幣加入現有代幣，進而增加流通量。例如，比特幣礦工會收到新鑄的比特幣，以獎勵他們的辛勞。網宇和卡爾達諾

（Cardano）等權益證明網路的代幣流通量則是穩定成長。建立在這類網路上的應用服務也會發行代幣，例如去中心化交易所優幣通或去中心化借貸平臺康龐等，長時間下來，這些代幣的流通量同樣會增加。

用戶可以「銷毀」（burning）代幣來停止流通，意思是把代幣發送到無人擁有私鑰的錢包位址，從此無法取回代幣。在傳統金融市場中，我們把這種方法稱為「註銷股票」（retiring stock）。如果某家公司的股數增加，但獲利並沒有相應增加，額外的股票會稀釋股本。同樣的道理，如果代幣流通量的成長超越底層協定的收入，便會稀釋代幣持有人擁有的價值。

Web3 投資人正在重塑每股盈餘和實施庫藏股等要素，把它們轉換為「每枚代幣的協定收入」和「代幣銷毀」。例如，以太坊近期進行「合併」和「以太坊改進提案 1559」（EIP-1559）兩項重大更新，為 Web3 劃下分水嶺。這兩項更新透過實施權益證明機制，以及改變以太坊的市場機制，銷毀一部分用於支付交易費用的以太幣，增加以太幣的稀缺性，最終以太坊的碳足跡減少超過 99%，以太幣的通膨也降低達 90%。[84] 代幣的持有人依舊會收到新的以太幣，但隨著網路需求回穩，銷毀量已經開始與發行量持平（甚至超過）。

貝柯是以太坊的核心開發人員，主導以太坊的合併架構，他解釋整個過程：「如果給驗證者新發行的以太幣做為獎勵和部分交易費用，但銷毀其餘的交易費，當銷毀量抵消發行量時，就能同時擁有獎勵和通縮，以及更永續的安全預算。」[85] 整個過程的

關鍵動力在於，人們對於使用以太坊網路的興趣必須持續增加。如果沒有人願意在以太坊網路上進行交易，交易費用就無法抵消新代幣的發行量，這種不符永續發展的價值稀釋漩渦，讓以太坊的許多潛在對手備受威脅。

在我寫這本書的時候，以太坊的流通量已經回穩或下降，獲利平穩或呈現成長。用傳統的金融術語來說，這套系統對代幣持有人而言是增值的。如同蘋果公司用部分獲利實施庫藏股，進而減少流通量並增加每股盈餘，以太坊的代幣銷毀機制也為代幣持有人提供了長期價值。

邁向Web3的金融新領域

正如手機讓數十億人擺脫市內電話，去中心化金融能讓人們跳脫傳統銀行和其他中介機構，尤其在開發中國家。去中心化交易所優幣通的交易量曾經多次超越在紐約證交所上市的比特幣基地。自動化集中投資平臺 YFI（發音為「Wi-fi」）將投資人的資金匯集到智慧型合約，並代表投資人進行投資，第一年就達到 70 億美元的總鎖倉價值（total value locked）；相較之下，加拿大股票投資平臺「簡單致富」（Wealthsimple）則花了六年多的時間才達到相同水準。穩定幣 DAI 的每日交易量約為 5 億美元，領先美國熱門支付應用程式支付盟（Venmo）。[86] 穩定幣 USDC 在中心化金融機構中持有擔保品，嚴格說來算不上是去中心化的金融資產，

但光是 2022 年，它就在以太坊區塊鏈上促成價值 4.5 兆美元的交易，相當於每天超過 120 億美元。[87]

我們從手機發展的經驗也可以得知，無論是 5G 還是衛星，發展基礎建設的成本相當高昂。去中心化金融是否也面臨相同議題呢？一方面，去中心化金融無需許可，任何有網路連線的人都能使用；但另一方面，個人仍然需要擁有加密資產、連網裝置和良好的網際網路，所以依舊存在著巨大的障礙。

對於希望大規模提供去中心化金融服務的人來說，新興市場的電信發展史也許指示一條明路。手機供應商在推出行動服務時贈送手機，因此去中心化金融協議有樣學樣，也贈予其他獎勵，例如平臺本身的所有權，但這可能不像免費的手機那樣吸引人。此外，去中心化金融協定的資本不像電信公司那麼充足，無法以相同程度補貼成長。

開明的政府可以為去中心化金融協定建立政府自己的用戶介面，藉此擴大匯款等金融服務的覆蓋範圍，特別是在目前銀行服務不發達的區域。世界銀行指出，儘管傳統金融科技（不是去中心化金融，但適用相同邏輯）有其優點，但洗錢防制和打擊資恐等法遵上的負擔，仍然限制了新服務提供者與開發中國家的通匯銀行（correspondent bank）往來。這些規範也影響移民使用數位匯款服務。

簡單來說，去中心化金融能否受到廣泛採用仍然是個挑戰，創新者需要加以克服，包括監管不確定性、安全風險和可取得

性（accessibility）⁵不足等。儘管如此，去中心化金融的潛在好處不容小覷，當今的金融巨擘應當多加重視。

小結與重點摘要

Web2 有幾個缺點：它引導網路使用者進入封閉平臺，並挖掘使用者的資訊，原因在於廣告成為 Web2 的業務模式；金融中介機構很少創新，但仍然享有許多利益；中心化平臺形成壟斷，扼殺創新。這些限制為各種產業的新解決方案創造機會：

1. 金融服務有機會重新構思業界的一切模式：識別身分、移轉和儲存資金、提供信貸、募集成長資本、防範風險、運用金融產品造市等等。這不是數位化的新瓶舊酒，而是重塑世上最重要產業的全新架構。
2. 去中心化金融是打造真正網路原生金融產業的先鋒，受惠於更優越的可組合性、流動性，以及可程式化。它無需正規驗證，因此對於沒有銀行帳戶的人來說使用方便。
3. 去中心化金融有各種不足之處，包括監管不確定性、智慧型合約風險、預言機風險、詐騙等，但這些落實上的挑戰有希望隨時間克服。

---

⁵ 編注：可取得性又譯為「無障礙」，目的是利用各種方式克服民眾的生理、心理、技術等障礙，確保每一個人都能輕易獲取服務、接觸資訊、抵達目的地等。

4. 穩定幣正在推動傳統金融，讓它跟去中心化金融產生更深
   入的連結和整合。穩定幣屬於混合模型（Web2.5），隨著銀行
   和其他企業逐漸採用 Web3 工具，有機會成為常態。

第 **7** 章

Web3遊戲

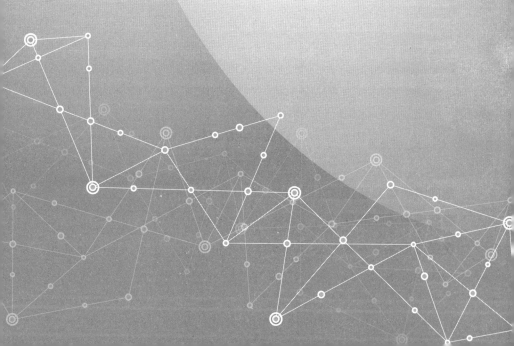

　　在 Web2 遊戲中，玩家可能付費購買數位商品，但並不擁有這些商品，等於只是租用一段時間。Web2 遊戲業的商業模式如今已演變為所謂的「免費增值」（freemium）模式，提供長時間的免費使用，但部分進階功能或虛擬物品等遊戲資產，則需要玩家付費。雖然玩家每年花費上千億美元購買遊戲的數位商品，卻並未真正擁有它們，然而就像前面提過的，這並不妨礙網路用戶支持數位租賃市場。

　　以年營收 19 億美元的遊戲《機器磚塊》（Roblox）為例，遊戲的收入幾乎全來自於銷售遊戲貨幣「Robux」。[1]《機器磚塊》擁有每天 5,000 萬名活躍用戶，使得 Robux 是世上最廣為使用的「虛擬貨幣」之一，但它並非實質意義上的數位不記名資產。用戶雖然可以將 Robux 換成真實金錢，但 Robux 還是操縱在遊戲公司手上，用戶並沒有產權。

　　不過，人們並沒有因為權利不足而停止建立虛擬資產市場。儘管虛擬資產市場從早期就不合法，但一直蓬勃發展。遊戲商安尼莫卡公司的蕭逸表示：「銷售虛擬物品的黑市已經存在數十年，最初的規模較小，後來逐漸擴大，但始終是黑市。即使在今天，你上 eBay 仍然可以看到有人在賣帳號，其實賣的就是數位資產。」[2]

　　有些企業家試圖發展合法的虛擬資產交易業務，但遊戲公司卻以違反遊戲服務條款為由，關閉這些業務。蕭逸指出：「你其實並沒有真正擁有自己的遊戲資產。所以，早在區塊鏈出現之前，遊戲業就存在著這種挑戰。等到區塊鏈出現，這種分散、獨

立、去中心化的資產儲存方式擺脫了中心化的控制，對我們來說很有吸引力，我們想：『很好，就以此為基礎發展，這肯定會改變一切』。」[3]

Web3 的電玩遊戲不再讓玩家租用，而是擁有虛擬商品，進一步強化免費增值模式。就本書的討論來說，Web3 遊戲指的是提供真正數位資產所有權的遊戲，而且玩遊戲時可能會獲得一部分的金錢獎勵。Web3 也將挑戰安卓和蘋果等龍頭作業系統的競租模式（rent-seeking model）*，讓玩家能直接彼此買賣資產，脫離程式內購買系統。代幣制社群可以取代傳統的社群網路，而集體共有的內容將賦予粉絲權力，並挑戰各種內容（包括遊戲）的傳統製作模式。

從免費遊戲到邊玩邊賺

iPhone 發明後不久，手機免費遊戲率先成為風潮。這些提供下載的應用程式為用戶帶來簡單有趣的遊戲方式，吸引通勤者在通勤途中拉個幾次彈弓、玩幾局《憤怒鳥》（*Angry Birds*）。用戶可以免費下載甚至免費遊玩，但要解鎖某些功能則需要付費。從核心市場大多的關鍵層面來看，早期的這些手機遊戲都比不上傳統的遊戲模式，畢竟大多數用戶都不是認真的遊戲玩家，所以不會花錢玩遊戲。

---

* 編注：競租是指在沒有生產活動的狀況下，透過權力或其他手段進行壟斷而獲利。

　　對索尼（Sony）或微軟的高層來說，比起核心的遊戲機玩家，手機遊戲的顧客並沒有太高的價值，畢竟遊戲機玩家願意花五百美元購買 PlayStation 或 Xbox 等遊戲機，並消費數百美元購買遊戲（在遊戲機裡播放的遊戲光碟）和硬體配件。因此，核心市場的大公司最初並不重視免費遊戲的市場。他們當時專注於核心客戶，而不是一些未經證實、甚至帶點噱頭的低營收小型區隔市場。

　　這樣的經營決策很合理，不是嗎？這就是所謂創新的困境：難以決定是否要開發最佳客戶不在意的新產品。即使企業高層願意接受創新，卻可能經常弄錯時機，投資過少（有時過多），或無法掌握新市場或技術的顛覆性因素。

　　2009 年的 iPhone 並不如 Xbox 那樣威力強大，但 2022 年的 iPhone 卻不可同日而語。一開始，手機下載的免費遊戲靠的是吸引人的行銷伎倆，而且過於簡單。到了現在，手機遊戲占整體遊戲產業收入的 57%，其中有半數手機遊戲是免費遊戲。次要市場如今成為主流。[4] 對傳統平臺來說，免費遊戲的成長並不是零和的結果，它的成功與手機遊戲一起顯著擴大整體遊戲玩家的市場規模，原因在於免費遊戲大幅降低遊戲的門檻，有效的充當入門途徑，連帶促進所謂「頂級遊戲機遊戲」（premium console game）的成長，《決勝時刻》（*Call of Duty*）系列就是一例。

　　蕭逸認為，手機遊戲革命和免費遊戲把遊戲業從深度衰退中拯救出來。他指出，「大家可能多半不記得 2009 年至 2010 年間，遊戲產業出現停滯不前的跡象……許多人不看好索尼」，原因

是 PlayStation 的買氣低迷。[5] 遊戲開發工作室和科技公司鎖定的是「每個月購買二十款遊戲的客戶。顧客會去塔吉特（Target）、遊戲驛站（GameStop）等地方購買遊戲，一切都繞著店家轉，最終走到了極限」。[6]

什麼時候才有重大突破呢？蕭逸表示，免費遊戲降低玩遊戲的門檻，讓遊戲能觸及更多業餘玩家，就像 Instagram 讓更多業餘愛好者能夠接觸攝影一樣。他說：「從《憤怒鳥》和《糖果傳奇》（Candy Crush）開始，我的祖母、母親等，人人都成為遊戲專家，其中有些人最後會說：『原來我挺喜歡玩遊戲的，我不曉得這麼有趣。』」[7] 免費試用的商業模式擴大遊戲業的「利基」市場，玩家從原本的四億，到現在超過三十億。經由手機免費遊戲帶領入門之後，許多人開始認真考慮購買遊戲機。蕭逸說道：「突然之間，遊戲機遊戲的銷售量上升，整體產業也隨之成長，因為……行動通訊產業為他們帶來了數十億用戶。」[8]

拉古納遊戲公司（Laguna Games）是 Web3 遊戲的新創企業，主管盧芮亞表示：「在非同質化代幣遊戲出現之前，免費遊戲為市場帶來變革。大公司過去很難從傳統的遊戲製作方式轉型到手機免費遊戲。」她補充：「這並不是因為大公司缺乏資源或其他條件。一般來說，獨立遊戲公司才會熱中於新鮮的事物……畢竟獨立遊戲公司比較喜歡嘗試。大公司的加入通常是考量市場的發展方向，也就是基於商業決策。」[9] 盧芮亞指出，「《憤怒鳥》等免費遊戲最初也是由規模較小、較獨立的遊戲開發商製作」，然後「大公司在許久之後才跨足行動領域，因為這是未來的市場

所在」。[10]

　　非同質化代幣遊戲或許之後也能看到這類的情況。現今的許多非同質化代幣遊戲可能看來無關緊要，但小部分市場十分重視數位商品的所有權和經濟後果（economic consequence）。代幣制社群創造共享產權的概念，如今逐漸受到關注。另外，有些人熱中在非同質化代幣遊戲經濟中賺錢。只要結合前面提到的所有要素，就能掌握持續改進的祕訣，鼓勵 Web3 開發人員持續開發新遊戲。

　　遊戲發行商斯凱梅維斯共同創辦人暨營運長拉森認為，當 Web3 遊戲與 Web2 遊戲達到「功能均等」（feature parity），在遊戲體驗上具有相同的品質和身歷其境的感覺時，Web3 遊戲「百分之百」會獲勝。[11]拉森也許是正確的，Web3 遊戲有朝一日將主導整體產業，從其他模式裡「勝出」；但它也可能只是像免費遊戲一樣，擴大整體市場規模，引進從前不感興趣的新玩家。

獲利和所有權應該是錦上添花，不該喧賓奪主

　　盧芮亞表示，所有權只是 Web3 應用程式的其中一項特徵，實用性和樂趣應當才是首要考量。她的公司推出一款遊戲《加密獨角獸》（*Crypto Unicorns*），盧芮亞把其中的數位商品比喻為珠寶，[12]並解釋：人們購買祖母綠是因為喜歡配戴祖母綠，也許有天他們會賣掉這些寶石，但出售並實現利潤並不是最初吸引他們購買祖母綠的原因。她說道：「我是因為珠寶可以賣，才買珠寶

嗎？並不見得。我買珠寶是因為我喜歡配戴珠寶，我享受擁有珠寶的感覺，我希望大家也是如此看待非同質化代幣遊戲。你為了遊戲購買非同質化代幣，是因為你想玩這款遊戲，只不過恰巧非同質化代幣具有價值。這是我對 Web3 遊戲產業向前發展的願景。」[13]

盧芮亞還指出：「當非同質化代幣遊戲開始蓬勃發展，大家加入從來不是因為喜歡這款遊戲，而是為了賺錢。但遊戲終究是遊戲，你還是得喜歡這款遊戲、這種體驗，對吧？」[14]

蕭逸也使用類似的比喻：擁有強大社群與文化的遊戲極有機會成功，原因是參與者對當中的文化物品具有情感，遠遠超越它們的內在價值。他以婚戒為例並指出：「婚戒的同質性相當高，它們的成本都相同，而且都用同樣的材料製成。但當你購買結婚戒指的那一刻，它就成為意義非凡的無價之寶。如果你珍惜伴侶關係，絕對不會賣掉它。」[15]

在盧芮亞看來，既然玩家擁有非同質化代幣遊戲的資產，就對遊戲擁有更多所有權。她指出：「你愈投入遊戲，愈覺得這個遊戲有一部分屬於你。」盧芮亞表示，遊戲玩家花錢購買 Robux 等「虛擬幣」，但「如果你厭倦這款遊戲，例如哪天心想，夠了，可以了，我不玩了。你曾經投入的一切都會消失，因為這些資產是虛擬的，在其他地方都無關緊要」。[16]

相較之下，假如你在遊戲中的主要角色是非同質化代幣，好比《加密獨角獸》中的獨角獸，當你不想繼續玩下去時，就可以轉賣。盧芮亞表示：「所以，並不完全只是損失。」Web3 遊戲的

體驗與 Web2 遊戲有點差異，她指出：「因為我不會失去我所投入的一切。」[17] 就玩家而言，擁有代幣會形成 Web3 社群，或許能促進玩家之間的合作和聯繫。

沃爾夫（Katrina Wolfe）是拉古納遊戲公司團隊的產品總監，也很愛玩遊戲，她想把熱愛化為事業，並與各有所長的人才一同打拚，於是她在獨立工作室遊戲聯盟（Kongregate）工作七年後，於 2022 年加入拉古納遊戲公司。沃爾夫認為，所有權可以使現有的遊戲玩法更為豐富。她告訴我，她是那種會花上數小時，為不同遊戲塑造虛擬化身的人，所以即使是頭像形式的非同質化代幣專案也能吸引她。對於像她這樣的遊戲玩家來說，「擁有」玩家化身的想法相當引人入勝。

斯凱梅維斯公司的拉森也說過類似的話：「回想我身為職業電競玩家的時候，雖然我贏得那些無比重要的比賽，卻無法證明它們真的發生過，畢竟那時是傳統的網際網路。你可以在網路上搜尋我的名字，然後在過往網頁紀錄的某個角落找到我或我的玩家代號。但假如遊戲公司給我一個非同質化代幣來代表我的成就，我的數位身分便擁有那個成就。」[18]

沃爾夫表示，用戶生成內容也讓遊戲更精采豐富。她表示：「我玩過很多《上古卷軸》（Skyrim）的修改模組（mod），也試過其他遊戲的各種模組，全世界有好多人能想出絕妙的點子。我覺得擁有所有權和收入，再用制度來支持全球各地深具創造力的人產生內容，可以把遊戲的潛力釋放出來。」[19]

莫吉塔赫迪（Sascha Mojtahedi）在開發非同質化代幣卡牌遊戲

《平行世界》（*Parallel*）時，對「邊玩邊賺」遊戲提出不同看法：「我們比較偏好『贏錢』（win to earn）的概念，而不獎勵玩遊戲的人，畢竟在電玩遊戲裡，你不會獎勵輸家，只有當他們贏了，才會獲得獎勵。」[20]

但是，莫吉塔赫迪跟其他人一樣，認為遊戲的社交面向會影響 Web3 遊戲的成敗，遊戲體驗必須夠有樂趣，才能克服玩家最初對 Web3 遊戲的疑慮，他覺得玩家主要是擔心遊戲過度金錢化。既然如此，要怎麼做才能讓遊戲玩家回歸呢？莫吉塔赫迪指出：「首先，遊戲必須好玩，其次是要能夠社交，大家玩遊戲是為了跟其他人社交互動。例如我們之所以玩《決勝時刻》，是因為可以用耳機麥克風聊天，感覺就像你邊跟朋友講電話，又邊跑邊射擊一樣。」[21]

河豚工作室（Blowfish Studios）創辦人李本傑（Benjamin Lee）自 1998 年以來一直從事遊戲開發，與夥伴葛洛夫（Aaron Grove）一同製作《圍城爭霸》（*Siegecraft*）等熱門遊戲，在蘋果應用程式商店的遊戲排行榜中，《圍城爭霸》曾一度位居首位。李本傑總是放眼未來的發展：先是個人電腦，然後是行動裝置和虛擬實境，現在則是 Web3。

李本傑和盧芮亞一樣，看出 Web3 的早期模式有一些缺陷，例如大多數玩家都是「加入遊戲並立即變現退出」，彷彿在「做一份工作」。再者，「遊戲在玩法上過於膚淺，多半是點擊遊戲……這並不符合我們公司的風格，畢竟我們是傳統遊戲開發商。在過去十二年裡，我們一直專注的開發優質遊戲。」[22] 儘管

如此，所有權做為用戶體驗的概念還是引起李本傑的共鳴：「能在全球即時移轉資金而不必經過銀行，功能十分強大。」[23] 他想把這個概念應用到遊戲裡。

李本傑談到河豚工作室第一款 Web3 遊戲《幻影星系》（*Phantom Galaxies*）時，也提到他對玩家的願景：「玩遊戲只是為了享受樂趣。你參與遊戲世界，建立自己的人物、艦隊，並擁有資產……就算玩《魔獸世界》（*World of Warcraft*）時只在刷裝備，大家還是因為有樂趣才玩遊戲，而不是因為有錢賺。」[24] 他說：「我們相信《幻影星系》將是一款有趣的遊戲，最初把這款遊戲當作傳統遊戲，向一些合作夥伴推銷時，他們的反應相當正面。我們原本打算走零售經銷通路，現在將它搬上區塊鏈，意味著我們不必選擇傳統路線或傳統合作夥伴，這讓我們可以用更具實驗性、更創新的方式來經營這款遊戲。」[25] 身為一名熱愛在遊戲產業尖端工作的人，李本傑認為 Web3 帶來自由。

對於新加入 Web3 遊戲領域的開發商，拉古納遊戲公司的盧芮亞提供這樣的建議：「把你的遊戲當成一款普通的遊戲，擁有一般遊戲應有的元素，包括有趣的玩法、吸引人的角色、動人的美術。」

至於《加密獨角獸》，盧芮亞的工作室希望它是一款優質遊戲。盧芮亞的團隊由「傳統遊戲業人員組成，囊括一群在遊戲產業具有相當年資的人」。盧芮亞明確表示：「我們成立拉古納遊戲公司，並不是為了製作非同質化代幣遊戲，我們是一家遊戲公司，我們是遊戲人，以自己的工作為傲。」盧芮亞還說：「要

深思熟慮，我們真的很用心思考如何設計這些獨角獸、如何為它們命名、如何培育它們、將發布哪些種類的獨角獸，以及它們可以做什麼有趣的事，例如它們能從事農耕嗎？或者能做點別的事？」

定義數位商品在Web3遊戲的作用

在 Web3 應用程式中，數位商品有著形形色色的功用，當然在 Web3 遊戲中也是如此。它們可以是收藏品、獎品，或是劍和盾牌等有用的資產；可以是虛擬土地，或僅存在遊戲中的其他生產性資產；可以是玩家數位身分的地位象徵，例如個人頭像或玩家在遊戲中的聲譽基礎——這可以成為解鎖遊戲體驗的憑證。

儘管 Web3 遊戲發展尚早，但也許會開始反映現實世界的經濟。例如，Web3 遊戲用數位商品來獎勵玩家投注時間和精力。這種獎勵措施有助於玩家參與遊戲並吸引新用戶，但也有可能在遊戲成功推出前就讓人產生反感。《無限小精靈》是一款邊玩邊賺的遊戲，有大量菲律賓用戶湧入，想賺取遊戲提供的獎勵。斯凱梅維斯公司的拉森表示：「開發中國家的人有學習動機，而且獎勵誘因夠高，足以讓他們費心去研究一款遊戲的玩法；但在西方，相對於用戶從遊戲中賺取的收入、花在學習的時間和承擔的風險，獲得的獎勵與他們必須投入的心力並不相符。」[26] 唯一的難題是，用戶需要購買角色才能玩遊戲。

有一段時間，《無限小精靈》的玩家光靠玩遊戲，每個月能

賺到八百美元的獎勵，因此對玩家而言，成本不是太大的問題。
2021 年一連三十天內，就有 250 萬人在玩《無限小精靈》。[27] 拉
森表示：「《無限小精靈》是可以賺取代幣化資源的遊戲，這些
代幣可能有價值，也可能沒有價值，全由玩家自行建立和定義的
開放市場決定。這個遊戲本身具有投機性質。」

他繼續補充：「我經常看到加密貨幣的敘事被扭曲、被純粹
以獲利為目的的人主導。我看在眼裡，覺得非常可怕，我們試圖
創造的遊戲本來應該很有趣。」[28] 對拉森來說，重要的是共同的
歷程，而不是目的地。不過，就像許多 Web3 發明一樣，當創作
者將作品對外釋出後，社群開始成形，最後會以意想不到的方式
成長茁壯。

例如，為了支付加入遊戲高達 1,500 美元的費用，有些玩家
會向經紀人或「公會」尋求贊助，為新玩家提供資金，交換條件
是玩家在遊戲收入的分潤。根據記者艾略特（Vittoria Elliott）的說
法，「公會可能擁有數百名成員，管理各種帳戶，磨練《無限小
精靈》角色，並不斷哄抬遊戲治理代幣 AXS 的價值。」[29] 無論是
公會或個人，《無限小精靈》的玩家肯定都是荷包滿滿，否則菲
律賓政府不會考慮將《無限小精靈》的獎勵納入所得稅的徵收範
圍。[30] 可惜的是，一年之內，獎勵就暴跌到十美元，有些人賠了
錢卻賺不回來。許多人對這款遊戲感到厭惡不滿。

還有其他問題困擾著《無限小精靈》。例如 2022 年 3 月，玩
家用來移轉資產到遊戲環境的《無限小精靈》跨鏈橋遭受駭客攻
擊。[31] 北韓駭客盜走六億多美元，執法部門只能夠追回其中三千

萬美元。[32] 儘管遇到這些挫折，這款 Web3 遊戲的先驅仍然極力重整旗鼓。[33]

李貝麗的鏈遊公會公司（Yield Guild Games）幫助組織許多《無限小精靈》公會，她認為這「證明大家希望遊戲能提供獎勵，《無限小精靈》是第一款採取做法的遊戲，啟發其他開發人員和遊戲設計師，讓他們根據《無限小精靈》來設計遊戲，或根據《無限小精靈》的經驗稍作改善。」[34] 當然，玩電玩賺錢並不是什麼嶄新的概念，畢竟玩家在《魔獸世界》等遊戲中，就可以掙得遊戲資產「黃金」。不過，在邊玩邊賺的遊戲中，每個人都能賺取更多同質化資產，而且能在遊戲之外擁有和管理這些資產。

我們從 Web3 遊戲學到的教訓是，投機者和遊戲代玩打手會藉由玩遊戲來獲取代幣獎勵，轉售遊戲裡的資產，然後換遊戲。再次重申，遊戲存在的理由不該只是為了賺取代幣。我們從錯誤經驗獲得的認識是，資產本身可以是遊戲的重要元素，但不該成為遊戲存在的唯一理由。

遊戲公司的應對之道

截至 2022 年 12 月，Web3 遊戲已經高達 1,873 款，不到一年內成長 34%。[35] 遊戲工作室和其他業界龍頭是否會重蹈覆轍，像看待免費遊戲時那樣後知後覺呢？

到目前為止，遊戲圈對非同質化代幣遊戲的反應褒貶不一。埃匹克娛樂股份有限公司（Epic Games）創辦人史威尼（Tim

Sweeney）則是正面看待這項底層技術，他指出我們很快就會「意識到區塊鏈確實是運行程式、儲存資料，以及執行可驗證交易的通用機制。它包括運算的所有元素」。史威尼表示：「我們最終會把區塊鏈視為一部分散式電腦，它將每個人的電腦組合起來，運行速度比桌上型電腦快上十億倍。」[36]

埃匹克娛樂公司允許其他人在埃匹克遊戲商城上銷售非同質化代幣遊戲。當微軟決定在《當個創世神》發布非同質化代幣禁令時，有人詢問史威尼的看法，他表示：「開發商應該有權決定如何建構他們的遊戲，用戶也有權決定要不要玩。我認為商店和作業系統商不應該強迫他人接受自己的觀點，也不應該干預，我們絕對不會這麼做。」[37]

不過，埃匹克娛樂公司最近遇到 Web2 公司常為人詬病的問題。2022 年 12 月，埃匹克娛樂公司與美國聯邦貿易委員會達成和解，同意支付 5.2 億美元的罰款，並退款給用戶。美國聯邦貿易委員會表示，《要塞英雄》這款遊戲「反直覺、不一致且令人困惑的按鍵配置，導致玩家可能因按下某個按鈕而產生不必要的費用」。聯邦貿易委員會又補充，暗黑模式（dark pattern）等使用者介面的設計策略，「誘導消費者被收取數億美元未經授權的費用」。

《要塞英雄》是埃匹克娛樂公司最受歡迎的遊戲，其中有許多兒童玩家，監管行動也對此有所反應。獨立科技分析師李維（Carmi Levy）在接受加拿大廣播公司（CBC）採訪時表示：「我認為這項裁決向整體產業傳達無比重要且意義重大的訊息，也

就是線上遊戲一旦涉及兒童玩家，就必須遵守更高的謹慎標準
（standard of care）[†]。」[38]

美國聯邦貿易委員會還表示，埃匹克娛樂公司違反隱私權
法，並「要求希望刪除子女個資的家長經歷不合理的麻煩程序，
有時卻未能履行要求」。[39]埃匹克娛樂公司在回應和解協議時表
示：「我們接受這項協議，是希望埃匹克娛樂公司能走在保護消
費者的最前線，並為玩家提供最佳體驗。過去幾年，我們一直在
推行變革，以確保我們的生態系符合玩家和監理機關的期望，希
望我們能成為業界其他公司的表率。」[40]埃匹克娛樂公司善於製
作出色的遊戲，儘管他們似乎明顯有所疏忽，但一直是遊戲業的
先驅，不只開啟新的遊戲模式，更帶來真正的創新。

Web3 遊戲開發人員可以輕鬆的為線上世界打造前端使用者
介面，當然也可能製作混淆玩家的暗黑模式使用者介面，誘導他
們購買遊戲裡的數位商品。但用戶通常需要在自己選擇的錢包中
簽署每一項交易，就像在餐後簽帳單一樣，一旦多了阻力，或許
可以阻止這種「意外費用」。

此外，在 Web3 的假設中，被欺騙的一方至少真正擁有數位
資產，而且可以轉售，儘管對於那些覺得自己被騙或被愚弄的人
來說，這只不過是無用的安慰。更可能的狀況是，Web3 遊戲用
戶透過錢包，用假匿名玩遊戲，因此從一開始就能妥善保護自己
的個資。

[†]　編注：謹慎標準是法律用語，指個人或組織採取行動時，有義務負擔合理
　　的法律責任，避免危害其他人。

埃匹克娛樂公司做為創新的遊戲發行商，有機會因數位商品市場的成長而受惠，畢竟一款優秀的遊戲會帶來繁榮的經濟，其中的資產還會為創作者帶來價值。下面這一點更為重要：像非同質化代幣這樣的數位資產，實際上威脅到應用程式平臺獨占遊戲內購買的行為。

《元宇宙》作者柏爾寫道：「一旦允許《決勝時刻：行動版》（*Call of Duty: Mobile*）連結到某個加密貨幣錢包，就像是允許玩家直接將遊戲連結自己的銀行帳戶，而不再需要透過應用程式商店來支付。」[41] 他想知道，如此一來，應用程式商店之類的平臺要如何繼續合理化自己的行為，從非同質化代幣的所有銷售和轉售中抽成 30%：「要是真的容忍這種抽成比例，只要某個非同質化代幣多交易幾次，所有價值都會被平臺吞噬。」[42]

在目前的模式下，傳統遊戲開發商和平臺本身還面臨其他的風險，例如他們無法阻止在遊戲中購買的資產被轉售。柏爾寫道：「甚至玩家在交易時，也不會主動通知遊戲製造商，而交易紀錄是位於公共帳本上。」根據他的分析，開發人員無法將基於區塊鏈的資產「『鎖』在他們的虛擬世界裡。由於在區塊鏈上的所有權無需許可，而且代幣完全是由擁有者來控制，因此從遊戲 A 買來的非同質化代幣能自由帶到遊戲 B、C、D 等當中」，這意味著某些遊戲可能大受歡迎，卻無法獲利，因為玩家把從其他地方買到的數位商品帶進來。[43] 可是，遊戲 B 如何「知道」為遊戲 A 設計的資產有哪些效用？

《平行世界》的莫吉塔赫迪表示，這種可組合性是 Web3 遊

戲的重大突破之一，讓數位商品脫離封閉的世界。但他也承認，實現上有難度：「當你擁有某個中世紀的 3D 非同質化代幣盾牌，而我有一把《平行世界》的 3D 雷射步槍。當我用雷射步槍射擊你的盾牌時會如何呢？必須先要有個共通的架構才能發揮作用。」莫吉塔赫迪補充：「我們可以創造各種物品，但無法確定它們會如何相互作用。」[44]

　　非同質化代幣遊戲挑戰的不僅是電玩遊戲開發商的營運模式，還有整體 Web2 的集中控制模式，例如蘋果和谷歌等平臺。許多人從遊戲開始嘗試 Web3，因此遊戲可以成為個人鏈上身分的重要基礎。先前我們談到去中心化金融的信用評分，用戶也可以透過他們在遊戲中的表現輕鬆建立良好的聲譽。對某些專案來說，這個目標非常明確。

　　鏈遊公會公司的李貝麗表示，鏈遊公會公司專門為用戶建立以聲譽為基礎的身分識別。李貝麗指出，他們的聲譽系統使用靈魂綁定代幣，「個人或參與者成為去中心化自治組織的一份子，藉此強化身分識別，以使用未來的應用程式，例如 Web3 網路中的無擔保借貸、保險和其他去中心化應用程式」。[45]鏈遊公會公司成長最快的市場相當出人意料。李貝麗表示：「我們從菲律賓起家，所以菲律賓一直是最大的市場，隨後廣泛擴展至印尼、越南，接著出現來自委內瑞拉等拉丁美洲的訪客，真的嚇到我們。沒錯，來自委內瑞拉、哥倫比亞，然後是祕魯。突然之間，也有來自巴西和印度的玩家加入。」[46]

　　Web3 遊戲的成功關鍵是克服蘋果和谷歌的雙占，尤其在開

發中國家。拉古納遊戲公司的盧芮亞說，「菲律賓的手機數量比人口還多，菲國境內多半可以使用行動電話或智慧型手機。所以一家公司如果想進入菲律賓市場，必須透過行動裝置」，利用手機來推廣。[47] 問題是，谷歌和蘋果的應用程式商店往往排除 Web3 遊戲應用程式。盧芮亞表示：「這就是我們必須解決的困難，得找出方法來推廣我們的遊戲。菲律賓並不是每一個人都有電腦或筆記型電腦，如果想讓多數菲律賓人接觸我們的遊戲，就必須登上手機。」[48]

　　回顧 Web3 遊戲的成長難題，不難發現一個根本的事實：如果人們願意花錢購買遊戲中的資產，就不如讓他們完全擁有這些資產；一旦他們完全擁有資產，會更關心遊戲的經濟狀況；當他們更關注遊戲的經濟狀況，只要遊戲夠有趣，便有動機持續玩下去。隨著遊戲內經濟變得愈來愈複雜，就能推動 Web3 開發人員的設計繼續向前，進而開拓潛在玩家的市場。

　　老牌企業應該要多加小心，Web3 企業一直在挖角 Web2 企業的管理人才。2022 年 12 月，宇迦實驗室宣布聘請動視暴雪營運長阿雷格里（Daniel Alegre）加入團隊，擔任執行長，並負責遊戲和元宇宙的開發工作。[49] 阿雷格里的動向充分顯示 Web3 遊戲業的發展正迅速成熟。畢竟，動視暴雪可是產業巨頭，發行過一系列熱門遊戲，例如《決勝時刻》、《霍克職業滑板》（*Tony Hawk's Pro Skater*）和《袋狼大進擊》（*Crash Bandicoot*）等。動視暴雪也是微軟收購的目標，但被美國政府以反壟斷為由強烈反對。相較之下，宇迦實驗室只發行無聊猿。[50] 但阿雷格里入主之後，將主

導《彼方》的開發工作，這款遊戲是宇迦實驗室正在開發的虛擬
世界，透過持續銷售名為「Otherdeeds」的虛擬商品非同質化代
幣來募資。[51]

　　傳統遊戲發行商顯然已經注意到這一點，但不論前方的道路
會怎麼樣，他們是否能敏捷的突破自我，為遊戲的新紀元做好準
備呢？研究機構梅薩利公司的賽爾基斯表示：「這幾乎跟大型遊
戲公司面臨的創新者困境沒兩樣。也許原本在市場上落後的公司
現在有機會，能重新將資源集中在 Web3 的原生遊戲上，並努力
長期發展，想辦法超越部分競爭對手。」[52]

　　有些業界領導者跟媒體理論家麥克魯漢抱持同樣的態度，打
算「堅決反對一切創新」，然而麥克魯漢接下來的話才是真正明
智的做法：「但我決心了解正在發生的轉變。我不會選擇坐以待
斃，任由巨大的力量壓垮我。」[53]

超越電玩遊戲的遊戲化

　　Web3 遊戲憑藉邊玩邊賺的經濟模式取得成功，促使其他
企業家嘗試以其他別開生面的方式來吸引用戶加入。其中一類
是所謂的「邊動邊賺」（move-to-earn）應用程式，主要針對想運
動又想趁機賺點外快的使用者。隨著「邊動邊賺」應用程式獲
得成功，開發人員也嘗試其他「邊 X 邊賺」的概念，包括兔子洞
（RabbitHole）和鉤癮（Hooked）等「邊學邊賺」（learn-to-earn）應
用程式。兔子洞應用程式採用別出心裁的概念，為用戶提供學習

Web3 的獎勵，藉此邀請新的 Web3 用戶「建立鏈上簡歷」，使他們的成就紀錄不可竄改，用戶可透過成就紀錄向雇主證明自己受過良好培訓。[54] 這也許能成為許多職業的資格認證模式。

　　研究機構布洛克公司最近指出，「步步賺（StepN）健身應用程式的成功關鍵在於遊戲化，透過邊動邊賺的機制納入遊戲獎勵。步步賺程式做為邊動邊賺市場的領導者，在 4 月高峰期間吸引到超過三百萬的每月活躍用戶，它推出的非同質化代幣運動鞋交易量也很驚人，在 2022 年上半創造 1.493 億美元的收入」。此外，布洛克公司還補充，「儘管營收很可觀，步步賺程式的代幣經濟已經證明難以長久，原因在於用戶的需求不足，代幣的供應持續出現淨通膨」。[55] 跟邊玩邊賺的遊戲一樣，許多「邊 X 邊賺」的概念仍然需要解決代幣經濟的成長困境。

　　如果邊動邊賺的去中心化應用程式執行得當，也許會產生超乎預期的巨大影響，而且不只遊戲領域，醫療保健、金融和政府預算等方面都有機會。汗幣（Sweatcoin）的創辦人佛蒙科（Oleg Fomenko）指出，「大自然不希望我們太過活躍」，原因是「燃燒熱量其實不利於生存」。佛蒙科發現自己終生以爬山為樂，健康狀況卻每況愈下。他表示：「我幾乎跑不完五公里路。」他需要激勵，需要某種形式的即時滿足做為誘因，這就是汗幣的靈感來源。

　　汗幣成立於 2017 年，是「一種以身體活動的價值做為支持的貨幣」。[56] 時至今日，汗幣可說是最受歡迎的 Web3 應用程式。汗幣的官網指出，它在全球六十多國擁有 1.2 億用戶。這個去

中心化應用程式的機制很簡單：用戶透過可證明的運動來賺取汗幣。

　　汗幣並沒有採用比特幣的工作量證明機制，而是仰賴身體活動證明做為它的共識機制。以五千萬美元的市值來算，所謂「運動經濟」的國內生產毛額確實不大，但汗幣目前的價值加上所有的未來獎勵，總價值高達近十億美元。[57] 佛蒙科認為汗幣的上漲空間很大，不過市場需要時間，上漲的價格才能反映在資產價值上。以肥胖為例，肥胖會對醫療服務提供者和個人造成難以估量的外部成本，金額高達數十億美元，從保險費用的增加就看得出來。

　　新冠肺炎疫情期間，佛蒙科從去中心化應用程式的數據中發現，「西班牙的身體活動量一夜之間減少 85%。身體活動量減少會帶來連鎖反應，你可以把身體活動量重新計算為卡路里、額外增加的體重或額外的醫療費用」。[58] 這些數據對政府、民間醫療機構和保險公司等來說非常有價值。汗幣的獎勵措施顯然發揮作用：《英國運動醫學期刊》（*British Journal of Sports Medicine*）中一項研究顯示，汗幣用戶的身體活動量增加 20%。佛蒙科認為，運動經濟即將崛起。真的是這樣嗎？

　　也許有朝一日，運動經濟將價值數十億美元，但目前的獎勵仍舊不高。以目前價格來看，忠實用戶每年賺取的獎勵可能只有 25 美元至 50 美元，影響不大。此外，汗幣擁有用戶資料，是一家還沒有完全轉型到 Web3 的 Web2.5 公司。佛蒙科承認，目前汗幣遵循《歐盟個人資料保護規則》（EU General Data Protection

Regulation）來蒐集用戶資料，他的團隊正嘗試修改 Web3 工具，希望用戶能擁有自己的數據，但他認為區塊鏈的效能似乎還不足以支援這一類的功能。[59]

　　儘管在執行上還有挑戰，仍是大有機會。如果汗幣能讓用戶賺取代幣，又擁有自己的健康數據，就掌握所有的價值。用戶可以自願提供匿名數據用於臨床試驗，從品牌商獲得報酬，並從保險公司獲得保費折扣，同時依舊維持數據的自主權，無需與他人共享。

小結與重點摘要

　　各行各業或多或少都會受到 Web3 的影響。本章聚焦三大領域進行討論，研究 Web3 企業家如何基於所有權和使用者控制來重新思考經營模式。以下為本章重點摘要：

1. 遊戲業方面，商業模式即將產生劇變，未來有希望賦權給過去習慣課金的遊戲玩家，讓他們購買遊戲物品時也擁有所有權。

2. 所有權將帶來新的遊戲玩法和功能，也許有助於遊戲業發展，就跟免費遊戲引進新的玩家和收入來源一樣。

3. 非同質化代幣遊戲為開發中國家資金短缺的工作室，提供募資的新途徑。儘管如此，Web3 遊戲必須建立正確的代幣模型。

4. 最後一點是，如果想要實現元宇宙、甚或掌握人工智慧和
   其他領域的機會，我們可能需要集中利用所有可得的算力。

   下一章將放眼元宇宙，以及支援產業創新的實體基礎設施。

第 **8** 章

元宇宙

究竟是烏托邦、圓形監獄， 還是新地球村？

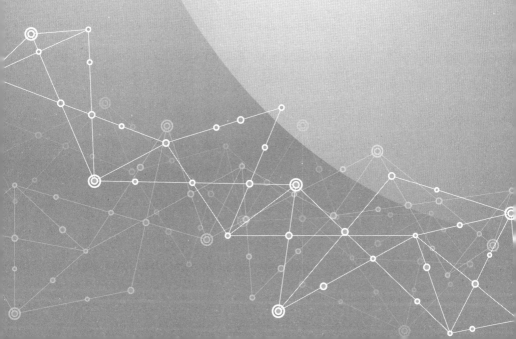

承諾與危機

　　元宇宙是商業界最熱門的話題之一，但這個受到極大關注和極高期待的概念，在文學中卻有著幽暗不明的過去。史蒂文森（Neal Stephenson）在 1992 年出版的小說《潰雪》（*Snow Crash*）中創造出「元宇宙」一詞，故事背景設定在不久的將來，政府將控制權讓給大型企業和其他私人組織。

　　克萊恩（Ernest Cline）在 2011 年出版的小說《一級玩家》（*Ready Player One*）中，描繪出一個受汙染且擁擠不堪的地球，而主角華茲（Wade Watts）則進入沉浸式虛擬世界「綠洲」（OASIS），藉以逃避乏味的日常生活。

　　電影《駭客任務》（*The Matrix*）中，人類與虛擬世界相連，過著仿造二十世紀末的生活，而機器則藉此利用人體發電。

　　這種將人類連結至全球企業集團或中樞神經系統的做法，在吉布森 1984 年出版的小說《神經喚術士》（*Neuromancer*）中，比較不走那麼黑暗的路線，故事裡的網路空間是「一種自願接受的幻覺，每天都有來自各國的幾十億人合法體驗這種幻覺⋯⋯幻覺畫面生動，呈現出從人類系統每一臺電腦的資料庫中所提取的資料」。[1]

　　對於這些描繪，也許有人會覺得是在批判二十世紀末電玩遊戲和科技帶來的孤立效應。然而，早在現代電腦出現之前，小說家們就一直在思索人類將如何利用科技，超越一般的生活邊界。小說家赫胥黎（Aldous Huxley）在 1932 年出版的《美麗新世界》

（*Brave New World*）中，將人類設定為彼此和諧相處，並可取得相當於虛擬實境的體驗。小說裡的命運預定局局長助理問亨利，是否要「去觀賞感官電影」。命運預定局局長助理說：「聽說阿爾罕布拉戲院最近的新片非常棒，有一場在熊皮地毯上的愛情戲非常逼真，熊皮上的每根毛都栩栩如生，彷彿真的能摸到一樣。」[2]

書中的當權者在人類出生時便根據「預定」的道路來分配階級並進行培育。所幸，亨利處於社會階層頂端，而他的同輩大半時間都在吸毒、享受性愛和感官電影，竭盡所能的逃避任何現實或真實情感。儘管亨利所有的基本願望都獲得滿足，但他還是感覺空虛、痛苦。

在前面提到的每一個故事裡，虛擬世界充其量是逃離日常生活的途徑，例如《頭號玩家》；最糟的情況則是心靈的監獄，人類從出生到死亡都在裡面生活，卻從來沒有真正的活過，例如《駭客任務》。此外，書中人物通常是在掌權者、敵人或強大企業的逼迫下，連接這些系統。

柏拉圖在他著名的《理想國》（*The Republic*）一書中，曾描寫過一則洞穴寓言。這是個思想實驗，柏拉圖在實驗中想像一群從小生活在洞穴的囚徒，他們的手腳被鎖鏈束縛，而且不能轉頭，就算有物體經過，也只能看見物體投射在眼前牆壁的影子，這些影子既是這群囚徒唯一的現實，也是世界的真實本質。

某種程度而言，我們可以把柏拉圖的洞穴寓言視為元宇宙的隱喻。如果是由營利導向的公司，或具有政治目的的政府來控制共享的虛擬實境，當我們花時間連接虛擬實境時，也許只會從

頭戴式裝置中體驗到他們希望我們體驗的內容，並且把這種「體驗」視為現實。

1938 年時，維爾斯（Orson Welles）將威爾斯（H. G. Wells）的小說《世界大戰》（*The War of the Worlds*）改編為現場直播的廣播劇；維爾斯把這部小說改編成一系列「描述火星人入侵紐澤西的假新聞公告」。[3] 結果，廣播聽眾驚慌失措，引起不小的風波。現在請想像元宇宙是某種圓形監獄，中央機關在當中持續監視用戶、追蹤用戶行動、蒐集資料（包含生物特徵辨識資料），並將資料輸入人工智慧，訓練人工智慧發展出愈來愈精細的方式去形塑用戶的行為……想到這裡，我寧願選擇火星人入侵。

元宇宙可能還會擴展媒體理論家麥克魯漢所謂的「地球村」，將這個概念幾乎原封不動的搬到虛擬實境裡。在麥克魯漢的眼中，地球村把世界化約成一個虛擬小鎮，裡面每一個人都愛管閒事，沒有人享有隱私。麥克魯漢表示：「這不見得能帶來和諧、和平與寧靜，但意味著個人的私事受到外界大力介入。」[4] 社群媒體早已侵害個人隱私的自主權，如果再加上元宇宙，以及企業或政府的監控，情況有可能變得更加嚴重。

我們也可以從樂觀的角度出發，將柏拉圖的洞穴視為一種隱喻，暗示人類如何透過感官和偏見來體驗世界。社群治理的去中心化自治組織可以影響元宇宙的體驗，邀請人們跨越實體世界的界限，浸身虛擬世界，從中更了解自我，過程中或許也能更深入理解他人。

　　柏爾把元宇宙形容為「由許多即時算繪的 3D 虛擬世界形成一個大規模、可互通的網路」，無數的用戶可以「同步且不斷的體驗……具有個人的存在感，而且各種資料，如身分、歷史、權利、物件、通訊與支付等，也同樣具備連續性」。[5] 柏爾指出，網際網路的骨幹為公共財，而元宇宙的支柱則是私有財，專為「商業、資料蒐集、廣告，以及銷售虛擬產品」而設計。[6] 埃匹克娛樂公司的史威尼表示：「元宇宙會比任何事物更盛行、更強大，如果單由一家公司集中控制，那家公司將比任何政府都強盛，猶如地表之神。」[7]

　　安尼莫卡公司的蕭逸則給出比較簡單的定義：「元宇宙建構的不是虛擬實境，而是嶄新的共享現實，之所以出現這些共享現實，是因為我們擁有共同的信念和價值觀，每個社會都是以這樣的方式建立。」[8]

　　元宇宙只是人類虛構的另一種產物，只是一種我們都同意參與的共同幻覺。蕭逸指出，身為人類，「無論是資本主義、社會主義或政治信仰，我們圍繞著共享的現實和信念形成共同體。例如，你對產權有特定看法，那便成為信念的中心」。人類擁有獨特的能力，可以「創造這些虛構的現實，並使虛構的現實變得對我們來說很真實。金錢是虛構的，對吧？社會、政治制度也是人為虛構出來的，這些都是我們對自己述說的故事，然後成為共享的現實」。[9]

　　蕭逸談到元宇宙時指出：「如果沒有數位產權，一切免談。」

問他對 Meta 公司 * 和其他企業的虛擬世界有何看法時，蕭逸認為，這些虛擬世界比較像主題樂園，而不是真正的經濟體或社會。他表示：「迪士尼樂園很有趣，但那只是一種體驗，你不是所有權人，沒有利害關係。因此除了所有權人，迪士尼樂園毫無實際經濟價值。」蕭逸在談到 Meta 公司時補充，「臉書對它的員工來說很有價值，對它的股東也很有價值，但對用戶來說毫無意義，用戶只是使用的人」，但臉書會蒐集用戶的資料。[10]

元宇宙的經濟必須共享，讓每個人都能參與。數位產權為優先要務。「虛擬實境、擴增實境等任何工具，甚至螢幕，都只是機制，我們藉此體驗數位所有權和遊戲中的共享現實。」虛擬實境和擴增實境只是用來存取元宇宙的工具，隨著我們轉往沉浸式數位空間發展，也許這兩者會成為不可或缺的工具，但光靠它們還不夠，就像 1990 年代需要個人電腦才能使用全球資訊網，但光是擁有個人電腦並不代表可以上網。

我們期望元宇宙成為幫助個人的工具，在人際關係中促進更多同理心、自主性和自我實現。但要怎麼確保元宇宙不會變成特定機構用來奴役大眾的數位工具，讓每個人被囚禁在量身打造的牢籠呢？答案正是柏爾的清單中所缺少的——個人產權。

目前，企業正利用元宇宙的混亂來推動自己的願景。如果你是埃匹克娛樂公司執行長，元宇宙就是強大的工具，可以用來打造更逼真的沉浸式遊戲體驗；如果你是微軟執行長納德拉，那元

---

* 編注：祖克柏在 2021 年表示臉書公司未來的發展方向是元宇宙，所以把公司的名稱改為 Meta。

宇宙就是新介面，讓客戶能使用 PowerPoint 虛擬簡報等微軟的軟體套件；如果你是 Meta 公司的祖克柏，元宇宙就幫你的封閉平臺新增第三面向，可以用來蒐集用戶資料、在身臨其境的虛擬世界裡投放廣告，延續既有的廣告模式，讓你的用戶可以超過三十億人、市值超過五兆美元。

赫胥黎的作品非常有遠見，只要稍加修改，就能想像出 2030 年版的《美麗新世界》。在新版的世界中，全球暖化已經肆虐地球，許多公民轉向屆時已經合法化的迷幻藥，藉此逃避現實，至於政府則使用中央銀行數位貨幣來監控人民。少數大公司提供新型的沉浸式虛擬消遣，讓我們遠離現實。社群媒體的同溫層屆時也遷移到虛擬世界，我們在裡面不斷的接收錯誤資訊，強化個人偏見，社會結構逐漸分崩離析。

然而，Web3 元宇宙對未來的想像更加充滿希望與雄心，可能會徹底顛覆我們跟彼此和周圍環境互動的方式。Web3 元宇宙的虛擬空間是去中心化、開放且互連的架構，有時能透過虛擬實境或擴增實境存取（但不是必要），並由區塊鏈技術和其他開源協定提供支援。

元宇宙連結實體和虛擬世界，讓我們身在其中度過更多時間，但它不只是人類數位體驗的全新世界；在 Web3 版本的元宇宙中，用戶還可以完全控制自己的資料、身分和虛擬商品產權，能夠彼此互動，並在平臺上自由的建立應用程式。Web3 希望能在元宇宙裡完美模擬我們在實體世界擁有的自主和權利，並在全新的世界裡實現人類生存的自由。這個全新的領域提供前所未有

的機會，讓我們能行使這些權利，改用不同的方式來體驗世界、從事商業活動、學習、尋找同伴，以及娛樂自己和他人。

　　確切來說，Web3 可以沒有元宇宙，但元宇宙卻少不了 Web3，因為去中心化金融、藝術、遊戲和其他無數領域的 Web3 應用並不需要沉浸式的虛擬實境體驗。雖然我們可以在沒有 Web3 的情況下打造沉浸式體驗，但我們需要 Web3 來保障個人在元宇宙的權利和特權，以免受到中心化力量的影響。否則，元宇宙充其量只是虛擬實境版的臉書，或在最糟糕的情況下是虛擬實境版的北韓。柏爾寫道，交易成本「一到了『元宇宙』，一切就是 30%」，被「強迫綑綁成套提供」的服務與扼殺競爭的企業集團所控制。[11] 柏爾描述的是 Web2 模型的虛擬實境體驗，而不是人類希望迎接的全新世界。

為什麼元宇宙必須使用Web3工具打造？

　　好一段時間以來，線上虛擬互動遊戲《第二人生》（*Second Life*）是最接近元宇宙體驗的創新技術。這個別開生面的虛擬世界在 2003 年推出，迅速吸引大量用戶。《第二人生》提供集體的虛擬共享空間，還有虛擬物品和體驗，用戶可以在裡面彼此交流。它還提供好幾種功能，例如原生數位貨幣「林登幣」（Linden dollar），讓用戶可以創造和持有虛擬財產、進行商業交易，以及參與各種活動和社群。

　　當《第二人生》愈來愈流行，逐漸發展出健全的小型經濟體

系。《第二人生》擁有一百萬名普通用戶，還有來自真實世界的機構和公司，例如英國廣播公司（BBC）、富國銀行（Wells Fargo）等，哈佛大學也在《第二人生》開課。創立這個遊戲的林登實驗室（Linden Labs）並不是中間人，而是推動者；它不是傳統意義上的遊戲開發商，更像是有限政府（limited government）。《第二人生》在鼎盛時期擁有高達五億美元的國內生產毛額，還成立證券交易所，用戶兌現為實體貨幣的林登幣高達 5,500 萬美元。[12]

　　富國銀行出現在《第二人生》，聽起來很像是今日頭條新聞。2022 年 2 月，摩根大通（J.P.Morgan）宣布，將在 Web3 元宇宙專案分散之地平臺裡設立「分行」。[13] 元宇宙的熱潮吸引愈來愈多的大品牌跨足，就像鮮花吸引蜜蜂一樣。有些品牌覺得元宇宙不只是公關噱頭，認為自己是虛擬商務和娛樂領域的先驅。

　　儘管《第二人生》有好的開始，但影響力卻不持久。我認為問題出在缺乏 Web3 技術，例如數位產權、自主身分識別，以及真正的對等式交易機制等，導致《第二人生》的拓展受到阻礙。《第二人生》推出後不久，祖克柏推出了臉書。

　　相較於《第二人生》，臉書算不上特別創新；在聚友網和交友達人等各種社群媒體網站中，臉書只是最新的一個，提供的服務也很類似。但臉書在推動用戶採用方面卻大獲成功，《第二人生》則不然。相較於《第二人生》的林登實驗室採取寬鬆的管理策略，臉書的控制力更強，並且臉書選擇不徵詢用戶對社群相關事項的意見。在 Web2 中，臉書的方法獲勝──至少對臉書來說。

　　如今，臉書在元宇宙下了重注，但臉書的願景跟承諾自由開放的 Web3 背道而馳；例如臉書最近宣布，元宇宙環境內的數位商品交易都要課稅 50%，而且所有的資產都不會儲存在公共區塊鏈上，而是放在內部控制的系統裡。

　　換句話說，臉書正假借元宇宙之名建立自己的應用程式商店，打造一個所有用戶都得向它進貢的封閉平臺。雖然 Web2 的蘋果公司用這套模式獲得成效，但目前為止臉書的投資人並不買帳。自從臉書宣布更名為 Meta 以來，股價大跌，不過現在已經收復部分跌幅。

　　相較之下，投資人在 2021 年破天荒向 Web3 公司和數位資產投入 250 億美元。根據 Web3 研究機構布洛克公司的數據，非同質化代幣和遊戲也帶動 2022 年的投資：「非同質化代幣和遊戲產業在 2022 年吸引 83 億美元的投資，年成長 51%，其中半數投資在虛擬實境／元宇宙、區塊鏈遊戲和遊戲開發商等子類別。大多數的交易屬於種子輪和 Pre-A 輪階段。」[14]

　　也許投資人現在意識到，開放的 Web3 領域比 Web2 的封閉平臺更有利可圖。商界領袖向來關注精明的投資人所看重的價值，並以此做為未來投資的參考，由此可見，Web3 將是值得注意的趨勢。

　　Web3 的獨特功能包含數位產權、自主身分識別和對等式交易等，對於實現公平、繁榮、永續且兼容的元宇宙至關重要。這些功能讓用戶能真正擁有自己的數位商品和身分，而且能加以控制，還能促進元宇宙內安全、私密且高效的交易——安全是因為

交易都在鏈上清算和結算，私密則是因為對等式交易，而高效則是由於避開收費的 Web2 平臺。

有了數位產權，用戶能完全擁有和控制虛擬資產，在元宇宙中累積財富並帶走。數位產權也有助於建立更永續的元宇宙，用戶能持續投資和維護他們的數位資產，不會受限於遊戲的生命週期或大公司發布的軟體更新。

此外，Web3 元宇宙也讓用戶能掌控自己的個資和網路身分（用戶可以有好幾個身分）。使用者能自行決定，什麼人能在元宇宙的什麼時候、什麼地方看到什麼內容；用戶可以使用數位資產進入代幣制社群，並且無需透露個人資訊、信用卡號或所在位置。現在正是賦予元宇宙第二生命的時候，我們可以用 Web3 工具來實現目標。

Web2 企業現在正極力施展影響力，企圖左右元宇宙的發展、遏制 Web3 創新，並影響相關產業。蘋果公司已經禁止使用者在蘋果手機上使用挖礦應用程式，原因是這類程式「會迅速損耗電池，使設備過熱，或對設備資源造成不必要的壓力」。就像柏爾所說的，用戶難道不該自己作主嗎？加工起司或冰淇淋也許有礙健康，但冰箱製造商可不會禁止你在冰箱裡存放這些食品。[15] Web2 平臺說 Web3 遊戲「無法符合」它的商業模式，拒絕讓 Web3 遊戲上架。[16]

方舟資產管理公司的溫頓找到一些方法，繞過應用程式商店的商業模式，讓元宇宙遊戲開發商更有利可圖。他建議：「不妨想像消費者玩遊戲時，會考慮每小時的成本換到的體驗。[17] 擁有

遊戲中物品的數位所有權，能讓玩家願意每小時支付更高的價格，換取這樣的體驗。」[18] 遊戲發行商可以提供「獎勵措施，讓遊戲開發商在遊戲裡內建數位所有權系統」，像是「附加經濟結構或機制……到更完整的內建體驗等等。舉例來說，如果你擁有耐吉數位運動鞋，就能在遊戲裡移動得更加快速」。[19] 創意人士總能想出新方法，將數位商品整合進遊戲和元宇宙應用程式。

　　真正的元宇宙在許多方面都無法符合 Web2 的商業模式。Web3 保護數位產權不受侵犯，包括所有權和不受限的轉售權。也就是說，只要合法，你可以隨心所欲的處置自己的財產。柏爾表示：「玩家在某款遊戲裡買下一枚非同質化代幣之後，由於區塊鏈無需信任、無需許可的特性，也就代表遊戲製造商從此再也無法阻止這枚非同質化代幣的後續交易。」[20]

　　許多 Web2 公司和其他科技巨頭相當敵視 Web3 創新技術，畢竟去中心化應用程式之中或之間的對等式交易等，可迴避掉 Web2 的交易費用。因此不出所料，Web2 公司也成為虛擬世界最大的建造者，我們大可把這類的虛擬世界稱為「反 Web3 元宇宙」。科技巨頭在這類的區塊鏈遊戲中，限制用戶只能蒐集資產，不能交易，把用戶局限在更基本的遊戲玩法上。

　　數據支持這個觀點。據布洛克公司指出，大多數的 Web3 遊戲（64%）「選擇讓遊戲支援網頁瀏覽器平臺，其次是安卓系統（37%）和視窗作業系統（33%）」；這些數據加總起來之所以超過一百，是因為發行商可以讓遊戲支援好幾個平臺。布洛克公司研究人員寫道：「網頁瀏覽器成為首選平臺的原因，可能是因為

玩家更方便連結他們的加密錢包，並自行託管自己的遊戲資產，同時使用遊戲的真實金錢交易（RMT）服務，例如交易、鑄幣和質押等。」[21] 蘋果公司禁止非同質化代幣的程式內購買和銷售，所以這份名單上完全沒看到它。

數位分身

按照國際研究機構顧能公司的說法，「數位分身（digital twin）是現實世界的物理實體或系統在數位上的呈現。數位分身的實施是利用封裝的軟體物件或模型來映射獨特的實體物件、流程、組織、人員，或其他抽象概念」。顧能公司期望創新者能匯集「來自多個數位分身的資料……以便全面呈現各種現實實體，如對發電廠或城市，甚至相關流程等」。[22]

然而，如果沒有 Web3 工具，數位分身幾乎難以實現。由「你」做為出發點來思考，最能清楚看出這點。毫無疑問，實體世界有一個「真實的你」，而數位世界中有一個「虛擬的你」。但在 Web2 的世界，虛擬的你並不是你的唯一版本，而是諸多版本的零碎影像，散布在愈來愈多的應用程式和平臺上，好比你站在兩面鏡子中間時，創造出無限的鏡子與無數的你。虛擬的你也許有一部分版本並不完整或失真，沒有反映出真實的你，而是像遊樂場的哈哈鏡一般，呈現出變形的你。這些都不是真正的數位分身。況且不論哪一個版本，這些虛擬的你都不屬於你，而是屬於應用程式和平臺。

　　Web3 則會改變這樣的狀況，無論是地點、資產，或是個人身分，Web3 都提供自主權和完全獨有的數位分身。身為元宇宙用戶，你需要一個自己擁有和控制的數位分身，不必讓好幾家大公司代管。

　　但是，要在元宇宙中完全實現虛擬的你，仍然有各種實施上的挑戰需要克服。在理想的世界裡，虛擬的我和真實的我一樣健康、富有、獨特，而我真真切切的擁有我自己。虛擬的我可以在開放且無需許可的元宇宙中，帶著我的資產錢包、經驗紀錄和聲譽，任意走動、飛行或游泳；我可以帶著虛擬的我玩遊戲、看電影、社交，從事任何元宇宙支援的活動。

　　這些都是我獨有的體驗。當我們達到需要匯出或匯入數位資產的標準，也可以帶著自己所需的一切到新環境，如同離開一個國家進入另一個國家一樣。《平行世界》的共同創辦人莫吉塔赫迪表示：「那樣的世界適合採用社會共識機制，人們會共同決定下一步行動，討論如何以社群做出貢獻。」[23] 顯然，成功之路還很漫長，因此下一節先來看看眼前的挑戰。

元宇宙和Web3的實施挑戰

　　目前的元宇宙缺乏標準，不方便把資產和身分從一個虛擬世界移轉到另一個。讓我們重新思索一下遊戲業的情況。假如你在某個遊戲中購買一級方程式賽車，你是否能把它移到以古羅馬為背景的遊戲，並與古羅馬戰車競賽？雖然非同質化代幣等數位商

品具有一定的標準，讓我們能在相容的區塊鏈環境中查看和交易這些資產，但元宇宙和不同的遊戲卻不能比照辦理。一級方程式賽車在特定的環境下也許表現很出色，但誰知道它在古羅馬的外觀、感覺和性能會如何？我們不僅缺乏鏈與鏈之間的資產可組合性，在虛擬環境之間轉移資產和其他數位商品時，還面臨著無數挑戰。

　　另一個實施上的大挑戰則是硬體細節。大多數人把虛擬實境或擴增實境視為元宇宙的硬體介面。索拉納公司的共同創辦人亞柯文科在 2022 年受訪時表示：「單就保真度來說，我認為虛擬實境和擴增實境還有很長一段路要走，才有辦法真的表現出色。我分不清它們是處於 iPhone 1 階段還是掌上型電腦階段，這表示它們可能比較接近掌上型電腦階段，對吧？」[24] 但是，他認為 Web3 需要專屬的硬體介面，而目前的解答是專用手機，理由有三個。

　　首先是用戶體驗和功能性。加密資產是數位不記名資產，如果要隨身攜帶，持有方式必須既安全又便利。索拉納公司推出自己的手機，具有安全的私鑰管理功能，不但可以成為硬體錢包，還直接內建索拉納的應用程式生態系。亞柯文科表示：「我們推出手機不是為了跟雷傑（Ledger）這類冷錢包競爭，而是為了確保安全，用戶的專用裝置應該是日常的配備。」[25] 當 Web3 的原生技術整合到手機裡，會出現一些有趣的可能性，例如開發人員能提供更高階的應用程式，因為「這款手機的作業系統負責資產防護等重要的核心工作，可以拿來改善使用者體驗」。

其次是開發者的體驗。亞柯文科說道：「開發人員不斷向我表示，無法在行動裝置上實現想做的事，必須先建立奇怪的整合式網頁內容，再透過錢包等其他方式連結，我聽完他們的話後，在辦公室裡來回踱步，想辦法找出協助他們的方式。」[26] 而擁有專用平臺，讓開發人員的工作更加輕鬆。

第三點與前兩點有關，專用手機突破蘋果和谷歌應用程式商店的限制，釋放創造力。索拉納手機「對非同質化代幣的買賣沒有限制，也不會對每筆非同質化代幣的銷售收取兩成或三成的費用。對用戶生成的內容收費毫無道理，有了真正的數位所有權之後，抽成的商業模式完全不合理」[27] 亞柯文科顯然信心十足，認為即使只有五萬名專屬 Web3 用戶，這款手機也是可行的。而且從大局來看，索拉納手機的規模很小，不至於引起蘋果和谷歌的注意。

另一項挑戰是目前區塊鏈本身的限制。十多年來，Web3 產業迅速擴展，但問題仍然存在。儘管數位產權、去中心化和代幣獎勵等強大的工具也許能成為助力，讓更開放的元宇宙得以實現，但區塊鏈解決方案是否真的準備好投入主流市場？是否像一部分懷疑論者所說的，區塊鏈技術還不成熟，沒辦法支援元宇宙的其他方面，例如即時算繪和運算？

有人主張，想在亞馬遜雲端運算服務（AWS）這類中心化雲端上，為真正能顛覆產業的元宇宙進行算繪，根本難如登天，即使是在去中心化雲端上，也可能需要很長一段時間。

一般來說，我會把這些批評歸類為可以克服的「實施挑

戰」。如果要建立開放的元宇宙，需要以數位資產和自主身分識別等 Web3 工具做為基礎，此外還需要去中心化網路來儲存資料和運行計算，並透過代幣獎勵措施推動大眾採用。長遠看來，Web3 如果想發揮潛力，就無法仰賴中心化雲端平臺，元宇宙也應該擺脫這些束縛。

目前許多 Web3 應用程式在亞馬遜雲端運算服務上運行；非同質化代幣的元數據則位於開放之海的中心化伺服器裡。儘管如此，創新者還是有機會克服挑戰，因為 Web3 本身提供實現目標的工具和經濟誘因。

有批評者指出，去中心化雲端的效率不如中心化雲端平臺。既然亞馬遜雲端運算服務和微軟雲端服務平臺還要走上好長一段路，才可能持續算繪出反映實體世界的虛擬世界，那麼 Web3 也不一定能支援元宇宙。話雖如此，去中心化算繪平臺「算繪網路」（Render Network）也許能讓反對者重新思考假設。

使用Web3工具算繪元宇宙──算繪網路個案研究

對雲端繪圖公司歐托伊（OTOY）的執行長烏爾巴赫（Jules Urbach）來說，Web3 是一個時機終於成熟的概念。他告訴我，他在二十年前就抱著這樣的理念：「我們將在某個時間點擁有大量的潛在算力。」[28] 烏爾巴赫對算力並不陌生，畢竟歐托伊公司是雲端繪圖領域的先驅，旗艦產品 OctaneRender 是公認「無偏差、空間正確的圖形處理器（GPU）算繪引擎」，這是業界對它強大軟

體的讚譽。OctaneRender 可算繪出前所未有的生動影像和影片。烏爾巴赫表示，這項產品「如同 Adobe Photoshop，可以每個月付二十美元訂閱使用」。[29] 他也指出，漫威影業（Marvel Studios）在《蟻人與黃蜂女：量子狂熱》（*Ant-Man and the Wasp*）的片頭用了 OctaneRender 技術，HBO、亞馬遜和網飛的電視節目也用過這項技術。

更重要的是，歐托伊公司使得算繪更為普及，從前需要耗費數個小時完成的算繪工作，如今可以在幾分鐘內完成。這是怎麼辦到的呢？原來是利用數十個、甚至數百個圖形處理器，同時將專案細分為小部分再處理。烏爾巴赫表示：「我們證明可以用一百個圖形處理器，將電影《變形金剛》（*Transformers*）的算繪時間從數小時縮短至數秒。圖形處理器並不像中央處理器（CPU），我們能輕易結合一百個圖形處理器來處理一幀畫面，並且以快上百倍的速度獲得算繪影像。」

歐托伊公司的客戶包括好萊塢影業工作室和新貴藝術家，投資人暨顧問包括谷歌前執行長施密特（Eric Schmidt）和好萊塢權威經紀人伊曼紐（Ari Emanuel）†。雲端繪圖的流行把歐托伊公司推向極限，原因之一在於成本：「購買資料中心等級的圖形處理器需要巨額資金，奇怪的是，它的算繪速度並沒有比本機圖形處理器來得更快，而本機圖形處理器只需要十分之一的價格。」

資料中心可能每隔幾年更新一次圖形處理器，但硬派遊戲

---

† 　美劇《大明星小跟班》（*Entourage*）中經紀人阿里（Ari Gold）一角的靈感來源。

玩家和其他圖形處理器用戶（例如以太坊礦工）擁有的是最新的科技產品。硬派遊戲玩家在百思買（Best Buy）購買的顯示卡比資料中心的顯示卡更加強大，普通人擁有的算力其實比亞馬遜更強——至少結合其他數千名普通人的算力時，確實能達成這樣的效果。假如我們能利用全球各地最新、最強大的圖形處理器，會有怎麼樣的情況？

不久之前，以太坊的工作量證明共識演算法就是使用最先進的 NVIDIA 顯示卡來運行。烏爾巴赫說：「我最初的想法是，如果在亞馬遜上的運行成本是 1 美元，但某人使用以太坊挖礦設備的電力成本為 0.10 美元，那麼我支付 0.25 美元或 0.50 美元請以太坊礦工幫忙，會發生什麼事呢？」烏爾巴赫推測，如果向擁有圖形處理器的人提出更好的交易條件，他們會願意匯集自己的資產。因此，算繪網路平臺應運而生。用戶將他們的圖形處理器算力匯集至網路平臺，並獲得原生 RNDR 代幣做為付出時間和精力的報酬。

算繪網路平臺自 2017 年推出以來，用戶在網路上已經算繪超過一千六百萬幀影像和近五十萬個場景。[30] 依照歐托伊公司的說法，許多藝術家使用算繪網路平臺來創作加密藝術作品和非同質化代幣，在一級和二級市場上的總銷售額達五億美元。[31] 而且 Pak 和 FVCKRENDER 這些頂尖的 3D 加密藝術家都是算繪網路平臺的用戶。烏爾巴赫告訴我，視覺藝術家凱瑟琳（Blake Kathryn）使用算繪網路平臺，為饒舌歌手納斯小子（Lil Nas X）的蒙特羅萬歲巡迴演唱會製作主視覺；此外，2021 年歐洲冠軍聯

賽（UEFA Champions League）的中場表演，也是使用算繪網路平臺製作。[32] 烏爾巴赫預期，比起單一公司的雲端產品，Web3 的雲端去中心化圖形處理器在效能上的表現更好，有可能成為推動去中心化元宇宙的關鍵。

　　烏爾巴赫把元宇宙稱為空間感知瀏覽器。我們在網路上使用統一資源定位符（俗稱的 URL），從一個網站跳轉到另一個網站。為網際網路新紀元建構新事物，需要的不僅僅是即時的算繪能力，還要有全新的元宇宙公共架構，特別是 3D 模型，必須建立起相當於靜態影像壓縮標準（JPEG）或超文本標記語言（HTML）的標準。

　　烏爾巴赫多年來一直致力於此，他同時也是元宇宙標準論壇（Metaverse Standards Forum）小組的創始成員，論壇目前擁有 2,000 名會員，人數持續成長。[33] 烏爾巴赫表示，我們還需解決來源追溯（provenance）的問題。他看到一個 Web3 解決方案：以算繪網路平臺算繪的內容都會在區塊鏈上創造一個雜湊值（hash），用於驗證來源；如果要在不同世界之間傳輸數位商品，並管理創作者的智慧財產權，這點至關重要。

　　烏爾巴赫在談話中透露，兒時朋友的父親羅登貝瑞（Gene Roddenberry）是創作《星際爭霸戰》的人，而朋友希望將父親的作品保存下來。歐托伊公司的 LightStage 技術可以為《星際爭霸戰》製造出超逼真的數位分身，但由於大家對數位分身抱有很高的期待，任務變得難以達成。[34] 歐托伊公司必須想辦法用極快的速度完成目標。

　　烏爾巴赫聘請團隊使用算繪網路平臺，以視覺化的方式重建《星際爭霸戰》的全部歷史，先從企業號航空母艦（USS Enterprise）的數位分身著手，來源可追溯至原始的智慧財產權。烏爾巴赫說道：「這就是企業號星艦在元宇宙中的運作方式，不是一種體驗，不是一款電玩，也不是一個世界——而是完整的實體。」[35] 截至目前，歐托伊公司團隊已經使用算繪網路平臺掃描過羅登貝瑞檔案裡的上百萬份文件，「這相當於史密森尼學會（Smithsonian）把劇中十一英尺長的企業號實體模型儲存起來」。[36] 最後一關是即時算繪企業號，化不可能為可能。

去中心化實體基礎設施

　　各個領域逐漸出現去中心化的問題解決模型，例如去中心化實體基礎設施網路（DePIN），這種系統裡的網路使用代幣做為獎勵，集中並協調許多個人的實體資源，讓系統去中心化且具有彈性。

　　梅薩利公司的 Web3 研究員卡薩布（Sami Kassab）把去中心化實體基礎設施網路分成四大類：雲端網路、無線網路、感測器網路、能源網路。他估計去中心化實體基礎設施網路的潛在市場總值超過 2.2 兆美元，2028 年將成長到 3.5 兆美元。[37] 而在去中心化儲存和運算方面，包括菲樂幣、史舵（Storj）、西雅（Sia）、天網（Skynet）、亞維弗（Arweave）和阿喀許網路等新創公司，目前正在跟亞馬遜等雲端服務巨頭競爭；另外還有去中心化無線網路，

例如已在 182 個國家設有熱點的希利昂公司（Helium）。

　　ChatGPT 的用戶數在短短兩週內突破兩億，讓 OpenAI 有限的運算資源和資金左支右絀，也凸顯人工智慧將如何帶動運算需求，以及元宇宙和物聯網（IoT）為中心化雲端運算資源所帶來的壓力。企業用戶可能需要新的解決方案。去中心化網路可以利用大量未充分運用的運算硬體，彌補供需上的缺口。卡薩布指出，「看看那些配備強大圖形處理器的電競電腦，大多時間都處於閒置狀態」。有了去中心化運算網路，「大家可以在電腦閒置時，利用圖形處理器和中央處理器來賺取收入，為雲端網路上可用的總算力帶來重大貢獻」。[38]

　　去中心化實體基礎設施網路跟去中心化金融一樣，或許能在開發中國家發揮最大的影響力，原因相同：這些地區的金融、通訊和電力等實體基礎設施往往不可靠、不發達，而且弱勢族群通常難以取得服務，尤其是偏鄉地帶。去中心化實體基礎設施網路不僅可集中資源，還能讓數百萬計的使用者擁有它。卡薩布指出：「這種由下而上的方法有機會加強推廣去中心化，並賦權給當地社群，滿足他們的基礎設施需求。」[39] 我們將於下一章詳細闡述這個新的機會。

分散式儲存與運算

　　菲樂幣協定的主要目標是為了「儲存人類最重要的資訊」，在用戶參與去中心化雲端儲存市場時，提供獎勵。[40] 這種模式有

幾個潛在的好處：首先，菲樂幣之類的協定提供獎勵，讓用戶集中儲存資源和算力，並進行「實體工作證明」（proof of physical work），證明用戶確實投入資源來支援網路。菲樂幣系統內建獎勵措施，包括支付給利害關係人的資料儲存和檢索費用，使得社群不斷壯大，截至本書撰寫時，菲樂幣系統共有 1,100 名獨立的儲存服務提供者，以及接近 18,000 筆的資料儲存交易。[41]

其次，去中心化系統的資料和算力分布在好幾個裝置上，即使某臺裝置故障或離線，系統仍然可以運作並存取資料。相較之下，如果中央伺服器或雲端發生故障，傳統的資料儲存解決方案可能會失靈。

第三，單一實體控制、集中式的系統容易吸引駭客攻擊，相較之下，去中心化的資料和運算能力是分散式，因此攻擊者無法輕易存取或操控數據，也無法關閉硬體。沒有任何獨裁者可以因為不喜歡人們的網路言論或儲存的內容而關閉 Web3。

第四，利用閒置的資源能夠減少對昂貴專業硬體的需求。大公司以往要負責建造實體基礎設施，例如無線網路或雲端設施，而這些工作必須投入大量的資本。但透過協調和獎勵機制來聚集一群人、甚至一群小型企業的資源，遠比獨力建造一切更為經濟實惠；況且，用戶群可以共同決定，是否把節省下來的費用回饋給終端用戶。[42]

最後，去中心化的資料儲存系統或許能維持得比中心化雲端儲存平臺更長久。請試著想想看，如果雲端服務供應商破產、被收購或被政府查封，我們的資料會怎麼樣？相較之下，去中心化

雲端服務的供應者具有長久持續運行硬體的經濟動機，因為他們
對網路貢獻的算力會獲得報酬。此外，身為人類這個物種，我們
必須尋找永久保存人類共同記憶的方法。南加州大學猶太大屠殺
基金會（USC Shoah Foundation）和史丹佛大學，找菲樂幣系統一
同合作，把猶太大屠殺倖存者的證言數位化，以確保永久保存這
些紀錄。

　　上面提到的好處正好適合不同類型的企業家和建造者，讓
他們找到產品的市場。去中心化運算資源交換平臺阿咯許網路
的創辦人奧蘇里表示，阿咯許網路公司上的用戶分為三類：「一
類是創新人士，像是去中心化金融專案、非同質化代幣專案、
遊戲等，當中最重要的則是阿茲莫西斯公司。另外有靈活萬象
（Omniflex）等數個媒體專案以及《怪奇部落》（*Strange Clan*）等遊
戲，都在阿咯許網路公司上運行。」[43] 他還指出，阿咯許網路公
司消除了部署中的「關鍵人員風險」，所以也適用於去中心化自
治組織。奧蘇里表示：「任何持有金鑰的人都可控制部署，而且
金鑰允許多重簽章。如果想要具備多重簽章的雲端基礎設施，阿
咯許網路公司是解決方案的唯一選擇。」[44]

　　第二類是所謂的「套利者」，他們會找出中心化雲端和阿咯
許網路公司之間的價差。奧蘇里指出：「阿咯許網路目前的價格
比亞馬遜低了三分之一到五分之一。當你看到套利機會時，實現
收益的最佳方法不是在市場上購買，而是進行挖礦，取得「使用
服務所需的網路原生代幣。」

　　第三類用戶是奧蘇里所謂的「生態系建造者」，包括阿咯許

分析（Akashlytics）和亞果（ArGo）等。

　　像沃爾瑪超市或高盛之類的公司有雲端服務需求時，難道不會使用亞馬遜雲端運算服務，而會選擇阿喀許網路公司嗎？奧蘇里回以肯定的答案，但不會馬上實現，他表示，畢竟「高盛或沃爾瑪超市的用戶習慣大量點擊、客訴，期望獲得支援。你不會想要這種客戶。你希望用戶在出現問題時能夠主動深入探究、找到解決方案，並提出建議。這也有助於公司的擴展」，這種用戶更容易理解和接受阿喀許網路公司提供的好處。

　　大型供應商在評估新技術時，一旦早期幾個版本無法滿足最賺錢的客戶需求，往往就會輕忽新技術。奧蘇里表示，目前這並不是問題：「我們的重點不是易用性，而是可組合性，因此有意識的選擇方向，吸引高階開發人才。現在我們繼續向前邁進，相信五、六年過後，就能看到一些大企業採用阿喀許網路公司的技術。」[45]

　　Web3 和實體基礎設施的另一個例子是希利昂公司。它是去中心化網路供應商，利用獎勵措施發展網路基礎設施，主打低功耗的無線裝置，例如物聯網裝置等。希利昂公司使用所謂的「覆蓋證明」（proof-of-coverage）共識機制，網路的參與節點為了獲得原生的 HNT 代幣，必須解決密碼學謎題，藉此證明自己正在為其他裝置提供訊號覆蓋範圍。謎題的難度根據特定地區的節點（又稱為熱點）數量進行調整，以便網路維持所需的覆蓋水準。

　　電信公司 T-Mobile 顯然看到希利昂公司的潛力，因此跟希利昂創辦團隊成立的公司新星實驗室（Nova Labs）合作，進行分

散式無線網路部署。希利昂公司可以借助 T-Mobile 的網路擴展規模，一旦成功，希利昂公司的網路將可幫助 T-Mobile 觸及遠端客戶。[46]

不過，希利昂公司與其他 Web3 應用程式一樣，面臨許多來自機器人的挑戰。在 Web3 遊戲領域中，玩家透過參與來獲得代幣獎勵，但也有玩家會派機器人代為參與；至於希利昂公司的狀況，則是有用戶「模擬」無線節點，卻沒有真正提供無線訊號覆蓋範圍，因此誠實的節點必須不斷努力，關閉作弊賺取獎勵的假節點。目前，覆蓋證明機制在驗證上依舊有難度。

另一項挑戰則是資源供應問題，分散式儲存與運算的系統必須大量集中資源，才有可能跟傳統網路競爭或超越傳統網路。菲樂幣的儲存容量約為 13.8 EB（exbibyte，艾位元組，一 EB 相當於十億 GB），足以儲存 200 多次的網際網路檔案館。[47] 根據卡薩布的研究，希利昂公司的物聯網網路在超過 182 個國家擁有 98 萬個熱點。這些系統必須不斷擴展，才能開始產生重大影響。

去中心化實體基礎設施與地圖資料

去中心化實體基礎設施是否會顛覆 Web2 其他領域的發展？蜂巢地圖平臺（Hivemapper）創辦人塞德曼（Ariel Seidman）覺得會。他現在正努力挑戰谷歌在地圖和地圖繪製資料領域的獨占地位。塞德曼表示：「我有興趣的是地圖，而不是加密貨幣。」他曾擔任雅虎地圖（Yahoo Maps）的主管，當時雅虎是市場主流的搜

尋引擎，而谷歌才剛崛起，積極搶攻市占率。當時雅虎和其他地圖供應商都從第三方授權取得資料；但谷歌決定斥資自行建立資料，繪製包含全球每條道路的地圖。塞德曼向老闆提出相同的建議，但遭到拒絕，他就辭職了。[48]

今時今日，谷歌地圖成為主要的地圖應用程式，但更重要的是，它為數百家公司甚至政府提供收費的應用程式介面（API）服務。優步、來福車（Lyft）和愛彼迎等公司都使用谷歌地圖，甚至議會和保險公司很可能也有使用。自古以來，地圖一直是權力的來源。一名參與第一次世界大戰的士兵說道：「地圖是一種武器。」他深知精確、詳盡的最新資訊能用來對付敵人。[49]而谷歌在地圖業務領域以強凌弱，藉由強大工具壓制弱小的競爭對手。

位智（Waze）是一款熱門的地圖應用程式，曾經集結眾人的智慧與谷歌競爭一段時間。首先，位智把用戶變成生產性消費者（prosumer），並將應用程式遊戲化，例如看到熄火的車輛時，在地圖中釘選即可獲得貼紙。但更重要的是，數以萬計的地圖愛好者或地圖迷（cartophile）組成龐大的社群，每週自願花三十至四十個小時來修復地圖，並教導其他的編輯人員，成果則貢獻給位智。[50]

塞德曼指出：「有兩、三萬人會實際登入桌面應用程式，不辭辛勞的編輯地圖。坦白說，地圖是靠他們製成的，如果沒有這群人，位智不會存在。」後來，谷歌於 2013 年以 12 億美元收購了位智的開發公司。塞德曼表示：「投資人做出理所當然的決定，員工也獲得相應的好處，但那兩萬五千或三萬名編輯人員全

都一無所獲，太不公平了。」

　　Web3 解決方案的價值主張對塞德曼來說很清楚：「你幫助我們建立地圖、蒐集資料，我們公開透明的處理你蒐集的數據，給予相應的報酬。」並以原生代幣 HONEY 來支付。[51] 怎麼實行呢？蜂巢地圖平臺會銷售行車紀錄器，預先內建最先進的人工智慧系統和地圖軟體，任誰都可以在幾分鐘內安裝好。這款裝置可擷取大量數據，然後透過智慧型手機應用程式上傳到雲端。概念其實跟汗幣一樣，蜂巢地圖平臺希望用戶能一邊做該做的事，例如開車上班、跑腿辦事等，一邊賺取額外的收入。大城市或通勤時間較長的駕駛也許能賺得更多，對優步司機或聯邦快遞人員來說，更是格外有價值。

　　這帶來一個明顯的商機：優比速（UPS）或聯邦快遞等擁有車隊的公司可以與蜂巢地圖平臺合作。無論谷歌部署多少車輛拍攝街景，優步和來福車都有更多車、更多駕駛。聯邦快遞、優步等其他公司或許也會希望減少對谷歌地圖資料的依賴，感覺這會是雙贏的提議。汽車製造商也使用谷歌的應用程式介面；如果汽車是裝了輪子的電腦，那它們並未擁有自己的作業系統或其他資料，只是笨重的硬體。蜂巢地圖的技術可以讓車商化身地圖網路的利害關係人，在不依賴谷歌或其他公司的情況下存取資料。

　　任何花了五百美元購買蜂巢地圖行車紀錄器的人，可能都希望未來某個時間能獲得投資報酬。它的代幣模型很聰明：蜂巢地圖平臺的用戶可根據所建立的數據，公平賺取原生代幣。當企業想獲得資料授權時，就購買代幣並銷毀，跟企業花錢在谷歌地圖

的應用程式一樣。如果銷毀的代幣數量大於發行數，持有人的代幣就會升值。

　　塞德曼希望，專案裡的社群成員不光是為了經濟誘因而來，最好有類似建置位智的地圖迷加入。對塞德曼而言，代幣似乎不是重點，至少目前來說是這樣。塞德曼表示：「早期發展的重點是，你建立的事物是否有益於他人和企業？如果沒有──假如你沒有跨越這道障礙，大家就不會當一回事。」在一趟遠大的歷程中，我們需要的同路人是負有使命感的夥伴，而不是唯利是圖的投機者。

三重匯流

　　創新人士結合冶金和製程的先進技術，發明蒸汽機，徹底扭轉運輸、農業和生產；接著在鐵路沿線鋪設電報電纜，同時輸送貨物和傳遞資訊。同樣的，智慧型手機結合無線網路，導致手機應用程式、定位服務和行動業務模式興起，改變人的行為。

　　我們可以從上面的範例知道，多種技術的結合或整合，往往會對經濟、社會和文化產生重大的影響。

　　如今，我們正處於新紀元的邊緣，Web3 技術逐漸與人工智慧和物聯網融合匯流，且讓我們稱之為「三重匯流」。

　　先從物聯網開始說起。物聯網意味著，日常的生活物品和實體環境與網際網路的連結愈來愈高。目前物聯網的應用很廣泛，包括一般應用，例如用冰箱從亞馬遜訂購牛奶，或用行車紀錄器

記錄交通數據，也包括驚人的應用，例如遠端監控帕金森氏症患者的健康情形——醫師可以從遠端觀察患者的症狀，蒐集和分析數據，用來調整藥物和改善患者生活，為治療的進展帶來貢獻，也有助於疾病的早期檢測。[52]

　　人工智慧則是指電腦具有能力執行曾經需要人類智慧的任務，包括編寫電腦程式碼、撰寫投資筆記、寫詩，甚至創作藝術和音樂。當然，區塊鏈讓 Web3 獲得擴展。憑藉著 Web3，我們可以安全、私密且對等的儲存、管理和交換有價值的事物，例如匿名的醫療資料。

　　奧特曼（Sam Altman）最廣為人知的稱呼也許是 OpenAI 執行長和 ChatGPT 之父，但他也透過在 2019 年成立的世界幣（Worldcoin）專案，關注物聯網、人工智慧、Web3 三項技術的三重匯流。奧特曼知道人工智慧將對人類的工作產生什麼影響，例如生產力大幅提高可能會導致許多人失業，所以他希望世界幣能做為全球金融的公共設施。透過世界幣，無論是誰或身處何方，全人類都可享有無條件基本收入，共享全球繁榮。[53]

　　如果想要使用世界幣，用戶必須先透過眼部掃描裝置驗證自己的「人性」，這個裝置看起來像是電影《2001 太空漫遊》的哈兒（HAL 9000）和籃球的混合體。通過認證後，用戶會收到一個錢包，並且獲得具有未來效用和治理權的免費代幣做為獎勵。世界幣專案自推出以來一直維持強勁的動能，迄今的註冊用戶已超過170 萬人。[54]

　　世界幣是體現三重匯流的實例。視網膜掃描裝置代表便宜、

耐用且實用的物聯網技術，而世界幣的代幣和錢包有希望為數十億人提供 Web3 服務。世界幣採用零知識證明，因此每個人都可以在不透露任何個資的情況下，「證明」自己的人性。對數十億缺乏簡便數位驗證方式的人，世界幣的身分識別系統或許能有幫助。隨著人工智慧驅動的財富持續累積，有機會從中獲益的代幣持有人也愈來愈多。

雖然如此，OpenAI 也引發爭議，有些批評者說，由於生物辨識資料的所有權尚不明確，視網膜掃描可能會侵害隱私。但世界幣的大膽計畫算是某種三重匯流的實驗，值得我們更深入理解與密切觀察。

小結與重點摘要

Web3 元宇宙的潛力無窮，從個人和企業的互動方式，到政府和社會中其他利害關係人的組織方式，我們無疑將在生活中的各層面感受到它的影響。以下為本章重點摘要：

1. 元宇宙帶來絕佳的機會，讓我們能夠在線上建立新的共享現實，使人類更加緊密聯繫，並為企業、創作者和網路使用者創造無數機會。

2. 在發展和使用這類技術時，我們不能忽視即將面臨的科技、社會和經濟挑戰。

3. 最大的風險是我們便宜行事，延續 Web2 的模式，使得用戶

依舊缺乏個人資料或數位自我的權利或所有權。這樣就不是「開放元宇宙」，而是封閉的虛擬世界，也許體驗跟在迪士尼樂園一樣有趣，但無法體會「第二人生」。

4. 元宇宙必須開放，並且盡可能使用 Web3 工具建構。就擴增實境和虛擬實境等核心技術以及內容來看，目前的最大投資主要來自 Web2 傳統平臺。如果桌上型電腦是我們與 Web1 互動的方式，智慧型手機是與 Web2 互動的工具，那麼擴增實境和虛擬實境以及「元宇宙」，也許會是我們體驗 Web3 的方式。我們必須更著重在開放的世界、共同的標準，以及用戶的權利。

5. Web3 工具（尤其是去中心化運算和影像算繪技術）也許可提供我們需要的工具，讓元宇宙得以成真，同時確保後端技術本身不被單一公司擁有或控制。

6. 無論是家用電腦或道路駕駛，Web3 為我們提供途徑，能夠利用經濟中多餘的產能並導入協調系統，以輔助或加強（也許有一天會取代）現有的基礎設施。去中心化實體基礎設施網路已經在影像算繪、分散式儲存和地圖繪製領域取得初步成功。Web3 正與人工智慧和物聯網等革命性技術匯流，而這樣的三重匯流有可能為社會創造新商機和挑戰。

如同我們現在在 Web3 看到的，元宇宙也許會讓全球各地的人更加緊密聯繫。在第 9 章中，各位將目睹世界變得愈來愈平，而 Web3 正在打下基礎。

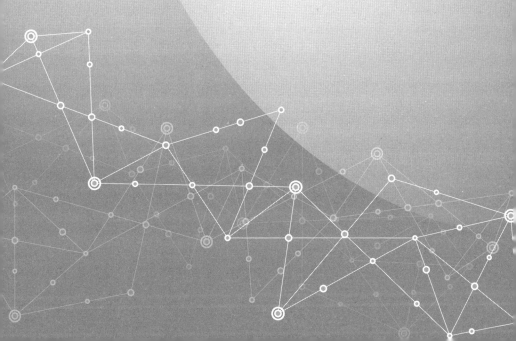

第 **9** 章

人類文明

Web3世界將愈來愈平

我們生活在有史以來全球最繁榮興盛的時代，但未來同時也充滿不確定性。大家逐漸感覺到：我們的系統雖然創造出巨大的財富，但代價卻是犧牲居住的地球。

狄更斯（Charles Dickens）寫道：「這是最好的時代，這是最壞的時代；這是智慧的時代，這是愚昧的時代；這是信仰的時代，這是懷疑的時代；這是光明的季節，這是黑暗的季節。」一方面，我們在健康和物質福祉方面獲得長足進展，這多半得歸功於全球商品、資本、技術知識和科技的傳播。僅僅六十年間，人類平均壽命增加二十歲。開發中國家的轉變更為劇烈。非洲人民的壽命比起 1960 年時增加 60%。[1] 同期，嬰兒死亡率下降超過80%。[2]

然而，並非一切全然美好，世上仍然存在著許多問題。首先，人類沒有平等共享全球經濟的繁榮。雖然佛里曼寫下《世界是平的》，但其實全球許多人仍舊難以提升社會地位。據世界銀行指出，2022 年全球有 14 億成年人沒有銀行帳戶。[3]

1997 年出版的《主權個體》中，作者戴維森和里斯莫格爵士描述資訊時代的興起將如何消除國界，讓個人能「超越地域限制」。這本書相當有遠見，描繪出當今數位遊牧的工作型態，數位遊牧一族通常是年輕富裕的知識工作者，擁有護照和筆記型電腦，可以在任何地方工作。但對世界上大多數人來說，這並不是一個現實的選擇。[4]

光靠 Web3 或其他工具，無法縮小開發中國家和已開發國家之間的經濟差距，因為開發中國家的人還需要網路連線，以及其

他的金融工具和知識，但現今只有 51.6 億人擁有連網能力，僅占全球人口的 64.4%。[5]

　　開發中國家的創作者和企業家缺乏完善的工具，難以跳脫當地市場和經濟，為自己的商業計畫或創意事業尋求資金。不可否認的是，網際網路讓世界變得「更平」，Web3 也會進一步抹平世界。接下來讓我們思考下面三個案例。

個案研究一：創作者可以從全球粉絲群獲利

　　愛普麗（April Agregado）跟丈夫和四名子女居住在菲律賓。她在財務顧問公司擔任辦公室經理，丈夫則是獵才顧問，兩人是典型的菲律賓新興專業階層。他們的小兒子塞維（Sevi）出生時就患有自閉症，但政府並未提供任何援助，幫助他們的孩子充分發揮潛力，成為他們想像的樣貌。在全球各國中，這樣的家庭並不罕見。

　　愛普麗和丈夫很早就讓塞維參加藝術治療、體操和足球等課程。經過每天五個小時的課程，塞維學會如何社交互動和運用技能完成任務。夫婦倆動用自己的積蓄，盡全力為塞維提供最好的一切。但花費實在過高，這個家庭最終不得不放棄所有課程，只保留其中一項。他們請八歲的塞維決定，他選擇藝術治療課程。

　　愛普麗告訴我，藝術對塞維有多麼重要。當塞維難以用言語表達時，畫作能代為發聲。塞維的作品時常讓她驚豔，賦予她一個窗口，去了解塞維的思想和成長。塞維的繪畫主題多元，但最

喜愛動物、風景，以及愛普麗和其他家人的肖像。透過藝術治療師的協助，塞維變得能用鮮豔的色彩來表達自我。

愛普麗身為母親十分自豪，開始在臉書上分享塞維的作品，結果引起親朋好友的注意，有人希望購買作品，但愛普麗不太願意，因為塞維喜歡將作品送給三個姊姊。她考慮把幾幅作品賣給親近的家人，但沒有辦法讓塞維的小粉絲團購買塞維的作品而不拿走畫作。後來，2021 年 3 月，一名友人向愛普麗提及非同質化代幣。

當時菲律賓正逐漸成為加密貨幣的創新溫床。Web3 跟全球資訊網之前的發展不同：推動 Web3 採用和實驗的主力是全球新興經濟體；一部分原因是智慧型手機和網際網路等數位工具更為普及，另一部分則是因為數十年的境外外包，使得東南亞成為蓬勃發展的科技生態系。例如菲律賓，以電玩開發工作室而聞名，這些工作室不僅開發自己的遊戲，還參與《戰爭機器》(*Gears of War*)、《碧血狂殺》(*Red Dead Redemption*) 和《最後生還者》(*The Last of Us*) 等美國遊戲大作。

然而，Web3 並不像全球資訊網的前兩個紀元，它不只是用來創作的媒介，也主張資產的所有權。人們努力發掘新方法，利用他們在 Web3 上的時間和創作能量來賺取收入。許多生活在新興經濟體的人總少不了要兼差，透過打工賺取額外的收入；如今有了 Web3 工具，當地人可以接觸全球市場，從他們的工作獲得更多價值。比起西方國家，Web3 所具有的新能力在新興經濟體中也許更能引起人民的共鳴，使得越南、菲律賓等東南亞國家比

所有的西歐國家更願意採用 Web3。[6]

　　愛普麗在友人幫助之下，學會把塞維的每件作品鑄成非同質化代幣（也就是建立獨特的數位版本）。她把其中一部分作品放到非同質化代幣市場開放之海，一併提供關於塞維的資訊。塞維的故事在這個蓬勃發展的 Web3 領域引起共鳴，也賣出幾幅作品。

　　不久之後，全球最大的非同質化代幣藝術博覽會 NFT.NYC 開始在臉書和 Instagram 上關注塞維。[7]愛普麗的朋友鼓勵她申請參加藝博會，希望主辦單位能選擇塞維做為參展藝術家。愛普麗表示：「起初，我們非常猶豫是否要分享他的故事和作品，畢竟這個領域充滿許多才華洋溢的知名藝術家，而塞維只是患有自閉症的八歲孩子，我們分享的還是他治療時的作品。」[8]但反正有利無害，所以他們決定一試。

　　塞維首次涉足全球藝術舞臺的時機恰逢其時。非同質化代幣不僅成為網路創作的傳達媒介，正好收藏家也開始關注「兒童藝術」這個類別。年僅十歲的紐約神童藝術家瓦倫西亞（Andres Valencia）被譽為「小畢卡索」，每幅作品（不是非同質化代幣）售價均超過十萬美元，因而登上新聞頭條。[9]

　　2021 年夏天，NFT.NYC 在時代廣場百英尺高的廣告看板上，展示塞維和其他兒童藝術家的作品。塞維的畫作在藝博會上大受歡迎，賣出好幾幅作品。如今，他在推特上擁有約四千名粉絲，有線電視新聞網（CNN）也進行他的專題報導。自愛普麗開始以非同質化代幣形式出售塞維的作品，截至 2023 年 4 月

17 日，他們已賺取近八枚以太幣，價值約 16,000 美元，比菲律賓的平均年收入還高。這筆基金改變愛普麗一家的生活，但在 2021 年交易額高達 230 億美元的非同質化代幣市場，只是九牛一毛。[10]

愛普麗向我解釋塞維的藝術如何「成為保護和支持塞維未來的方式」。愛普麗補充道：「他很可能需要持續接受藝術治療。透過非同質化代幣出售他的作品，為他提供了一個未來，這也是我們現在努力打造的未來。」[11] 塞維家雖然是中產階級，但也像許多努力提升生活的家庭一樣，總是面臨著生活條件倒退的風險。愛普麗表示：「我們現在還過得去，但世事難料，變故也許轉眼就會發生。」[12] 塞維的非同質化代幣預備基金確實有幫助。

塞維的故事在 Web2 是不可能發生的。但可以肯定的是，塞維受惠於 Web2 工具，愛普麗透過臉書和推特發表塞維的作品並建立粉絲群。但非同質化代幣和開放之海等 Web3 平臺則在網路上賦予塞維所有權，因此愛普麗可以代表塞維，利用他的創作來賺取報酬。

透過 Web3，一個來自普通菲律賓家庭的自閉症兒童，接觸到全球藝術收藏家的市場。愛普麗表示：「他的藝術作品曾經在新加坡和芝加哥的非同質化代幣藝廊展出，也在愈來愈多地方流傳，觸及愈來愈多人，傳播到許多國家，我們以為這些情況要等他長大點才會發生。」[13]

塞維一直保有自己的實體畫作，他和家人非常珍惜，而且這些畫作對他的治療至關重要。塞維最後是透過他的非同質化代幣

在收藏家之間轉售而獲得應得的分潤，這是多數視覺藝術家從來沒有過的選擇。平均而言，在藝術品和收藏品類別中，超過半數的非同質化代幣銷售都是轉售，資產創造者可以編寫非同質化代幣程式，永久向原始錢包位址支付版稅。

當然，不是每個畫畫的孩子都能像塞維一樣成功，塞維做為藝術家的故事不見得可以複製，但讓一切成真的科技工具是可複製的，這些工具賦予個人數位商品的所有權（在這個案例中是自閉症兒童藝術家的畫作）。依照愛普麗的說法，塞維的收入幫助確保了他的未來。

目前，塞維很開心，也日益茁壯。愛普麗告訴我們：「他進步很大，我們不需要再增加治療課程了。」但塞維出於喜好仍然繼續作畫，這能幫助他集中注意力。不過，他畢竟還是孩子，或許不會永遠熱愛繪畫。愛普麗表示：「我們希望他一直熱愛繪畫，但他只有十歲，他的興趣會不斷改變。」如果塞維再次開始踢足球或練體操，愛普麗也很樂見。多虧塞維的非同質化代幣作品，他們現在有能力為塞維提供所需的一切。

個案研究二：企業家能夠接觸全球市場

從塞維的故事中，我們看到網際網路做為通訊工具，如何結合數位價值的媒介（在這個案例中是非同質化代幣），讓全球各地生活在偏鄉的創作者能夠連結全球市場、接觸買家並維持生計。如果沒有這些創新技術，菲律賓這位年輕的自閉症藝術家就

無法跟買家建立聯繫，更別談出售作品。塞維的故事獨一無二，但菲律賓還有許多人意識到 Web3 具備打造美好生活的潛力。

　　Web3 的創新技術將全球化擴展到數位體驗和數位資產的層面。不過，這次的全球化浪潮跟以前一樣，同時存在風險與機會，其他人的經驗不見得總是那麼正面。Web3 有助於創造新的經濟機會，也可能加劇不平等的狀況，在 Web3 遊戲的領域特別是這樣。

　　先前我們在分析 Web3 對遊戲產業的影響時，曾提到所謂的「邊玩邊賺」遊戲如何在開發中國家引起大眾的興趣，尤其在菲律賓，年輕人紛紛湧向《無限小精靈》等遊戲。許多 Web3 遊戲要求玩家先取得可參與遊戲的人物，那其實就是一種數位資產。菲律賓的年輕人熱中於賺錢，但許多人都是白手起家。不過，大家由衷的覺得，非同質化代幣遊戲隱隱約約透露著：它們與眾不同。

　　美國拉古納遊戲開發工作室產品總監沃爾夫表示，她剛加入非同質化代幣遊戲時，非常訝異（各地區玩家）「社群中充滿全然樂觀的情緒」。大家都以為「我們將徹底改變整個世界。也許這是真的，但科技不見得總是能顛覆一切，還必須等到文化和政策等各個方面水到渠成」。[14] 儘管如此，她表示處在一個不按牌理出牌的環境還是很有樂趣。[15]

　　為了因應趨勢，有些企業家創立新的產業，也就是所謂的「Web3 遊戲公會」。這類公會跟《魔獸世界》等開放大型多人線上遊戲的「公會」不一樣，後者是一群玩家組隊進行冒險和執行

任務。Web3 遊戲公會當然也不像中世紀的行會，行會其實是職業協會，為成員生產的商品品質制定標準，並與封建領主談判以獲得優惠待遇和權利，也為工匠提供匯集資源和知識的途徑，協助培訓新成員。

如果真的要跟封建時代相比的話，與 Web3 遊戲公會最接近的不是中世紀行會，它與成員的關係更像是地主與佃農。加入 Web3 遊戲公會的玩家，會成為「獎學金得主」（scholar），他們可以借用原本無法負擔的資產來玩遊戲，並將一部分收入償還給公會組織。他們有時會借錢購買資產，並承諾靠遊戲維生。對於熱愛遊戲、失業的年輕人來說，還有什麼比這更好的職業呢？

不過，凡事總是一體兩面，這項創新的舉措自然也存在著風險和意想不到的後果。疫情期間，許多人失業、感到非常無聊，使得《無限小精靈》在菲律賓蔚為流行。美國 Web3 遊戲專案拉古納遊戲公司的菲律賓國家經理盧芮亞表示：「獎學金模式（scholarship）的概念在菲律賓非常流行。疫情期間，每個人都在家或失業，使得非同質化代幣遊戲《無限小精靈》在菲律賓大受歡迎。」[16]

「歸根究柢，東南亞絕大部分仍是開發中國家，所以錢很重要，人們總是想盡辦法賺錢。對大多數東南亞人來說，參與區塊鏈、加密貨幣、非同質化代幣確實是某種賺錢的主要途徑。」有一段時間，玩遊戲確實可以賺錢，遊戲贏得的獎勵可以輕鬆兌現。但她補充：「玩家必須明白，將它視為賺取收入的工作會難以長久。因為非同質化代幣的價值起起落落，你不能把它當作主

要的收入來源。」

　　盧芮亞認為，玩非同質化代幣遊戲並不算真正的職業，「尤其對仍處於貧困、存款不多的菲律賓人來說，更是如此。假如他們把非同質化代幣遊戲當成單一的收入來源，結果遊戲突然終止或非同質化代幣貶值，後果將不堪設想。所以，我不認為這樣（賺錢）是加入非同質化代幣遊戲的良好動機。在菲律賓，大家會為了《無限小精靈》借錢購買非同質化代幣，把它當成一種商業投資。我不認同用這種角度來看待非同質化代幣遊戲，我們應該以不同的方式思考」。[17]

　　人們終究會按照自己的方式來玩遊戲，但對於盧芮亞來說，「玩遊戲如果不是為了體驗，就有點令人難過了，畢竟這才是遊戲的真義，玩遊戲的重點就在於體驗。但遊戲公會在菲律賓十分常見，他們的工作是參與所有非同質化代幣遊戲，讓他們的獎學金得主玩遊戲賺錢，然後分享利潤」。[18]

　　盧芮亞在菲律賓的遊戲產業工作十五年。這段時間裡，她親眼目睹全球化的力量如何改變這個產業。在全球遊戲業中，菲律賓已經有舉足輕重的地位，而這位菲律賓裔高階管理人的職涯，更是與祖國的遊戲業共同蓬勃發展。盧芮亞指出，全球化引領境外外包的浪潮，遊戲開發也不例外。但他們不是一開始就被認可，必須去爭取，她表示：「我們簽下合約，不得透露自己為這些公司製作遊戲的哪些部分。當然，多年來我們一直在反抗，向他們表示：『老兄，這可是智慧財產權。我們為你設計這個，為你製作那個，你至少得把我們列入製作人名單。』後來他們終於

把我們列入，所以現在遊戲結束時，製作人員名單中已經看得到菲律賓遊戲公司。」[19]

菲律賓遊戲業從原本的遊戲開發外包工廠，搖身一變為欣欣向榮的產業，雖然數量不多，但已發展出一些獨立工作室。盧芮亞表示：「我覺得我們的獨立遊戲還不夠多，我剛剛說的獨立遊戲是指製作自己遊戲的工作室。」由於開發遊戲的成本高昂，獨立遊戲開發商經常處境艱難。盧芮亞也指出：「沒有多少工作室有足夠的資金支撐。」[20]

為了克服資金困難，許多公司都採取雙管齊下的方法。換句話說，「公司一方面負責外包工作，另一方面也製作自己的遊戲」。目前大多數的投資人都來自海外，Web3 為開發中國家的遊戲商提供更公平的競爭環境。而在推動 Web3 採用方面，菲律賓的重要性則是普遍獲得認可，例如鏈遊公會公司已經從安霍創投和其他數一數二的創投公司，募得兩千多萬美元的資金。

更有意思的是，只要遊戲好玩，這些專案就能把所有權分享給社群，藉此加以發展。早期用戶的支持能幫忙增加遊戲的價值，讓每一個人都受惠。盧芮亞表示：「製作遊戲曠日費時，許多遊戲公司在完成遊戲前就耗盡資金。但在非同質化代幣遊戲中，玩家從一開始、甚至早在遊戲推出前就購買非同質化代幣，因此遊戲開發商有資金可以持續經營，完成遊戲的可能性也高於一般傳統遊戲公司。」

她還指出：「開發一款遊戲時，因為遊戲還未上市，不會有任何收入進來，這就是菲律賓小型遊戲公司自製遊戲時的風險。

從經營角度來看，小型遊戲公司從事開發非同質化代幣遊戲可能更有機會持續經營。」

　　邊玩邊賺遊戲也許永遠不會成為大眾化的職業，但對開發中國家資金短缺的工作室來說，Web3 模式可以幫助富有創意的工作室充分發揮潛力，這是舊有模式做不到的事。光是如此，就足以讓人希望 Web3 模式獲得成功。

個案研究三：美元化、擾亂和生存

　　科拉支付公司的執行長恩索弗（Dickson Nsofor）表示：「透過科拉支付從奈及利亞轉錢到迦納，速度比電匯還要快，如果是透過電匯，資金必須先轉到紐約，接著是倫敦，然後再轉回非洲。」他正在闡述全球金融體系如何辜負非洲的國家、企業和個人。四年前，恩索弗成立科拉支付公司，這間橫跨全非的支付基礎建設公司為各方提供服務。

　　恩索弗說道：「我從不相信比特幣是投機型資產，也不相信比特幣是價值儲存工具；但我一直深信加密貨幣和區塊鏈是交易媒介。」他把這項技術比喻為電力，是推動金融解決方案的動力，如同電力驅動烤麵包機或冰箱一樣。[21]

　　科拉支付公司在加拿大、奈及利亞和非洲其他地區聘雇一百多名員工，已經成為奈及利亞最大的跨國企業匯款公司。科拉支付自推出以來，已經處理過數十億筆跨境支付交易，它使用比特幣和 USDC 等加密資產做為基礎支付工具，但以傳統法幣結算

交易。恩索弗接受採訪時表示，許多在奈及利亞做生意的全球大
型企業都使用科拉支付，把奈及利亞的流通貨幣奈拉（NGN）兌
換成美元，而且通常在幕後進行。換句話說，許多知名公司甚至
是在毫不知情的情況下，使用加密貨幣付款。

　　恩索弗指出：「我們使用區塊鏈等全球金融工具，幫助非洲
與全球建立聯繫，縮小兩方的距離。」他現在正努力把 Web3 工
具整合到傳統的業務流程中，科拉支付公司正是從傳統金融轉型
到去中心化金融的典範。對恩索弗來說，比特幣和其他加密資產
透過對等式交易技術成為交易媒介；他也承認，這些工具賦予人
們更多力量，特別是在銀行服務不發達的地方，或在當地貨幣通
膨嚴重、政府腐敗的國家。

　　格拉德斯坦告訴我們，他觀察到開發中國家的人對歐洲和美
國充滿質疑，甚至抱持敵意，原因是歷史上的殖民主義以及近期
的新殖民主義。「開發中國家有愈來愈多人不想被獨裁者或當地
政府控制，但他們也不想被美國或歐盟控制」。[22]非洲等地「期待
新的、與眾不同的貨幣和支付工具，我認為比特幣和穩定幣將發
揮極大的作用」。數據支持這個觀點。依照研究公司 Triple-A 的
數據，奈及利亞擁有加密資產的人比其他國家都多，高達 2,200
萬人，占該國總人口的 10%。[23]奈及利亞也是谷歌關鍵字「比特
幣」和「加密貨幣」搜尋排名全球第一的國家。[24]

　　我在 2023 年獲渣打銀行（Standard Bank）的邀請造訪南非，
以便深入了解 Web3 在南非和整體非洲大陸的發展。非洲擁有年
輕的數位原生人口，科技工具普及，但現有的金融基礎設施對大

多數人來說仍是遙不可及，許多人也處於失業狀態。奇怪的是，這些弱點或許反而是適應和採用 Web3 的優勢，讓非洲能跨越傳統金融基礎設施，善用 Web3（所有權網路）掌握他們在實體世界所欠缺的數位產權和支付工具。

渣打銀行主管普特（Ian Putter）表示：「非洲人的創新是出於必要。」這句話完全沒錯，我在南非時，曾不止一次聽到當地人用「生存」二字來談論他們的生計，例如：「我開優步，但也幫助我兄弟的生意生存下去。」非洲等地的失業人口具備奮鬥的精神，這不可避免的會促使他們嘗試 Web3。長遠來看，或許可以成為當地人的一大優勢。

加密貨幣的信徒大多對此寄予厚望，認為這種資產類別可以幫助沒有銀行帳戶的人，保護他們不受貨幣貶值的影響。2013年，安霍創投的辛普森前往非洲南部旅行。她在辛巴威目睹嚴重的惡性通膨造成巨大衝擊，並聽到令人心碎的故事。一家人因為醫院缺乏青黴素而失去小孩；其他人則是失業，經濟陷入困境。

辛普森回到美國後，找朋友談論這件事，區塊鏈堆疊平臺（Blockstack）的共同創辦人向她解釋，比特幣具有的通縮特性，可以為辛巴威提供替代系統。她心想：「不曉得比特幣是否真能發揮作用，但如果確實有效，毫無疑問將帶來變革。」[25]

可惜的是，當時時機未到。如今安霍創投積極資助新興市場專案，所以辛普森並不氣餒：「我們看到 Web3 開始滲透到世界各地，雖然需要一些時間，但關於普惠金融的論述一直都存在，也就是透過 Web3 把全球其他地區納入金融體系。現在

Web3 開始起作用，有些專案逐漸落實，真的為新興市場人民帶來影響。」[26]

辛普森支持以消費者為主的 Web3 應用程式，「這麼做對實際推出 Web3 產品和服務的創作者和建造者來說，都相當有益」。她認為基礎設施已經大幅改善，足以支援打造「更平易近人的消費者介面和體驗」。[27] 以科拉支付公司為例，恩索弗更進一步，在產品中完全隱藏加密資產。

我在 2022 年 2 月參加一場座談會，與談人包括經濟學家暨知名的 Web3 懷疑論者魯比尼（Nouriel Roubini），以及當時巴基斯坦國家銀行（State Bank of Pakistan）行長巴吉爾（Reza Baqir）。巴基斯坦國家銀行是巴國的中央銀行，會前幾天建議巴國禁止所有的加密貨幣，銀行官員對此爭辯不休。[28]

毫無疑問，這樣的禁令會導致意想不到的後果，包括禁止所有數位商品，例如非同質化代幣、證券型代幣和穩定幣等，對於巴基斯坦剛起步的創新經濟相當不利。巴吉爾有他的理由：人們將本國貨幣兌換成美元或其他資產的美元化（dollarization）現象，使得數位資產大量湧入，可能會進一步動搖本來就很疲弱的經濟和貨幣。

恩索弗表示，奈及利亞人有類似的觀點，並指出：「不論在奈及利亞首都拉哥斯或整個非洲，隨便去問個年輕人：『你想用加密貨幣 USDC 還是流通貨幣奈拉支薪？』他們都會回答：『USDC。』非洲國家面臨美元化的巨大壓力。」他另外補充：「你會看到企業發票以美元計價，自由工作者的請款單位換成

美元，甚至會發現奈及利亞人才紛紛外流，因為他們希望用非當地的貨幣支薪。」[29]

　　恩索弗擁有一百多名員工，其中多半是 Z 世代*的奈及利亞人，套一句恩索弗的話，他們都是「加密貨幣原生代」（crypto-native），意味著這群人更偏好使用加密貨幣來處理所有的財務，而不是法幣。恩索弗表示：「我認為我的員工全都寧可用 USDC 或比特幣支薪，而不是奈拉，畢竟這些資產更容易使用，而且不會因為通膨而貶值。」然而，政府的法令禁止他這樣做。

　　事實上，奈及利亞中央銀行曾經主張實施類似巴基斯坦提議的禁令。這些國家的中央銀行是否在做無謂的抵抗呢？非洲人口中有40% 在十五歲以下。[30] 在奈及利亞，行動網路普及率為34%，且根據預測，五年內將達到 50%。既然有了美元穩定幣，那些為美國公司工作的自由工作者是否會「選擇放棄」本國貨幣？而那些為（日漸增加的）去中心化自治組織和網路原生組織服務的自由工作者又會怎麼做？

　　如果當地商家開始接受 USDC 或等價的東西，最後當地貨幣的真正需求將來自課稅。政府會要求人民用當地貨幣繳稅，藉此製造本國貨幣的需求。但在奈及利亞，57% 的經濟被視為「非正式」，言下之意是，絕大多數人都有辦法逃避納稅。[31]

　　目前還不清楚這些經濟體的美元化是否會對世界產生正面的影響。一方面，當地人擁有相對穩定的方式可移轉和儲存價值，

---

*　編注：Z 世代是指 1990 年代末至 2010 年代初出生的人，由於從小就接觸網路，又稱為數位原住民。

並可利用這些金融基礎設施，替海外公司或網路原生組織工作，為自己累積財富。這種更平的世界也許會帶來更多繁榮。另一方面，動盪地區本來就很脆弱的政府可能會不堪貨幣崩潰而垮臺，從過往歷史看來，情況往往凶多吉少。

奈及利亞中央銀行最初對加密資產抱持敵意，甚至提議徹底禁止。然而到了 2023 年 1 月，它發布一份研究報告，暗示立場的轉變（或至少是軟化），表示現在是為穩定幣和其他代幣建立監理架構的時候。不過，這個舉動究竟會減緩或加速奈及利亞的經濟美元化，目前仍難以論斷。[32]

數位資產將取代傳統貨幣的另一個跡象是，聯合國難民署（United Nations High Commissioner for Refugees）在 2022 年 12 月宣布使用恆星幣（Stellar）區塊鏈網路，為「國內流離失所者（IDP）和烏克蘭戰爭難民」提供數位金援。[33] 用戶可以用智慧型手機下載活力錢包（Vibrant）應用程式，聯合國難民署在確認資格後，會把圓圈公司的穩定幣 USDC 直接發送到接收者的數位錢包。聯合國難民署表示：「對於各地流離失所的人來說，攜帶現金的風險極大，可能遺失或遭竊。」[34] 流離失所的人收到援助後，可以在速匯金（MoneyGram）的據點兌現成當地貨幣、歐元或美元；速匯金是一家國際快速匯款公司，在烏克蘭擁有 4,500 個代理據點。

數位資產現在在各族群中廣受歡迎，例如金融服務不發達地區的人民、生活在戰區的難民、反抗壓迫的團體，或只是為了對抗通膨侵蝕效應的族群。

小結與重點摘要

Web3 有希望實現全球化尚未開發的潛力，而且不會產生新的外部性，例如汙染、全球暖化和使地球更不穩定等。打造 Web3 經濟領域嶄新貿易路線的工具不是鐵路或貨櫃，而是協定和原生資產。以下為本章重點摘要：

1. 全球資訊網第二紀元普及了資訊的發布管道，因此藝術家和其他專業創作者可以透過 Web2 觸及全球的受眾。雖說是一大突破，但光是這樣仍然遠遠不夠。Web3 更進一步，為創作者提供獲取資產報酬的工具。只要胸懷大志，即使是兒童藝術家，也有機會過上好日子。

2. 自人類有歷史以來，所有的知識工作者、創作者、企業家和一般人首度能夠公平的爭取資本，用來創業、做為工作的報酬或創意產出的報酬。一旦 Web3 成功，無論你是誰、來自哪裡、甚至叫什麼名字都不重要，只要你能創造價值即可。這種概念有機會顛覆傳統的工作和地域觀念，讓世界變得「更平」。

3. 對於長期以來被矽谷和其他地方的資本池隔絕的企業家和創業者來說，現在有全新的方式能夠接觸全球的投資人。企業家和創業者可以利用非同質化代幣或其他代幣的形式，分割關鍵的智慧財產權和其他資產，好讓這些代幣具

有價值索取權，藉此啟動「預先資助」專案，支持他們發展中的構想。

4. 穩定幣將取代舊有的支付網路，美元將成為大贏家。Web3其中一個諷刺之處在於，代幣的第一個殺手級應用就是出口美元。

5. 穩定幣推動的美元化會影響開發中國家政府的穩定，削弱中央銀行控制經濟主要槓桿的能力。已開發國家的政府可以強制納稅來創造當地貨幣的需求，但開發中國家不同，多數國家執法能力薄弱，而且經濟活動多半發生在灰色市場，強制納稅的方法難以見效。

Web3看來勢不可擋，但事實上有很多因素可能讓它無法充分發展，另外還有實施上的挑戰，這些將是下一章的重點。此外，Web3技術的強大威力也許會帶來不穩定的風險，有人可能因此認為政府在未來的影響將愈來愈小，但若要為Web3的成功創造條件，其實我們比任何時候都更需要政府。

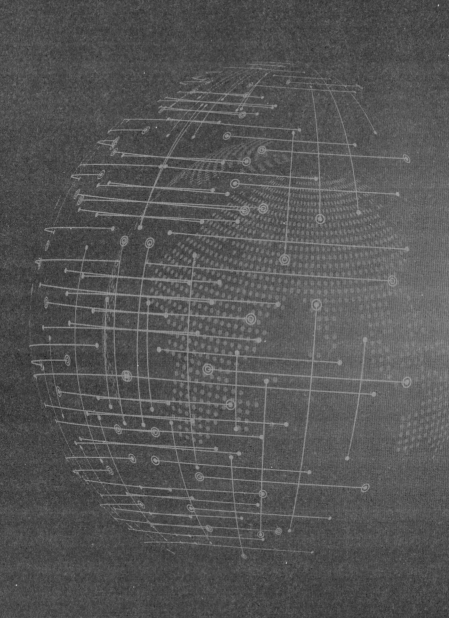

第三部

領導

第 **10** 章

Web3的推行挑戰

　　Web3 的興起並非無人質疑。懷疑者迅速指出，新的技術雖然大有可為，但才剛剛起步，許多問題尚待解答。面對去中介化（disintermediation）、數位資產美元化，我們是否有應對方法？白領工作可能因自動化和智慧型合約等因素而流失，又要怎麼處理？Web3 是否會創造出強大的全新菁英階級，一手掌控新網際網路的基礎協定，若是如此，只不過是把壟斷的寡頭換成另一個？Web3 工具是否只會讓龐氏騙局或其他違法詐騙變得更猖獗，更容易騙取不設防和無辜民眾的積蓄？

　　Web3 的進展將取決於我們能否回答這些提問，並面對現況。這些因素在《區塊鏈革命》中稱為「阻礙」，我重新審視後整理出八大議題，讓我們一起審慎思索，找出方法加以解決。

八大挑戰

1. Web3 將被它試圖顛覆的對象操縱

　　關於 Web3，有個大哉問：Web2 巨頭是否會嘗試操控 Web3 創新技術，傳統金融中間人又是否會對抗金融服務的去中介化和數位化？目前已經有一些舊典範的在位者開始採用加密資產，並認真研究 Web3 和其他方向的應用，或許有些公司會試圖削弱新創公司的創新，例如正在大力推進非同質化代幣和元宇宙的臉書。

　　但更有可能發生的是，現在的企業必須適應創新。以穩定幣為例，雖然它只是 Web3 整體市場的冰山一角，但目前正逐漸

融入金融體系。例如，首屈一指的創投投資平臺天使名冊，現在接受使用穩定幣進行投資；[1] 萬事達卡宣布計畫將穩定幣納入網路，也計畫在中央銀行數位貨幣問世時將其整合；[2] 威士卡現在支援使用 USDC 穩定幣結算交易；[3] 長期從事加密資產創新的 PayPal 也試圖開發自己的穩定幣。[4]

每一個支付系統的龍頭企業，都希望在可程式化法幣的領域中站穩腳步，至於他們能否及時適應則有待商榷。2021 年，威士卡宣布進軍穩定幣領域，進一步推出自己的第二層「通用支付管道」（universal payments channel），讓客戶在全球各地進行支付時，可以使用不同的穩定幣和中央銀行數位貨幣。[5]

跟去中心化金融或 Web3 相比，銀行可能更擔心中央銀行數位貨幣。因為在去中心化金融中，銀行的身分究竟是保管機構或市場參與者，至少可由市場來決定；相較之下，中央銀行數位貨幣也許會透過政府法令，剝奪銀行做為中介的地位。

《經濟學人》在探討中央銀行數位貨幣的封面故事就指出，如果大家處理金融業務時，都開始直接與政府往來，而「零售銀行資金枯竭，勢必得由其他人負責放款來推動創業，進一步增加官僚影響信貸分配的不安前景。當危機出現時，儲戶將湧向中央銀行，導致銀行面臨擠兌」。[6]

對 Web3 來說，更大的風險是大型中心化加密貨幣公司日益增長，尤其是幣安和未來交易所等交易所，例如未來交易所，就在 2022 年因自身管理不善、可能的詐欺行為而倒閉，為整體產業帶來一大衝擊。幣安和未來交易所這類管道不應該主導整體產

業，畢竟 Web3 之所以引人矚目，原因正是它允許各方進行交易時無需信任、無需許可；它消除中介機構的角色，也沒有重新導入新的中介。

未來交易所倒閉後，美國證券交易委員會的皮爾斯說：「加密貨幣的核心議題在於如何解決信任問題：我們如何安全的跟陌生人互動和交易？從前是仰賴中心化的中介機構或政府，但密碼學、區塊鏈和零知識證明等技術帶來新的解決辦法。」[7] 從這個簡單的前提和核心原始技術出發，衍生出皮爾斯所謂的「多種其他用途，包括智慧型合約、支付、來源追溯、身分識別、紀錄保存、資料儲存、預測市場、資產代幣化，以及無國界人類協作等」。[8] 比特幣率先實現去中介化的目標，以太坊和去中心化金融應用後來居上，進一步推動各式功用。

未來交易所在發生變故前，以流暢的使用者介面和功能，吸引用戶如飛蛾撲火般大量湧入。未來交易所這類公司已經成為接觸數位資產和廣大 Web3 世界的重要管道，未來也可能是這樣。然而，入門管道無法代表整體產業。目前幣安在整體加密資產的占比高達半數以上；當資產集中在單一平臺時，我們就應該要小心。

2. 技術尚不完備，無法廣泛應用

Web3 技術是否已經完備，足以讓大眾輕鬆使用呢？Web3 是一個全新的疆界，就跟美國蠻荒時期古老的西部邊境一樣，有土地可開墾，有財富可創造；但同時也有陷阱和危險，最好稍微

熟悉一下地勢情況。使用 Web3 需要網路連線和一定程度的電腦知識，但並非每個人都具備這樣的條件，這也是領導者在推行 Web3 時必須克服的挑戰。

我們在 2016 年首度提出這項疑慮，當時比特幣網路的價值只有數十億美元，而以太坊尚未成立，智慧型合約、非同質化代幣、去中心化金融和去中心化自治組織尚未實現。使用比特幣的網路愛好者還在為它的未來爭論不休，有人還記得比特幣關於區塊應該記錄多少交易的「區塊大小」戰爭嗎？[9] 當時沒多少企業持有數位資產，政府幾乎沒注意到這個產業。但我們看到巨大的潛力，只是質疑這項技術能否跨越鴻溝，成為主流的應用服務。

儘管如此，企業已經習慣中心化的體制，通常也更偏好中心化；換句話說，他們可能不會全面採用 Web3 堆疊，而會接受所謂的「Web3 工具包」，用來幫助他們建立新產品和服務。合成資產平臺創辦人沃里克受訪時指出：「現在確實有一些中心化的參與者，但這體現的是技術發展初期的狀態，而不是最終狀態。隨著工具日益改進，去中心化解決方案將超越中心化解決方案。最終，大多數的網路服務將去中心化。但至少在當下，一定程度的中心化是必要的權宜之計。」[10]

此外，我們需要更好的使用者介面來支援錢包等 Web3 基礎功能。從前，蒐集用戶體驗回饋的最佳方式是，推出「夠好」的最小可行性產品（minimum viable product）。例如，馬賽克網頁瀏覽器一開始推出的形式，不是只讀取二進位資料，而是可支援讀取文字；短期看來，這使得本來就很慢的數據機傳輸速度變得更

慢，用戶體驗加劇惡化；但長遠來說，卻刺激創新的爆發。

　　另外，大多數用戶也許不太重視隱私和所有權等問題，因此我們必須打造更多獨立的功能。已開發經濟體的大多數人會比較關心隱私和個資的使用嗎？其實大多數人並不會閱讀使用和服務條款；許多父母不曉得如何教育孩子使用社群媒體，或根本不清楚孩子怎麼使用社群媒體。還有，大家時不時就忘記密碼；有些人乾脆讓帳戶失效，重新建立新的帳號。

　　Web3 技術未能廣泛應用，有一部分原因是政府真的不樂見其成。合廣投資公司的溫格表示：「當（歐洲中央銀行行長）拉加德（Christine Lagarde）說比特幣行不通時，她不是深信不疑才這樣說，而是因為她擔心比特幣可能行得通。」[11] 當一項科技面臨巨大的監管阻力，又有詐騙份子和駭客在一旁搗亂，創新者們必須克服許多難關，才能讓市場廣泛應用，而且他們必須有強力的價值主張。

　　另外，不可竄改和永久性（permanence）可能是資產，也可能是負擔──區塊鏈可能因此變得僵化。去中心化並不代表缺乏組織，但在電腦科學的歷史中，中心化的實體可以更快速的擴展。

　　儘管 Web3 承諾建立更去中心化、更開放和更有彈性的網路，但我們距離目的地還有漫漫長路要走。部分批評者認為 Web3 只是徒有虛名的去中心化，於是以縮寫 DINO（decentralized in name only）來稱呼 Web3。熱門通訊應用程式 Signal 創辦人馬林史派克（Moxie Marlinspike）在 2022 年撰寫過一篇頗具影響力的部落格文章，名為〈我對 Web3 的第一印象〉（My First Impressions of

Web3）。馬林史派克在這篇文章中挑戰 Web3 的前提，並剖析它的實際運作方式，凸顯出 Web3 在現實與理想之間的巨大落差。

馬林史派克寫道：「如果一件事物真正去中心化，就會變得十分難以改變，而且往往會停滯不前。這對科技來說，將是一大問題，因為當整個生態系迅速發展時，一旦你跟不上，就會失敗。」[12] 他指出，電子郵件做為開放協定，歷經三十年都一直沒有加密，但臉書旗下的 WhatsApp 卻在短短一年內就辦到了。

馬林史派克試用以太坊等眾多 Web3 工具，然後得出結論：Web3 有許多中心化的瓶頸，而且在某些情況下比 Web2 更不私密（當然也更原始）。[13] 馬林史派克的看法沒錯，Web3 並非完全無需信任：預言機是受信任的實體，向智慧型合約提供真實世界的資料；驗證者協助驗證以太坊等區塊鏈上的交易；即使是比特幣，礦工也透過驗證交易、建立新區塊來幫助保護區塊鏈。馬林史派克自詡為 Web3 領域的新手，但他的批評合情合理、發人深省，即使對最狂熱的 Web3 支持者來說，也值得一讀。

卡爾達諾（Cardano）是市值排名前十的 Web3 協定，創辦人霍斯金森（Charles Hoskinson）認為，馬林史派克在許多方面的批評都十分正確，但他並未因此斷定 Web3 事業不值得追求，而是將馬林史派克的疑慮視為創新者能克服的挑戰。卡爾達諾協定在 2017 年推出，但一直到 2021 年才導入智慧型合約。有鑑於 Web3 的成長過程遇到一些阻礙，現在看來，小心謹慎是明智的決定。

霍斯金森認為，許多技術專家操之過急，在 Web3 的一些基

本發展要件問題解決之前就搶先採取行動。他表示：「你需要身分識別、元數據、標準和認證、治理、監管，必須先完成這五項任務，而且還不能影響抗審查、去中心化和可取得性等特點。」但有些專案急功近利，試圖抄近路。霍斯金森指出：「如果真的是 Web3，每個專案都必須去中心化。」[14]

　　想要實現完全的去中心化，是難上加難的任務。如果從傳統商業的角度來看，我們會發現去中心化也有些缺點。一旦不透過中央機構來執行交易，就無法依靠他們來調解糾紛或撤銷詐欺交易；你無法索賠，因為不存在中央機構的過失。所以，我們是否需要建立更多的糾紛調解機制？事實上，有一群技術專家認為這個議題至關重要，他們寫信給國會議員，並指出：「為公眾服務的金融科技永遠必須具有防範詐欺的機制，並允許人為干預以撤銷交易；但區塊鏈兩者都不允許。」[15]

　　有些人認為，相較於傳統支付網路，使用區塊鏈的費用更為昂貴，且速度更慢。以太坊上的交易費用高於威士卡等支付網路，增加 Web3 經濟活動的阻力，不過隨著全新擴展解決方案和其他專用網路的出現，這些費用急遽下降；正如 1990 年代網站上線的費用高達數萬美元，但隨著新軟體工具問世，現在發布網站幾乎毫無成本。

　　在這些技術完全擴展和去中心化之前，我們是否應該先按下暫停鍵呢？在過去，我主張採取更實際的做法。儘管多數創辦人對自己的公司充滿傳教士般的熱忱，但其中有些人態度較為務實。我在 2022 年 10 月《財富雜誌》（*Fortune*）的專欄評論

中，寫到北美耶穌會傳教士如何恪守教義，但仍視情況靈活變通，讓教義順應當地既有的習俗、語言和敘事。例如耶穌會教士為了在地化，將《聖經》和《主禱文》翻譯成當地語言溫達特語（Wendat）。或許，Web3 傳教士也應該考慮翻譯去中心化的教條，以因應當下的情勢。

最後，我們應該承認，自託管對部分人士來說是特點，但對其他人卻是採用 Web3 的重大障礙。這表示用戶在 Web3 領域仍然需要值得信賴的服務提供者，畢竟並不是每個人都認為 Web3 工具的操作足夠直觀，因此談到自行持有資產時，有許多使用者抱持疑慮也是十分合理的現象。

Web3 音樂平臺傲聽的創辦人倫堡表示，未來交易所的問題應該「會讓大家投入更多時間和資源，提高完全自主、去中心化工具的可用性，以便管理數位資產」，不過他也承認，雖然「成為自主的加密貨幣用戶現在有可能辦到，但可用性的門檻仍然很高，導致許多主流用戶無法使用。」[16]

沃里克則抱持不同觀點。他希望：「基礎設施將隨著時間變得更去中心化，即使存在中心化的組成要件，這些要件也不是著重在託管和控制，而是更著重在可用性和用戶體驗等功能。」[17]

無庸置疑，Web3 創新人士正在打造更容易使用的工具，但個人和企業依然需要值得信賴的代理和合作夥伴（沒意外的話），以避免用戶因錢包持有的資產而實際遭到威脅或暴力搶劫，例如溫克沃斯所謂的「五美元水管扳手攻擊」（five-dollar pipe wrench attack）。[18]

3. 能源耗用過高，難以永續

　　Web3 和分散式應用程式未來將建立在以太坊、網宇、卡爾達諾、索拉納等權益證明系統之上，這些系統的能源消耗遠低於比特幣。由於比特幣消耗大量能源，反對者指責其浪費，但只有當使用的能源並未發揮有用的作用時，才稱得上是「浪費」能源；然而，比特幣網路保管數千億美元的資產，並服務數百萬人，包括許多無法使用傳統支付工具的人。

　　比特幣甚至可以幫忙補貼再生能源計畫，在源頭就擔任現成的電力買家；換句話說，不需為了推動專案而建造昂貴的電力線。埃克森美孚（ExxonMobil）正在北達科他州（North Dakota）開採比特幣，幫助減少排放。

　　這個試行計畫取得相當的成功，埃克森美孚打算擴大實施範圍，據說康菲石油公司（ConocoPhillips）也在進行類似的計畫，運作方式如下。典型的巴肯頁岩（Bakken Shale）會產生石油和天然氣，過多的天然氣最終會排放到空氣中或被燒掉，成為二氧化碳進入大氣的重要來源。由於燃燒天然氣，從外太空拍攝巴肯頁岩時，看來就像一座大城市。但埃克森美孚並未燃燒天然氣，而是與位於丹佛的克魯索能源公司（Crusoe Energy）合作，將天然氣加以捕獲並移轉到發電機，進行比特幣採礦。據克魯索能源公司指出，如此一來，比特幣挖礦可以減少多達 63% 的碳足跡。[19]

　　儘管如此，比特幣還是應該像其他產業一樣，努力實現淨零排放目標。世界經濟論壇、能源網路基金會（Energy Web Foundation）、洛磯山研究中心（Rocky Mountain Institute）和康舒公

司等四十多個支持單位發起加密氣候協議（Crypto Climate Accord, CCA），目標是在 2025 年之前，讓全球的區塊鏈百分之百使用再生能源。

這是值得稱頌的目標，前提是比特幣能繼續做自己——有人建議更改比特幣的底層程式碼，改用低能耗的權益證明共識機制，但這將會是一大錯誤，工作量證明並不是弱點，它賦予比特幣網路韌性和優勢。如同所有的 Web3 事物，問題可能很簡單，但回答常常是「情況複雜」。我們必須正視問題處理者在解決弱點上的進展，同時進行長期規劃。

碳信用平臺、再生能源網路平臺等去中心化自治組織，正嘗試協調大規模行動，來因應氣候變遷等全球議題。去中心化自治組織是 Web3 的核心原始技術，考慮到比特幣區塊鏈和 Web3 整體普遍被視為汙染源的形象，運用去中心化自治組織來應對氣候變遷的想法似乎有所矛盾。然而，媒體報導往往不見得全面，有時甚至會與事實相悖。

4. 不法份子將會利用 Web3

理解這項議題需要一些敏感度。首先，犯罪份子更常使用現金，而不是加密貨幣。原因是現金難以追蹤，而區塊鏈會留下無法竄改的數位足跡，任何能力還不錯的聯邦調查局探員都可以藉此抓住潛在的罪犯。依照區塊鏈分析公司鏈析的估計，跟非法活動有關的比特幣交易占 1%。鏈析公司利用區塊鏈打擊犯罪，確保企業和機構安全，發展出價值約有三十億美元的事業。[20]

　　看過新聞的人都曉得，光是數位足跡這個答案無法令人滿意。畢竟在龐氏騙局主謀馬多夫（Bernie Madoff）之後，最大的金融騙子或許就是班克曼弗里德（Sam Bankman-Fried）；他是未來交易所的前執行長，被指控犯下多項罪行，而未來交易所的倒閉也削弱公眾對 Web3 的信任。透過未來交易所的例子，我們認識到比特幣創辦人中本聰試圖避免的事：一個「大到不能倒」的組織和少數掌權者承擔過度的風險，進行不透明的操作，導致未來交易所破產倒閉。

　　縱觀歷史，每逢經濟混亂或技術創新的時期，常有不肖份子利用、剝削無知的投資人謀利。弗格森把這個過程分為五個階段：首先是變動期（displacement），也就是「經濟環境變化創造有利可圖的新機會」時；接著市場進入異常興奮（euphoria）或過度交易（overtrading）階段，這是一種回饋循環，不斷上升的期望推動資產價格上漲；再來是狂熱（mania）或泡沫階段，新手投資人湧入已經過熱的交易市場，這時騙子會試圖詐騙；然後泡沫破裂，陷入困境（distress），掌握私密資訊的內線人士開始拋售持股；最後階段是厭惡（revulsion）和信用破產（discredit），剩下的投資人「蜂擁退場」。[21]

　　弗格森指出，假如那些著名的 Web3 批評者回到過去，經歷一次南海泡沫事件，大概都會給予股票「最後的祝福」，悲觀看待那些無法挽救的投資；可是到了現在，公開股票和股權融資已經成為資本主義的基礎原始技術。Web3 工具能提供管道，讓我們不過度依賴未來交易所等中介機構。就像本書提到的，全球各

地的創新人士正加緊腳步，在開放協定上建立有用、強大、安全、簡單、去中心化的工具。

我們詢問其中一部分人士：未來交易所破產是否會改變他們對 Web3 的看法？拉古納遊戲公司的盧芮亞表示不會。她說：「如果你想參與這個領域的發展，就必須真正了解 Web3，包含它的好壞優劣。」[22] 她反思 Web2 和 Web3 參與者之間的差異：「我在遊戲業工作十五年，但在加入拉古納遊戲公司、開始製作非同質化代幣遊戲之前，從來沒有遇過這麼多居心不良的人試圖利用我們的遊戲。」

盧芮亞表示，儘管 Web3 具有「去中心化、所有權、社群和分散式決策」等優點，但也自然而然衍生出「詐騙、貪婪和缺乏責任感」等弱點。在她看來，未來交易所倒閉雖然「令人難過和憤怒」，但並不意外：「Web3 是潘朵拉的盒子。」正因如此，她更堅信「Web3 領域要有更多正派的參與者」。Web3 有太多「不良份子」存在，是迄今無人能解的一大難題。[23]

因此，我們必須向行為惡劣的人追究責任，同時努力保有Web3 的長處。所幸，許多政府官員並沒有因個人的犯行而忽視Web3 產業本身的價值。

巴哈馬警方在 2022 年 12 月 11 日逮捕班克曼弗里德。隔天，北卡羅來納州共和黨議員麥克亨利（Patrick McHenry）在未來交易所國會聽證會上指出：「班克曼弗里德的行為並不稀奇；我們從前就已經見識過，從 1800 年代末，聯合太平洋鐵路（Union Pacific）故意哄抬鐵路建設價格，讓高階主管中飽私囊；或是

1900 年代，騙子帕克（George C. Parker）非法『出售』布魯克林大橋、麥迪遜廣場花園和自由女神像而被捕；直到 2000 年代……安隆公司（Enron）爆發大規模企業詐騙和貪腐事件，撼動整個商界。」

麥克亨利表示，他可以將這些冒牌貨與班克曼弗里德進行許多比較，但基本上就是不法份子使用新技術從事「老派詐騙」。[24] 他補充道：「但事到如今，我們依然在使用鐵路、買賣不動產，並仰賴企業提供服務。」麥克亨利建議同僚「不要把個人的不當行為，與產業和創新帶來的益處相提並論」，他深信「數位資產，和全球各地以區塊鏈技術為基礎的資產或工具，將大有可為」。[25]

明尼蘇達州共和黨眾議員埃默（Tom Emmer）則敦促同僚「理解班克曼弗里德詐欺事件的本質：這是中心化的失敗、商業道德的敗壞和犯罪，不代表技術的失敗。」他表示，他自 2019 年上任以來就致力於跨黨派合作，好讓「加密貨幣的未來能夠反映美國的價值觀，正如目前網際網路所呈現的樣貌。對於積極參與加密資產政策的國會議員而言，未來交易所的倒閉讓我們再度回想起，為什麼要關注加密貨幣技術。因為去中心化」。[26]

這些政治人物的言論提醒我們，Web3 其中一大屬性就是對等式交易：任何人都能隨時隨地用它來移轉資產，無需中介。然而諷刺的是，Web3 許多行為惡劣的人都不是技術的使用者，而是中心化企業的管理者和所有權人。

5. 政府將會阻礙甚至壓制 Web3

Web3 創新者仍舊擔心，政府官員、政治人物和贊助政治活動的特殊利益團體會為了保護自身利益，或僅是出於不理解的恐懼，而試圖扼殺這項技術。例如，麻州民主黨參議員沃倫（Elizabeth Warren）向來是加密貨幣的強烈批評者。在她眼中，只有壞人才使用加密貨幣，但這項指控毫無事實根據。[27] 我曾希望，自詡為進步人士的沃倫能對加密資產抱持更開放的態度，畢竟這項技術能削弱大銀行的經濟實力。說到大銀行，有人批評沃倫是社會主義者，但沃倫試圖加以反駁，聲稱自己「骨子裡是資本主義者」，最不滿的是藉由親近政治權力，來獲得特許權的強大既得利益者，例如華爾街銀行。

但是，致力於加密資產政策議題的非營利組織礦癮公司（Coin Center）分析沃倫推動的《數位資產洗錢防制法》（Digital Asset Anti–Money Laundering Act）後，指出該法案是「有史以來對加密貨幣用戶、開發者的個人自由和隱私最直接的攻擊」，原因是它將「迫使協助維護公共區塊鏈基礎設施的人註冊為金融機構，這些人包含軟體開發者或網路交易驗證者」。[28] 一旦這些個人志願者成為金融機構，就具有法律義務，必須「(1) 辨識出是誰使用軟體或透過連網電腦發送交易，並記錄用戶的個人資訊；(2) 開發洗錢防制程式，將風險量化並加以評估，在懷疑有人移轉犯罪相關資金時，封鎖他們的軟體或網路流量；(3) 提交用戶報告，發起行動時無需搜索令、政府規定或合理理由」。[29]

龍捲風現金（Tornado Cash）、零幣（Zcash）和門羅幣（Monero）

等隱私技術也受到嚴格審查。2022 年 8 月，「美國財政部單方面越過法令規定，禁止美國個人和法人使用龍捲風現金，違者視為犯罪」。龍捲風現金是熱門的金融隱私工具和「混幣器」（mixer），用於進行私人和匿名加密貨幣交易。[30] 龍捲風現金只是一個軟體、一些無人擁有的開源程式碼。然而，財政部卻將龍捲風現金的網站和相關錢包加入外國資產控制辦公室（OFAC）的制裁名單中，這份名單通常是針對「涉及恐怖主義、敵對國家或其他國家制裁活動的人，以確保這些人無法從美國金融體系中受益」。[31]

美國政府聲稱透過龍捲風現金洗錢的金額高達 70 億美元。區塊鏈分析公司伊利堤克（Elliptic）估計，真實的數字應該接近 15 億美元。[32] 鏈析公司在 2023 年一份報告中歸納，這個數字接近龍捲風現金平臺總交易量的 34%。

這些制裁有效嗎？鏈析公司指出：「龍捲風現金在智慧型合約上運行，無法像中心化服務那樣被撤銷，因此除了讓違反制裁的人承擔法律後果之外，沒有其他手段可以阻止大眾使用。」[33] 但龍捲風現金因受到制裁而關閉網站和相關錢包，產生巨大的影響：截至 2022 年 12 月，龍捲風現金平臺上的總價值約為 1.11 億美元，一年內下滑 78%。[34]

在目前的數位經濟中，大型數位平臺、金融中介機構，以及這些組織的股東，靠著不對稱的方式攫取財富，導致社會不平等日益加劇。平臺和用戶之間結構性的權力失衡，危及隱私和自主的傳統概念。

　　我們必須幫助參議員沃倫和其他人理解，Web3 能夠幫助我們解決政府不能解決的問題。再者，如果沒有政府的參與和監管，Web3 也無法兌現承諾。

　　加密貨幣創新委員會的華倫認為，監管工具有助於推動 Web3 的採用，故意不談監管議題跟監管不善一樣糟糕：「我們不能用鴕鳥心態來逃避監管問題，但加密貨幣圈有些人試圖這樣做，有些 Web3 的早期支持者認為：『如果我們假裝監管制度不存在，監理機關也不存在，他們就不會注意到我們』，這種想法大錯特錯。」[35] 華倫先前曾任職世界經濟論壇，當時她會定期召集利害關係人，並溫和的敦促各方，直到他們找出解決方案。

　　雖然如此，目前的監管和政策基礎架構確實還不足以因應數位時代的發展。Web3 重塑網際網路的隱私、包容和參與，讓網路中創造社交、金融等各方面價值的人能獲得相應的報酬。去中心化的 Web3 普遍應用於全球，像沃倫參議員提出的糟糕法案並不會扼殺這項技術，但可能會迫使人員、資本和其他資源轉移到海外其他地區。

　　現在是數位資產、Web3 和區塊鏈發展的關鍵時刻。政府了解傳統中介的金融保管機構，但 Web3 沒有中介幫忙保管，資產全由用戶掌控。監理機關知道怎麼監督企業與個人，但不懂複雜的程式碼和數學。將每種數位資產都歸類為證券也大有問題；美國眾議員埃默身為國會不斷壯大的區塊鏈核心小組一員，對證券交易委員會主席詹斯勒（Gary Gensler）的做法表示擔憂：「如果詹斯勒將市值十億美元、擁有數萬名投資人的代幣視為證券，這些

投資人會有什麼反應？代幣的價值會暴跌，散戶投資人將無法進行交易。」[36] 在目前的情況下，政府難以阻擋 Web3 持續成長，但中央的監管態度和方法會左右這個產業的未來。

我們需要明確的規則來引導 Web3 領域，以實現安全且永續的創新技術。許多新技術在起步時並不順利，因為在位者會質疑它們的效用，網際網路就受到這種偏見的影響，汽車也遇過同樣的情況。早期的汽車速度慢、不可靠，而且對駕駛和行人都很危險。後來，我們針對汽車製造商制定出全新的規則，修建道路，樹立路標和交通號誌，並規定駕駛考取駕照，這些措施幫助我們順利轉型到汽車時代。

現在也應該採取相同的做法，政府與個人用戶、Web3 相關企業、支持創業家和政策制定者的創投投資人，應當共同承擔責任，一起把事情做好做對。

6. 誘因不足以吸引大規模採用：啟用問題

家父與我在《區塊鏈革命》中，曾提出對這個議題的擔憂。結果是多慮了，情況恰恰相反：代幣把早期採用者和用戶變成網路經濟的參與者，為大規模協作和採用提供極大的誘因。

狄克森說過：「在 Web2 時代，想克服自立創業的障礙，意味著創業家需要極大的努力，還有許多情況是要在銷售和行銷上砸大錢。」[37] 因為創業過程十分艱難且成本高昂，以致只有少數網路能達到全球規模。而一旦它們立定根基，成為像臉書之類的 Web2 巨頭，針對類似用戶的新網路就很難與之匹敵。他繼續

說道：「Web3 為自立創業的網路平臺導入強大的新工具：代幣獎勵……基本概念是，在早期創業階段，網路效應尚未發揮作用時，先透過代幣獎勵為用戶提供金融效用，以彌補原生網路效用上的不足。」[38]

此外，我們在本書也探討過代幣經濟學的另外一大隱憂：賺錢的經濟動機將凌駕在 Web3 應用程式的其他功能之上。投機者和套利者會入侵 Web3 應用程式，竭盡所能的攫取價值，接著再移往下一個標的，他們實際上從來沒有按照預設用途來使用應用程式。

為了克服這項挑戰，我們需要讓應用程式變得既實用又有趣。安霍創投的辛普森指出：「獎勵措施非常重要。」她接著補充：「如果能把獎勵機制結合到大家想要的產品、服務或網路，就會獲得十分強大的組合。舉例來說，你不能只有代幣，卻沒有吸引人、有趣的產品或服務；但是，如果你的產品或服務已經引起許多人感興趣，而且大家樂於為此貢獻，那麼加入區塊鏈元素和代幣獎勵，對於推動生態系發展將是一大助力。先吸引人們參與，再獎勵他們的貢獻，並建立長遠、持久的機制。」[39] 所有權和獲利動機必定是人們與應用程式互動的眾多原因之一，但不是唯一的原因。

7. 區塊鏈將導致就業機會減少

我們在《區塊鏈革命》中，曾質疑區塊鏈是否會取代許多白領工作，例如會計、法務，甚至管理職。Web3 確實逐漸改變勞

動市場的性質，但它創造的就業機會似乎勝過受衝擊的職務。我
們看到新的工作型態，像是數位藝術家、職業電競玩家、流動性
礦工，以及非同質化代幣交易商。軟體開發人員則為去中心化自
治組織提供服務。[40]

　　在 Web2 時代，有為的年輕人在思索未來職涯時，也許會把
目光投向矽谷或華爾街。但大型中介機構通常只考慮頂尖學校的
畢業生，優先考量正式文憑。他們會要求你到辦公室上班，接受
密集培訓，並向上級匯報。

　　具有去中心化自治組織等創新技術的 Web3，具有最低度的
階級制度、管理團隊、居家辦公等特點。臉書和高盛等大企業依
舊吸引著頂尖人才，但它們的獨占地位逐漸弱化，這一點從品管
工程師流向 Web3、人工智慧、物聯網等領域的新創公司來看，
已不言而喻。

　　鏈遊公會公司就是這方面的先驅社群，吸引大眾加入 Web3
尋求賺錢機會。鏈遊公會公司共同創辦人李貝麗表示：「我們
希望，當大家想加入 Web3 去中心化應用程式賺取報酬時，鏈
遊公會公司會成為首選平臺，就像自由工作網路平臺五元外包
（Fiverr）一樣，創作者可藉此接案賺取收入，只不過是在元宇
宙中。」

　　她在談到步步賺、汗幣，以及遊戲《運動靈獸》（Genopets）
等日益流行的「邊 X 邊賺」Web3 應用程式時也補充：「我們也
在關注『邊 X 邊賺』機制，例如邊學邊賺或邊動邊賺；好比元
宇宙夢工坊平臺（Metacrafters），它讓用戶可以學習程式設計等模

組，不論是以太坊和智慧型合約，或索拉納和智慧型合約，只要用戶完成模組，就會獲得獎勵，並受到雇用，獲得工作的機會也會跟著提高。」[41]

對於開發中國家積極進取的 Web3 用戶來說，也許能藉此開拓新的賺錢機會。拉古納遊戲公司的沃爾夫也認為，去中心化自治組織有可能成為新一代的零工經濟（gig economy）。她指出：「也許我加入 15 個不同的去中心化自治組織，然後看到某個團隊在做的專案——我剛好有時間，而且那個專案看起來超級有趣，於是加入專案並努力工作。」[42]

假設你具備必要的技能組合，便能選擇有趣且具備經濟報酬的專案，獲得股權或治理代幣等其他財務獎勵，有機會受惠於專案的增值空間。此外，Web3 本身也創造愈來愈多新的就業機會。據布洛克公司指出，「數位資產」產業的就業人數自 2019 年以來飆升 351%，如今業內有 421 家公司，雇用 82,248 名員工，而 2019 年僅有 158 家公司，雇用 18,200 名員工。[43]

擴大的經濟機會將推動 Web3 的採用，進而幫助許多早期用戶啟用等同於美元銀行帳戶的帳戶。原因在於，如果用戶為某個應用程式完成有用的任務，並獲得原生代幣做為報酬，只需要一個步驟就能把代幣轉換為熱門穩定幣 USDC。突然之間，無法取得美元或特定情況下沒有銀行帳戶的人有了新工具，可以移轉、儲存，甚至投資美元。由此可見，公會能化為助力，促進更大的經濟繁榮。

8. 治理工作猶如放牧貓群，極為困難

　　區塊鏈和去中心化自治組織的治理，會隨著時間推移而不斷演變。儘管去中心化自治組織的前景看好，但現實的情況是，它們有許多跟傳統治理結構相同的限制，例如選民的冷漠。[44] 代幣持有人經常忽視需要他們同意的治理審核工作，將決策權留給少數比較關心營運的大型利害關係人。[45] 這就像傳統治理模式下，大多數公司的代理投票一樣。此外，極端的去中心化也許適用於某些產業，但垂直整合和傳統組織架構可能更適合製藥等其他產業。

　　無論你是上市公司的股東或是民主國家的公民，想必都很熟悉上面提到的治理挑戰。我們撰寫《區塊鏈革命》時，不只質疑權益證明網路是否能推動軟體升級，也懷疑權益證明機制是否真的能成為組織和保護區塊鏈的系統。因此相較之下，目前的擔憂其實來自先前的成功治理，例如：市面上有數十個運作中的第一層智慧型合約平臺。所以，去中心化自治組織仍然需要克服治理的挑戰。

小結與重點摘要

　　技術創新並非一段確定的過程，結果難以預料。隨機事件和外部衝擊都可能左右最後的結果。正如我們從大量案例所獲得的結論，新技術在一開始發展時，一旦出現失敗或使用經驗不佳的情況，都會導致新技術受到負面影響——只要問問核能發電的推

動者就知道了。觀察 Web3 時，可以發現有許多地方需要改進，也有許多地方可能出錯。但我們必須捫心自問，這些因素是否足以構成放棄或不支持 Web3 發展的理由；抑或，它們只是尚待克服的推行挑戰？以下為本章重點摘要：

1. 千萬不要根據第一個出現的應用實例來評判新技術。Web3 是一項通用的技術，不完全是加密貨幣（處理貨幣和支付的應用程式）。這項技術為了滿足用戶即將提出的需求，正迅速發展、有待成熟。

2. 批評 Web3 浪費能源的說法並不可信，現今多數創新都建構在以太坊等權益證明系統上。比特幣雖然會有碳足跡，但在全球使用的能源，比洗衣機消耗的還少，而且引導全球的是，比特幣使用的電力中有將近一半來自再生能源。[46] 此外，西方菁英主義不乏以下觀點：世界各地視比特幣為救生索的貧民應該對此感到內疚。

3. 強盛的舊典範可能會抗拒 Web3 工具，也可能接受，但不太可能加以奪取。Web3 原生社群的吸引力太過強大，已經有愈來愈多的企業大力採用這些工具。

4. Web3 不會減少就業機會，而會幫助全球各地的人以全新的方式賺取收入。我們可以想想下面的例子，看看你是否接受：假如 Web3 讓印度的開發人員有機會與德州奧斯汀的開發人員一較高下，爭取相同的工作和代幣獎勵形式的「股票報酬」，那麼德州的開發人員應該要提供更好的產品或服

務，畢竟德州人擁有更多的資源或能力，對吧？

5.　政府可以阻礙 Web3 的發展，也可以實現它。

　　關於最後一點，我們需要合宜的架構和法規來保護使用者並促進創新，單靠執法進行監管的現狀必須終止。華倫指出：「創新者不能在流沙上發展。如果他們無法確知監理機關的反應，就無法前進。」[47]我們將試著在〈結語〉解答這個問題，並為讀者提供向前邁進的建議。

結語

Web3的S曲線：預測多於預言

　　發動俄國十月革命（Bolshevik Revolution）的烏里亞諾夫（Vladimir Ilyich Ulyanov）曾說：「有時可能幾十年都沒有大事發生；但有時也會在短時間內，一口氣發生幾十年才出現的巨變。」[1] 在挑動變革時，化名能帶來獨特的影響力，而他更廣為人知的化名是列寧（Lenin）。

　　數位科技以倍速成長，摩爾定律主張，運算能力約每十八個月就會翻倍。數十年來，已經證明這個預言相當正確，不過許多人認為，創新者實現量子運算商業化後，算力的成長將會放緩。儘管如此，比起摩爾（Gordon Moore）開發半導體技術時的世界，現今的世界已有極大的差別。2020 年爆發的新冠肺炎疫情加速數位生活的發展，打亂全球供應鏈原本緊密連結的關係，各國關閉國界以保護公民的健康，並重啟當地製造業。遠距工作成為新的常態。

　　區塊鏈做為 Web3 的基礎發展要件，自 2009 年比特幣推出以來一直存在。然而到了今天，Web3 發展給人的感覺仍是為時尚早，跟過去的技術發展趨勢沒有差別。據克里斯汀生觀察，「技術發展之初，在效能上的進步緩慢」。但隨著技術被採用並

獲得公眾理解，就會加速改進和擴展。然而，技術最終會達到飽和，成長趨緩。在這個階段，「將需要投入更長的時間或更多工程學的努力來改進技術」。[2] 這個起初緩慢、中段迅速加速，到末段漸緩並趨平的成長過程，通常稱為「S 曲線」。

霍斯金森認為 Web3 還沒有達到 S 曲線的轉折點，也就是他所謂的「ChatGPT 時刻」。霍斯金森指的是 2022 年 OpenAI 推出的人工智慧聊天機器人，「ChatGPT 正是那種推出後公認的破壞式創新技術，因此獲得大規模採用——短短五天就擁有一百萬用戶」。他補充道：「大家都感到驚慌失措。」這正是區塊鏈所需要的，「明顯指出市場發展方向的這種『ChatGPT 時刻』」。依照霍斯金森的看法，索拉納、幣安、卡爾達諾和比特幣各有特色，但沒有人會對著其中任何一個說：「這是會獲得十億用戶的模式，我們要做的就是灌溉它。」[3]

說到灌溉，別忘了，農業革命可是歷經數萬年的反覆試驗後才發生的，多數人在此之後才放棄狩獵採集的游牧生活，轉向定居的農牧生活。早在蒸汽機發明之前，工業革命的種子已在十五世紀和十六世紀播下。這些種子包含化學武器和火器的進步，使征服成為可能；印刷術的發達，促使大眾傳播興起；封建制度崩潰，改變資本（領主）和勞動力（農民）之間的權力平衡；全球貿易興起，加速商品、思想和病原體的交流。但真正的工業化一直到數個世紀後才開始。

紐科門（Thomas Newcomen）在 1710 年代改良蒸汽機並應用於英國煤礦業，但在那之前數十年，蒸汽機一直只被視為新奇的

技術。[4] 英國歷史學家朱特（Tony Judt）曾說，進入二十世紀，許多歐洲農村居民的生活仍舊與數世紀前的農民差不多；[5] 第二次世界大戰後，「比利時的鄉村生活依然跟上一個世紀畫家米勒所描繪的一樣：用木耙蒐集乾草，以連枷擊打稻草，人工採摘水果和蔬菜，並用馬車運輸」。[6]

資訊革命始於 1930 年代運算科學的進步和 1949 年電晶體的發明，但電腦在將近半個世紀之後才真正成為家用電器。1969 年，柯連洛克（Leonard Kleinrock）與他在加州大學洛杉磯分校的研究生，發送第一條網際網路訊息；但過了近二十五年後，美國政府才開放全球資訊網用於商業用途；此後又經過三十年，企業和非政府組織終於將全球資訊網交付至 51.8 億人手中。[7] 工業化歷經數百年、運算發展也花費數十年的時間，而 Web3 大約僅用了十年，就達到 S 曲線的轉折點，開始呈現拋物線增長。

個人和企業是否會很快採用 Web3 呢？會比採用第一代或第二代全球資訊網，甚至個人電腦等其他科技創新更快嗎？話別說得太早。溫格第一次使用網際網路時，是在麻省理工學院的電腦實驗室，他在電腦上發現馬賽克網頁瀏覽器，然後接下來的四個小時都在上網，完全沒做統計作業。溫格回憶：「我當時心想：『天哪，報紙將亡！』但足足花了二十年的時間，這件事才實現。」[8]

以 Web3 而言，由於目前的資產類別與現有的法律不相容，真正的轉變可能需要更長的時間。溫格說：「網際網路技術相對簡單，Web3 遠遠複雜許多，而且還存在阻力。如果網際網路發

展需要花費二十年，我認為我們最好調整一下期待，Web3 也許
需要三十年或四十年。」[9]

霍斯金森表示認同：「長遠來看，我們將需要數十年的努
力，就像全球資訊網花費數十年發展一樣。我們在 1990 年代發
明 JavaScript、瀏覽器、網頁憑證和網路追蹤器（cookie）……但我
們是否真的達到全球資訊網的理想境界？」[10]

溫格也認為，姑且不論一項技術的潛在效用如何，公眾看
法足以左右它的發展和採用。他以核能為例並憤憤不平的表示：
「我們自 1960 年代以來，一直有能力建造核電廠，但進展卻慢
到不能再慢。即使了解核能發電不會製造碳排，理論上應該建造
大量核電廠，但人們的態度卻充滿抗拒，只是想著『千萬別蓋在
我家後院，別蓋在我待的州或我住的城市附近』。」[11]

技術採用和傳播的路徑不同，不單只是取決於底層技術的特
點。溫格表示，技術也受到早期使用案例、複雜問題、當然還有
監管環境的影響。重大醜聞不會擊垮一項技術，畢竟南海泡沫事
件並沒有阻止股份公司的發展，但這類醜聞確實有可能會使新技
術受挫，業界必須正視未來交易所破產事件，以免它成為 Web3
的三哩島（Three Mile Island）事故。

政策制定者另一個難得的「登月」時刻

各國政府再度面臨人類史上另一個獨有的領導機會，有些政
府則響應號召並採取行動。2022 年，白宮發布各界期待已久的

數位資產和 Web3 相關行政命令。這不禁讓人想起一則老報導，裡面引用前英國首相邱吉爾（Winston Churchill）說過的話：「你永遠可以指望美國人做對的事——通常會在他們先試盡其他一切方法之後。」[12]

白宮發布行政命令的消息，確實感覺像是突破了阻礙進展的僵局。然而，未來交易所崩盤後，拜登政府收回最初的熱情。白宮《2023 年經濟報告》中，拜登政府用整整一章的篇幅來討論加密貨幣的風險，並重申一部分早已被證實錯誤的批評。

所以，現況是什麼呢？Web3 和數位資產攸關國家利益，兩者是下一個經濟進步時代的基礎。儘管美國企業家和公司主導商用網際網路前二十五年的發展，但時移世易，科技管道、人才、創業熱誠，以及建構偉大企業和組織所需的工具現在隨處可得。如今新加坡和杜拜等國家張開雙臂歡迎 Web3 企業進駐，透過法規套利（regulatory arbitrage）*，吸引業界數一數二的公司。美國在這場競賽中並沒有占得任何上風。

史密斯身為區塊鏈協會常務理事，主要的工作是幫助大眾認識 Web3 的重要性，以及讓當權者明白為什麼必須關心 Web3。史密斯很熟悉華盛頓特區的運作方式，她過去在政府工作二十年，期間推動、引導、遊說並促成許多真正、實質的改變。對史密斯來說，Web3 是罕見的跨黨派議題，立法者了解得愈多，就愈明白 Web3 是真正可以改善每個人生活的通用技術。未來交易

---

* 編注：法規套利是指在不違反法規的情況下，降低監管要求（例如選擇監管相對寬鬆的地方）以節省成本，獲取更大的利潤。

所倒閉事件讓局勢變得一團亂，但史密斯一直幫助兩黨立法者超越班克曼弗里德的犯行，找出用 Web3 嘉惠選民的方式。

例如，普惠金融就引起民主黨的關注。史密斯表示：「檢視加密貨幣持有人的人口統計資料時，會發現非裔和西班牙裔美國人的占比相當高。這些族群發現加密貨幣是更容易使用的投資方法，也更方便分配資金，尤其是匯款到海外。」[13]

反對者經常把代幣誤解為投機性投資或特權族群的數位玩具。但在銀行服務不發達的地區，有 37% 的人擁有數位資產，利用數位資產來進行支付、儲蓄、投資新興技術，並使用各種去中心化金融服務來彌補傳統金融服務的缺口。[14] 此外，根據芝加哥大學全國民意研究中心（National Opinion Research Center）的調查，美國 44% 的數位資產持有人是有色人種。[15] 相較之下，美國完整擁有銀行帳戶的人口中，只有 10% 持有數位資產。[16]

美國之外的情況更為嚴峻。在開發中國家，許多人沒有銀行帳戶或國內銀行服務不發達，而且當地貨幣還經常出現惡性通膨，民眾生活在政府嚴厲的資本管制下苦不堪言。

以奈及利亞為例，全國近 30% 的居民使用比特幣做為法定現金的替代品。在薩爾瓦多，大家持有的比特幣錢包比銀行帳戶還多。[17] 小狐狸錢包在菲律賓和越南最受歡迎，透過這種數位資產錢包，個人可以買賣、儲存加密貨幣和非同質化代幣等數位藝術品；這兩國的年輕人利用去中心化金融來賺錢，以及玩《無限小精靈》等邊玩邊賺的遊戲。[18] 土耳其最近一輪的貨幣波動期間，使用里拉的數位資產交易量大幅增加到 18 億美元，超過前

五季的數據，土耳其里拉成為 2021 年秋季「買進泰達幣（Tether）總額最高的政府發行貨幣」。[19]（泰達幣是以美元為基礎的熱門穩定幣，所以土耳其人其實是在尋找儲蓄美元的簡便方法。[20]）

史密斯表示：「另一種說法是 Web3 符合兩黨期待，畢竟大家都討厭（Web2）企業，並且希望有替代方案能普及全球資訊網服務，包含全球資訊網基礎設施或應用程式。」[21]令許多人感到驚訝的是，「對 Web3 領域滿懷熱忱的人，並非全部都是自由派的無政府主義者」。[22]史密斯指出，其實「他們通常是終身的民主黨員，非常關心氣候議題、反貧窮議題，十分認同民主價值」。

史密斯的努力終於奏效。美國國會成立跨黨派的 Web3 小組，成員包括合作制定 Web3 法案的懷俄明州共和黨參議員拉米斯（Cynthia Lummis）和紐約州民主黨參議員吉利布蘭（Kirsten Gillibrand），再加上密西根州民主黨參議員史塔伯諾（Debbie Stabenow）和阿肯色州參議院議員布瑟曼（John Boozman）。史密斯表示：「跨黨派的政策制定會帶來最穩健的政策，讓政策不至於因選舉的政黨輪替而變動。我們希望能維持這種狀態。」[23]

史密斯回顧 1990 年代美國政府向私部門開放網際網路科技的情況。[24]她記得 1995 年時，在參議院上百間辦公室中，只有麻州民主黨參議員甘迺迪（Ted Kennedy）的辦公室可以上網。她回憶：「有人在某處向內布拉斯加州民主黨參議員艾克森（J. James Exon）展示網際網路，然後他印出一堆情色內容，放在藍色資料夾中，向他的同僚展示何謂網際網路。」[25]結果國會最初對網路的擔憂是，它只是發布情色內容的工具。共和黨人對此特別

反感。

　　拜登總統支持數位資產的行政命令踏出第一步，讓我們邁向歷久彌堅的 Web3 框架，重新思考 1996 年《電訊傳播法》（Telecommunications Act）的現代版本。《電訊傳播法》有深遠的影響，對網際網路第一紀元的創新爆發至關重要，[26] 如今政策制定者和業界領袖可以共同努力，制定類似於《電訊傳播法》的法律或規定。

　　首先，任何新規則都必須可區分技術和以技術為基礎建立服務的公司。從網際網路的經驗來看，我們不會規範網路時間協定或超文本傳輸協定（又稱為全球資訊網），但確實會試圖規範 PayPal 等平臺、康卡斯特公司（Comcast）等網路服務供應商，以及亞馬遜等使用協定的其他企業實體。我們可以嘗試類似的策略。切記，問題不在於加密貨幣的去中心化程度過高，而是加密貨幣中介企業過於中心化，以及它們的營運方式和財務狀況都沒有公開給大眾。

　　史密斯指出：「當時參與世界經濟論壇的奧勒岡州參議員懷登（Ron Wydens）、田納西州參議員高爾（Al Gores）和西維吉尼亞州參議員洛克斐勒（Jay Rockefellers）等民主黨議員，把網際網路視為強大的工具。1996 年《電訊傳播法》有許多活動推波助瀾。緬因州共和黨參議員史諾（Olympia Snowe）成立教育費率計畫（E-Rate Program）提供助力。[27] 蒙大拿州共和黨參議員伯恩斯（Conrad Burns）制定《電訊傳播法》第 706 條，談到追蹤網路的使用情況。[28] 當時除了反情色議題之外，兩黨相當合作。」

　　《電訊傳播法》把網際網路服務供應商歸類為輕度管制的「資訊服務供應商」，而不是電信網路等管制較嚴的「公用電信事業」，因此不必對透過其基礎設施共享的內容負責。這產生普遍正面的影響，使得網路價值呈現爆炸般的成長，但網際網路服務供應商確實有責任刪除或阻擋違法資料。[29]

　　立法者該注意什麼？史密斯表示：「政策制定者喜歡討論相同的活動、風險和監管措施。但由於所有權的因素，風險截然不同。我們之所以能擁有數位資產，是因為第一次有數位稀缺性，我們可以在不依靠第三方代管交易的情況下進行交易，這跟當今傳統金融服務的運作方式大不相同。」[30] 目前的監理機關是透過認識客戶、洗錢防制和打擊資恐等機制，把法律的部分面向外包給專業機構。

　　史密斯指出，政策制定者、公司和消費者都在談論穩定幣。她表示，「大家想確定，如果穩定幣以美元做為準備，那它的銀行帳戶裡就該確實有美元。這並非毫無道理。穩定幣的系統跟現今的『部分準備制度』（fractional reserve banking）非常不同，我們需要一套架構來檢視這個議題。此外，數位世界的保管方式與傳統金融服務界也完全不同，但大家同樣想確知市場具有誠信」，而且不易受到操縱。[31]

　　她指出：「我們希望有人代表消費者監督這些事情，但缺乏大宗商品現貨市場的監理機關。證券交易委員會和商品期貨交易委員會都沒有這個權力，因此國會必須制定新法規，立法者必須審視這個領域的不同參與者，並找到適當的監管措施。這方面可

以借鑑 1996 年的法案，法案並沒有把網際網路服務供應商視為電信公司，儘管我們可以透過網際協議通話技術（VoIP）在網路上使用語音通話。」[32]

史密斯繼續說道：「同理，數位資產也具有不同的特質。我們必須找出實際上的風險，並制定應對的框架。所幸，有些具前瞻性的監理機關已經提出良好的方針，大則像是金融犯罪執法局（Financial Crimes Enforcement Network），小則像是國稅局（Internal Revenue Service）。」[33]

對於聯邦機構願意審視本身權責，並盡最大的努力解讀加密貨幣，史密斯十分讚許。但目前所有的機關都仰仗國會闡釋明確性和新的權限才能夠採取行動。她表示，美國國會也許能夠「在 2023 年或 2024 年做出一些成果，因為市場已經夠大，我們有具備足夠知識的政策制定機構。Web3 在兩黨都有支持者，也已出現一些糟糕的市場事件」，足以喚起大家的急迫感。[34]

史密斯指出：「立法需要花費好幾年的時間，不是一朝一夕就能完成的事，除非它在夜深人靜時悄悄的與必須通過的法案綁在一起。」[35] 她再度重申：「如果沒有國會立法，我們最終只能靠執法機構來進行監管，但執法機構是非常沒有彈性的工具，法官或陪審團將受限於特定案件的事實來進行判斷，而『糟糕的事實會產生糟糕的法律』。」[36]

如果想讓 Web3 的治理和監管方式出現重大的變革，那麼我們應該在利害關係人名單中加入監理機關。美國證券交易委員會的皮爾斯直言不諱的表示：「我們一直以來都仰賴獨斷且遲緩

的執法行動進行監管，與理性的監管架構背道而馳。」她在 2023 年 1 月的演講中，批評自己任職的機構，說委員會的做法不精確、毫無條理、不一致、武斷、隨意、對創新有害，而且浪費機構的時間和資源。[37] 全球其他國家的監理機關也一樣運作不佳，缺乏統一且明確的監管框架。

在公眾權利和個人權利之間取得平衡

理性的人都會同意，未來交易所破產事件之後，政策制定者必須像 1996 年推出《電訊傳播法》一樣，建立正式的架構，讓 Web3 能夠適度的發展。但政策制定者也必須謹記，不得侵犯其他的個人權利，尤其是最重要的隱私權。個人隱私是自由社會的基石，社會成員有充分理由保有交易的隱私。也許你想向烏克蘭人道組織捐款，又不想暴露個人資訊，讓自己受到俄羅斯的指責，就像以太坊創辦人布特林的遭遇一樣。他透露美國財政部 2022 年 8 月對龍捲風現金實施制裁時，「未經同意而擅自洩露他的資料」。[38]

外國資產控制辦公室也愈來愈把目標放到個人加密資產錢包位址。2018 年，制裁名單上的位址還不到一百筆；但到了 2022 年，轉眼已增加到四百筆。2021 年，外國資產控制辦公室更開始制裁加密資產的服務提供者。[39] 在許多人眼中，這是典型政府越權的例子。

礦癮公司的布里托（Jerry Brito）和范瓦爾肯伯格（Peter Van

Valkenburgh）寫道：「外國資產控制辦公室的行為顯然是對一個中性的工具進行制裁，工具本身跟其他技術一樣，能拿來做好事，也能拿來做壞事。」他們認為，外國資產控制辦公室所制裁的並非犯行惡劣的特定對象，而是所有希望「使用這種自動化工具來保護個人網路交易隱私」的美國人。[40] 簡單來說，政府在沒有經過正當程序的情況下，縮限公民的自由——沒有什麼比這更反美的舉動了。

　　遺憾的是，財政部把金融監控的範圍擴大到不合理、甚至可能違憲的程度，危及美國人的個人隱私——參議員沃倫提議的法案都還沒通過，居然就這麼做了。前美國商品期貨交易委員會委員吉恩卡洛認為，只有在（1）存在不當行為的合理根據時，以及（2）執法部門取得搜索令時，金融監控才合理正當。但他認為美國的法律制度已經逾越界線。他在 2022 年 12 月的採訪中表示，政府現在是「在出問題時蒐集資訊，而不是出於合理根據蒐集資訊」。[41] 變化總在不知不覺之間出現，像是溫水煮青蛙，青蛙沒有意識到水已經接近沸騰，最終導致死亡。

　　當幾乎所有的支付方式都數位化，並透過中介機構進行，而政府在出現問題時可蒐集任何個人資訊時，人們就會失去隱私。民眾因更嚴格的銀行保密法和不斷入侵的大型科技公司，失去一定程度的自主權，Web3 則把自主權還給民眾。吉恩卡洛表示：「自由社會的公民應當享有一定程度的經濟自由。」因此，實施新法律或採用中央銀行數位貨幣等創新技術之前，我們應該深思熟慮。他指出，中國現在利用數位人民幣做為監控工具，「將

政治服從與經濟選擇掛鉤，政治不服從可能導致個人喪失經濟生計，甚至陷入貧困。」[42]

　　未來交易所倒閉是公司控管的失敗案例。立法者可以針對保管用戶資產的加密資產交易所，提出一套聯邦監管架構，再把加密資產交易所納入聯邦監理機關的管轄之下。儘管有些加密貨幣用戶也許會藉由自託管資產進行非法交易，就像擁槍者可能會使用武器犯法一樣，但就像吉恩卡洛所說的，我們沒有理由禁止「用於合法和匿名交易的技術」。他指出，幾個世紀以來，美國人一直享有隱私權保護，不遭受非法搜查和扣押。[43] 他也承認，大多數的自由社會選擇降低「執法能力，以換取一定程度的個人自由和無罪推定」。[44]

　　我們必須在其中取得平衡。美國證券交易委員會的皮爾斯同意吉恩卡洛的觀點，皮爾斯表示：「合法的執法目標有時需要政府蒐集私人活動相關資訊，但預設政府可以監控所有的私人活動，違反美國基本的民主原則。」[45] 賦權讓每個人能控制自己的資產，並且可以合法、自由的使用資產，應該是毫無疑義的事。

　　寫程式碼需要承擔法律責任嗎？加密貨幣創新委員會的華倫表示，政府對這道問題的態度並不明確，因此逐漸動搖美國在Web3的領先地位。她表示：「開發人員不想居住在美國本土……這不只是公司設於境外或外包業務，而是人們對居住地也有所疑慮。政府中有人看見 Web3 有機會成為美國引領創新的領域，但不是每個人都這麼認為。」[46]

　　合成資產平臺的沃里克等人相信：「國家基本上是一種效率

低下的協調機制。」他響應華倫的說法,「想改變體制,必須從內部著手。你不能袖手旁觀,只在一旁喊口號。像(龍捲風現金)這類事件發生時,國家與個人隱私之間出現明顯的衝突,這個時候也清楚凸顯出兩者的矛盾」。[47]

皮爾斯身為美國證券交易委員會委員,對執法部門、監理機關和開發人員深表同情,因為他們總是在應對未知的情況。她表示:「從實務和法律角度來看,監管編寫程式碼的人更是難上加難……這會侵犯言論自由,而且會引發公平性的問題,畢竟開源程式的設計師寫出程式碼後,並沒有辦法控制程式碼的使用方式。」[48]

在民主社會中,享有言論自由是不容辯駁的事,即使言論是以程式碼的形式呈現;毫無疑問的,保有隱私也是不容辯駁的事,即使是透過軟體進行交易。隱私是紙鈔、錢幣、預付卡等「實體經濟」的標準,用現金購買日用品時,除非你買酒,否則收銀員不會要求你提供駕照,而且他們也不會質疑你的動機。

當然,言論自由和隱私並不是絕對的權利,畢竟法院已經明確定義過,在某些情況下,政府可以或應該限制言論自由和隱私,例如有人煽動暴力或破壞國家安全時。但整體而言,言論自由和隱私應該受到保護,包含我們的花錢方式在內。礦癮公司的部落格文章清楚的指出矛盾之處:「對於受薪員工、慈善捐贈者、甚或名人來說,享有隱私都很正常,但如果你在以太坊上進行操作,除非使用龍捲風現金,否則享有隱私便不正常。」[49]

所有的論述都各有道理,也顯示出政府的立場艱難。短期看

來，許多公司選擇「先斬後奏」也合情合理，因為他們不想被負面的形象牽連。但中長期而言，Web3 產業必須盡可能的確保政府承認軟體是受保護的言論，讓開發人員能夠自由建構中性的技術工具。

政府應該有何作為？

合廣投資公司合夥人溫格表示，「長久以來，加密領域的部分人士一直把 Web3 的發展視為理所當然」，並且認為它會遵循 1990 年代 Web1 的相同軌跡。[50] 但他指出：「全球資訊網當時確實有監管因素在推動，網際網路不存在營業稅，有《數位千禧年著作權法》（Digital Millennium Copyright Act）和《通訊端正法》（Communications Decency Act）的保護，還有著名的第 230 條法規，我們有監管方面的助力。」

溫格所指的《通訊端正法》第 230 條，是規範平臺的重要法律保障，讓平臺能託管甚至審核用戶生成內容，而無需為用戶的言論或行為承擔責任。相較之下，「Web3 在全球各地都面臨監管的阻力，尤其是在美國，但許多國家都有同樣的問題」。

溫格認為，想要擴展 Web3，監管因素的影響大於技術。首先，我們需要明確的監管，釐清哪些資產屬於證券、哪些資產不是證券。他表示：「我認為許多代幣都不是證券。」愈來愈多學者、經濟學家和商界人士抱持相同的看法。[51] 根據溫格指出，代幣分類的不確定性正促使創新者出走海外。

　　部分監理機關也同意這一點。皮爾斯在 2023 年的演講中，揭開「所有的代幣都是證券」的想法有多麼荒謬。她思索著：「為什麼不制定統一的法律框架？如果我們繼續按照目前的步調，以執法進行監管，大概要四百年才能處理完那些宣稱是證券的代幣。相較之下，美國證券交易委員會的規則一旦生效，雖然不具追溯力，但具有普遍性。」[52]

　　皮爾斯建議美國證券交易委員會摒除舊有的方法，採取通知及評論（notice-and-comment）程序，允許「廣泛的公眾和內部參與，以制定健全的監管體系」。她建議成立一個大機構，納入聯邦和州監理機關、開發者、使用者、企業家、消費者保護支持者，以及批評者，並指出《統一商法典》（Uniform Commercial Code）的制定和治理就是州際有效合作的例子。新一代的全球資訊網應該要有足以對應它巨大潛力的政策架構，正如網際網路第一紀元具有專屬的《電訊傳播法》一樣。

　　其次，美國應該支持以美元為基礎的穩定幣，這會促進美元化，讓美國人民大幅受惠。溫格表示：「如果美國不想在鏈上擁有大量妥善監管的美元，只會對美元化造成有害的影響。」

　　最後，新一代全球資訊網的採用可能受惠於舊有全球資訊網的規範，例如：規定各平臺或系統都有應用程式開發介面。溫格指出：「如果我們強制平臺為客戶提供應用程式開發介面，我認為 Web3 會真正起飛。」[53] 用戶可以透過單一程式或「客戶端」，跟多個社群網站進行互動。

　　溫格的願望也許即將實現。2022 年 12 月，彭博社報導，蘋

果公司計畫讓用戶在 iOS 上安裝第三方應用程式商店。[54] 不過，這個舉動並非出於自願，而是因為歐盟在 2022 年通過一套新的網路守門人監管標準《數位市場法》（Digital Markets Act），迫使蘋果公司屈服。[55] 根據歐盟委員會的說法，新法規將「影響在線上平臺經濟裡擔任守門人的公司，終結它們有失公平的做法」。[56] 歐盟委員會致力於消除創新和競爭的障礙，[57] 新規定在 2023 年 1 月生效。2023 年 6 月，歐盟委員會打算指定守門人。當你閱讀本書時，蘋果和其他大型科技公司也許正在改變策略，以遵循新法律，為 Web2 平臺和 Web3 建造者打開新的道路。

　　事實上，歐盟委員會雖然不完全是經濟自由主義的先鋒，卻賦予 Web3 企業家權力。可以想見，Web3 將為政府和其他機構帶來無比的影響。例如，有了去中心化自治組織和穩定幣等 Web3 工具，企業家可以雇用世界各地的員工，如果員工所在當地的貨幣價值波動過大，便能以較穩定的數位貨幣支付薪資。人才和專業知識的競爭有可能變得愈來愈劇烈，除非各級政府的立法者和監理機關抱持開放的態度，否則就業機會也許會轉移到其他地方。

　　數十年來，政府之間的競爭、所謂「法規套利」的概念，對於矽谷崇尚自由主義的知識份子來說一直是一大優勢。例如，戴維森和里斯莫格爵士在 1997 年出版的《主權個體》一書中指出：「司法管轄區的激增，意味著執行合約、以及確保人身和財產安全的嶄新試驗方式增加。當全球經濟絕大部分從政治控制中解放，將迫使我們的政府以更接近市場的方式運作。」[58] 儘管各國

之間正彼此爭奪人才和資本，但政府將衰亡並向市場屈服的觀點仍是言之過早。

　　自《主權個體》出版以來，政府在社會和經濟中展現更堅實的穩定力量，我們不妨想想 2008 年發生全球金融危機後，各國中央銀行發揮的巨大作用。獨立國家的政府機構不會消失，它們在未來幾年內仍然會是社會和經濟的重要支柱，只不過它們必須進化。

　　相反意見認為，國家不是公司，將公民視為顧客可能不利於民主，畢竟企業不會公平的對待顧客，而且大型競選捐助者已經對美國立法者產生不當的影響。這種「付費參與政策制定」的做法，損害法律之前人人平等的民主原則，況且國家政府應當反映所有公民的價值觀和原則，而不僅僅是富人的價值觀和原則。依照戴維森和里斯莫格爵士的觀察，數位科技將迅速消除目前司法管轄區的大多數優勢：「新型態的優勢會出現。從前近距離是做生意的必要條件，通訊成本下降減少這項需要。」[59] 他們的話無疑是事實，尤其在新冠疫情之後。

　　透過嘗試去中心化自治組織這類嶄新的治理模式，Web3 也許能協助重振民主機構。班科勒在《網路財富》中寫道，網路使用者運用他們「新近擴大的實際自由，跟他人合作，以（促進）民主的實踐、正義和發展、還有批判性文化和社群。」他指出，「每個人可以為自己做更多事，無需他人的許可或合作」。[60] 現在，我們在 Web3 看到了這一點。

　　自由企業和市場經濟是經濟繁榮的主要動力。但在確保經濟

繁榮，以及為企業創造成功的條件上，政府一次又一次扮演關鍵、甚至是決定性的角色。政府向早期航海家發放皇家特許狀，保障他們的貿易活動，並允許他們集資從事冒險活動。美國政府支持早期輪船企業家，後來資助鐵路的發展。專利和商標法鼓勵創新，而財產法則協助創造公平的競爭環境，至少對白人、識字和受過教育的有產階級男性來說是這樣。過去大多數的人都被剝奪這些權利，而當權者應該感到羞恥的是，數百萬計的奴隸本身就是所有物。

　　環保法規確保工業界不得將有毒廢棄物排放至水道，並強制工業界自行處理廢棄物。數十年來，美國太空總署購買矽谷大部分的微處理器，幫助舊金山灣南岸的科技業站穩腳步。網際網路本身就是由公部門投資、公私部門合作的產物。因此，我們需要政府與時俱進，持續公私部門之間的攜手合作。

　　亞當斯密在《國富論》中，提出市場「看不見的手」的概念，認為透過追求個人的私利，可以為整體社會帶來更大利益。自 1776 年《國富論》出版以來，這個歷史悠久且強大的比喻一直支持著自由放任和自由市場經濟學；而且廣義而言，它確實有效。

　　但亞當斯密真的相信市場永遠正確嗎？顯然並非如此。其實他在《國富論》中認為，一味追求自身利益可能會導致壟斷等市場失靈的情況，因此政府有時必須介入，以防止或盡可能減少這種失靈。就算市場在大多時候運作得當，也不代表市場總是有效。這個道理在十八世紀末的蘇格蘭或今日都適用。大部分情況

下，自由市場資本主義是最佳方案；多數時候，Web3 和對等式
技術也是最佳解決方案。但有時我們需要中心化、協調、治理和
監管來推動技術向前發展。去中心化不代表毫無組織或條理。[61]
亞當斯密認為，政府可以為了經濟和社會利益進行介入。現實的
情況則是，Web3 和人工智慧等創新技術的崛起確實必須仰賴政
府大膽、有遠見且創新的領導力，希望我們能得償所望。

Web3將在何處發展？

　　Web3 的演變既創造機遇，也帶來隱憂。有別於網際網路第
一紀元，我們將擁有不同的矽谷——有別以往、開放且去中心化
的矽谷網路，大家可以在這裡蓬勃發展，開展業務，創造財富、
就業機會和繁榮。加密貨幣創新委員會的華倫表示，美國例外
主義（American exceptionalism）[†]的時代已經結束。她指出，「美國
在 Web3 採用上並未處於領先地位，這點無庸置疑且顯而易見，
但並不令人意外或讓人擔憂。不過，在政策制定和政策走向的層
面，美國將發揮重大的影響力」。[62] 實際上，杜拜等許多國家正
在向 Web3 創業家招手。

　　蕭逸認為亞洲將引領 Web3 發展，他表示：「韓國各大遊戲
公司都已經公開談論過 Web3 或 Web2.5 計畫。他們的構想也許
不夠成熟，也可能還沒有完全接受去中心化的概念，但他們公開

[†]　編注：美國例外主義是一種強調美國獨特性的意識型態。

討論 Web3，而且他們的客群沒有抗拒或排斥。」他拿西方的情況來比較：「美商藝電（Electronic Arts）、動視等任何公司，只要提到非同質化代幣都不得不主動調整，因為玩家抱持著抗拒的態度。」[63]

為什麼美國玩家會抗拒 Web3 遊戲呢？蕭逸表示：「多半不是排斥所有權，而是抗拒資本主義整體。[64] 抗拒的行為跟『我是否應該擁有？』的關係並不大，更多是抵抗數位形式的資本主義。」日本政府一直在協調全球規範，首相岸田文雄也將元宇宙和 Web3 納入日本的國家發展議程。蕭逸認為：「日本可能是世界上唯一擁有非同質化代幣白皮書的政府。」[65]

展望前方的道路

新冠肺炎疫情打斷現代人類歷史的進程，迫使我們從整體社會的角度重新思索日常生活。我是否需要每天通勤到辦公室才能跟同事有效合作？我需要頻繁出差來建立業務關係嗎？

疫情也強迫我們提出更嚴肅的提問，並重新思考一些概念，至少在移轉有形資產方面，全球化的概念受到挑戰。隨著資訊流通穩定增長，數位商品開始崛起，加上二十世紀工業時代利用材料科學和 3D 列印等創新的技術，加速小型化和在地化，我們或許已經達到全球供應鏈的巔峰。[66] 未來的重點不再只是商品本身，我們將以標準化和數位化的方式來包裝價值，進一步流通和交易。

　　Web3 是否正形成新的網路原生反文化運動？在 1960 年代的反文化運動中，嬰兒潮世代反抗父輩的制度和文化習俗，而現今的加密原生代也用類似的方式，對抗嚴謹且需要許可的金融體系、藝術文化領域嚴格的階級制度，以及封閉且令人窒息的 Web2 系統。

　　1960 年代，反文化浪潮的代表人物賴瑞（Timothy Leary）鼓勵追隨者「開啟心扉、向內探索、脫離體制」。[67] 如今，年輕人正把這句箴言應用到科技領域——開放看待代幣，向內探索 Web3 及無數應用，並脫離（或至少選擇退出）傳統金融體系。不久之後，他們可能會發現自己同時經營著人類存在的兩個層面，一邊在實體世界生活，一邊在元宇宙操控虛擬化身，這個化身擁有等同於實體世界的身分、資產、生活經驗、社群和關係，甚至更加精采豐富。在重新思考線上生活方式的過程中，這些年輕人將為各行各業帶來轉變。

　　Web3 是全球化的——它的使用者、開發者、建造者和影響者來自世界各地，從菲律賓的馬尼拉到奈及利亞的拉哥斯，從加拿大的多倫多到哥倫比亞的波哥大。Web3 是分散式的——它的網路原生組織不局限在一個地方，而且會尋求各種人的貢獻。Web3 無需許可——不需要銀行帳戶、身分證件、永久居留權或其他憑證，只要一臺連網裝置就能使用。Web3 是商業化的——以區塊鏈做為價值的媒介，將顛覆世界上所有的產業。

　　Web1 和 Web2 構成網際網路第一紀元，顛覆新聞、廣告、音樂、零售和資通訊服務等資訊產業。網際網路第一紀元使資訊

存取管道得以普及，讓具有上網能力的人更容易獲得資訊，又使資訊發布管道變得普及，不過前提是你得遵守主流平臺的規則。而網際網路的新紀元，將使上面這些重大變革顯得有點過時。

以金融服務為例，它對所有產業、企業和人類的經濟活動至關重要，正透過代幣、智慧型合約，以及其他去中心化金融核心原始技術等 Web3 創新而歷經轉變，從緩慢爬行蠕動、一路吞噬一切的毛毛蟲，成為展翅翱翔的蝴蝶。不過，如同誕生在世界上的每一個新生命，Web3 毛蟲也很脆弱，需要照料、關懷和培育才能飛躍，抵達全新的高度。那麼，我們又能做些什麼事呢？Web3 不僅僅是加密貨幣原生 Z 世代的專利，每個人都可以貢獻一己之力。

對於各行各業的公司領袖來說，Web3 帶來無限的商機和潛在的危險。新工具可以提高透明度、信任和效率，並降低成本；可以透過非同質化代幣顧客忠誠計畫、代幣制社群等機制，讓企業與客戶更緊密互動；或利用穩定幣改善全球貿易的循環流通；或在線上和實體世界開拓全新、從未發掘的市場。這些新工具可能需要大量的技術投資、可能會顛覆傳統的經營模式。在位者需要克服克里斯汀生提出的「創新的兩難」，才有機會順利轉型。第一步就是隨時掌握 Web3 技術的發展和你所在產業的應用；嘗試參與試行計畫或建立合作夥伴關係，測試 Web3 技術的潛在好處和難題；與監理機關和政策制定者合作，確保企業明確了解未來的發展路徑。你可以成為改變者。

對於世界各地的企業家來說，你大可以在廣闊開放的 Web3

領域開拓，留下印記，創造價值並改變世界。正如本書所說，Web3 跟過去任何一個時刻都不相同，無論地域、性別、信仰或膚色都不重要。我們在書中展示全球各地的企業家如何使用 Web3 工具讓世界變得更平，創造公平競爭的環境。現在輪到你了。即刻起，不妨聚集一群志同道合的人，試著依照大家的共同目標發起一個去中心化自治組織，看看發展如何，並從中學習一些經驗，甚至還可能邊學邊賺取收入。或許你可以參加當地的聚會，由於 Web3 遍及全球，隨時隨地都有各種聚會。眼光放遠來看，Web3 或許像是現今網際網路的獨立領域，但 Web3 的工具中包含通用技術，你可以用類似網際網路第一紀元的方式來改變世界，但威力更為強大。

　　對於金融服務的高層主管來說，Web3 正在震動銀行的窗，搖撼銀行的牆。與其掩耳逃避，不如踏出步伐。身為在位者，你面臨著許多風險和機會。不要因為行動慣性就死守衰退的業務，但也別太快自亂陣腳。請先使用舊有的產品和服務，資助其他領域的實驗和發展；建立多數客戶願意持續往來的數位資產保管業務，但前提是你必須推動創新；與同業合作推出穩定幣；考慮建立遵循法律的去中心化金融管道，讓任何擁有憑證的人都可存取；推出自有的鏈上憑證，讓用戶可通行於其他銀行和金融機構。而在這個過程中，要建立一支鏈上診斷團隊，幫助客戶和業界合作夥伴掌握較多經濟活動使用的技術。要大膽行動。

　　至於政府領導人，你的任務艱巨。Web3 迫使各位面對不合時宜的法律和概念，且亟需制定未來發展的框架。我們需要政府

領導人採取行動。代幣的明確定義是什麼？法律如何分類代幣？怎麼做才可以將去中心化自治組織納入法律架構，而不對新創公司造成不必要的負擔？「智慧型合約」真的是合約嗎？如果不是，要怎麼協調普通法律與程式碼的協議效力？我們如何把智慧財產權法應用在非同質化代幣藝術品、遊戲內資產，或澀谷平臺和 MV3 公司裡的敘事類資產？每一道問題都沒有簡單的答案。你可以試著歡迎 Web3 產業的企業家；制定簡潔明確的訊息並加以貫徹；正視全球化的競爭環境，現在爭取人才和資本的障礙比以往更少；以身作則，帶頭使用 Web3 技術；保護公民免受罪犯侵害，也請相信成年人，他們能夠合理判斷自己的錢財要如何使用。別再等待，立刻行動。

　　學生會是最幸運的一群。未來屬於那些掌握新技術並能妥善使用它們的人。邊學邊賺等 Web3 工具提供全新的途徑，讓我們能別具創意的獲得嶄新洞見和資格認證。如果你想駕馭這個新領域，考慮找有 Web3 經驗的導師或顧問來指導，不妨從推特、Discord 等 Web3 建造者聚集的場域著手。如果說跟我同輩的千禧世代是第一批「沉浸於位元」的人，那 Z 世代之後的你，就屬於第一批「誕生於位元」的人，是貨真價實的數位原生代。這就是你的超能力，好好利用。

　　每天使用網際網路的人將目睹線上體驗發生轉變，我希望這些變化能帶來普遍正面的影響。Web1 和 Web2 具有無比的力量，為人類帶來福祉，但它們也有缺漏，如果我們願意，可以透過Web3 來修正。雖然未來難以預料，願景卻可以努力實現。無論

你是世界五百強企業的美國執行長、印度的學生、巴塞隆納的藝術家或菲律賓孩童，都有機會在世界上出人頭地，Web3 能幫助你實現夢想。

謝辭

　　要一邊創業，一邊寫書，同時還得扮演兩名四歲以下孩子的父職角色，即使聽來並非不可能的任務，感覺總像是異想天開，但是我辦到了。如果說養育一個孩子需要整個村莊，那我可是用上了一個小鎮，才讓這本書得以成真。因此我想感謝數十、甚或數百名朋友、家人、同事、客戶、教師，以及其他不吝分享智慧和意見的人，他們幫助我思考本書的主題。

　　有人說，如果你是房間裡最聰明的人，那就另尋他處。所幸我從來沒遇過這個問題。我進入的每個房間，都充滿業界眾多建造者和支持者的知識、熱忱和淵博學問。在本書的研究過程中，我與許多先驅交流，其中包括阿貝德、阿加瓦爾、愛普麗和塞維、阿萊爾、貝柯、鄭馬克（Mark Cheng）、科莫、狄克森、朱里科、杜達斯、佛蒙科、葛舒尼、吉恩卡洛、格拉德斯坦、哈里遜（Brett Harrison）、霍斯金森、卡薩布、卡哈瑞、蘭德華、拉森、李貝麗、盧芮亞、曼斯基（Sarah Grace Manski）、梅普斯、莫瑞斯（Charlie Morris）、莫吉塔赫迪、摩爾、尼克森羅培茲、奧沃基、鮑威爾、艾蜜莉、羅茲三世、倫堡、塞德曼、賽爾基斯、辛普森、蕭逸、史密斯、聖勞倫斯（Sadie St. Lawrence）、烏爾巴赫、瓦爾蓋斯、韋爾登、威爾斯、華倫、沃里克、溫格、威爾森、溫克沃斯、溫頓、沃爾夫、吳約翰和葉海亞。

　　我與共同主持人楊格在播客節目《解碼去中心化金融》還訪談數十人，包括安德魯（Sam Andrew）、巴哈特（Bill Barhydt）、布林克、伯恩科特（Sharon Byrne-Cotter）、貝爾許（Mike Belshe）、貝納爾奇、布赫曼、德米歐（Luigi DeMeo）、伊奧里奧（Anthony Di Iorio）、漢納、李本傑、萊斯特（Jon Lister）、馬里安（Zaki Manian）、梅爾柯（Scott Melker）、恩索弗、奧蘇里、索克林、特納（Eric Turner）、亞柯文科、葉賽普（Rodney Yesep）和鍾朋（Peng Zhong），非常感謝這些專家分享他們的真知灼見與經驗。

　　此外，有幾個人為本書提供莫大幫助，我想對他們表示由衷的感激：

　　首先是本書編輯桑伯格（Kirsten Sandberg），她在擔任區塊鏈研究院總編輯和大學教授的工作期間，還在百忙之中抽空，將一年裡大半時間都貢獻在這本書上。桑伯格，您不只是一名編輯，還幫助本書的許多核心概念愈益完整。您在無數日夜裡不辭辛勞的回覆我的草稿、接聽我的來電並聽取我尚未成熟的想法、進行背景研究、準備訪談問題，並和我一同採訪數十人，然後分析訪談稿，並加上您自己的見解，這一切實屬不易，而且對本書至關重要。

　　我還要感謝長期合作的經紀人兼好友聶弗（Wes Neff），他促使我撰寫本書。涅夫，您明智的建議和堅定不移的支持是我的一大助力。我也很幸運的遇到本書的出版商：從哈潑柯林斯（HarperCollins）的辛波（Hollis Heimbouch）同意接手本書的那一刻起，她就一直在身旁支持我，扮演著教練、編輯、深思熟慮

的書評和絕佳的合作夥伴。奈哈德（James Neidhardt）、普利茲克（Amanda Pritzker）、杜拉克（Heather Drucker）和哈潑柯林斯每個人在這段旅程中至為關鍵，未來還須仰仗各位協助，衷心感謝。

　　在區塊鏈研究院方面，研究暨教育總監亞柯斯塔（Alisa Acosta）博士是我們寶貴的資源。她負責從事 Web3 研究並加以推廣，在開源學習平臺 Coursera 上開發數門熱門課程。她的研究協助擴大 Web3 的影響力，遍及全球超過十萬名個人學習者。胡賽尼（Roya Hussaini）和史蒂文斯（Jody Stevens）不論從事任何工作，都全力投入他們的專業精神、活力和專業知識，對本書也不例外。區塊鏈研究院全球總監比格姆（Joan Bigham）、客戶服務總監法喬洛（Andrew Facciolo）、首席推動人員海恩茨曼（Douglas Heintzman），以及成長主管格雷維奇（Michael Glavich）等其他團隊成員，也在許多方面貢獻良多。另外，感謝區塊鏈研究院的區域總監——中東的達烏德（Aline Daoud）、巴西的艾默林（Carl Amorin）、非洲的波特（Ian Putter）、韓國的金仁奧（Inhwan Kim）和歐洲的崔伯宏（Simon Tribelhorn），謝謝各位將這些想法傳達給世界各地對 Web3 感興趣的受眾。

　　感謝加拿大 MCI 公司董事總經理暨 Web3 和區塊鏈世界會議共同主辦賴桑尼（Juliano Lissoni），他和他的團隊一直是最優秀的合作夥伴。最後，我想向歐哈拉（Meagan O'Hara）致謝，感謝他高超的網頁設計技術。

　　我還想謝謝九點合夥投資公司（Ninepoint Partners）的同事和友人，尤其是共同執行長福克斯（James Fox）和威爾遜（John

Wilson），以及法遵長麥克塔加特（Kirstin McTaggart），我似乎每天都從各位身上學習到新知。你們是最出色的合作夥伴和長期的策略思想家，並且深知 Web3 的巨大潛力，不論我們一起做什麼，總是對我鼎力相助，包括給我極大空間來寫書。

如果沒有父母的支持，我無法完成這本書。家母安娜（Ana Lopes）一直是我最堅定的支持者，並且在本書創作過程中提供極大幫助，她仔細閱讀初期的草稿，並提供評論、意見、甚至部分中肯的批評，但最終總是會給予身為母親最溫暖的讚美。至於家父唐‧泰普史考特，我該從何說起呢？大約十年前，父親和我在魁北克翠湖山莊（Mont Tremblant）的山邊，一邊吃著肋眼牛排，一邊配著紅酒，我們決定合著第一份研究報告。當時的我無法預見，那一次的談話會如此深刻的改變我的人生。父親，您是我的導師、事業夥伴和摯友。

最重要的是，我想感謝妻子艾咪（Amy Welsman），她一直陪伴在我身邊，度過人生諸多起伏，並總是鼓勵我冒險，走出自己的舒適圈。感謝妳鼓勵我寫這本書，並在漫長且時而艱難的過程中提供堅定不移的支持。妳教會我如何更有韌性，幫助我發揮全新的創造力，並在生活中以身作則，每天都讓我驚喜。如果沒有妳，也不會成就今日的我。除此之外，妳還給了我生命中最美好的禮物，那就是我們的兩個女兒愛蓮娜（Eleanor）和約瑟芬（Josephine），她們非常幸運有妳做為母親和榜樣，我想將這本書獻給妳們。

注釋

前言

1 Margaret O'Mara, *The Code: Silicon Valley and the Remaking of America* (New York: Penguin Books, 2019).

2 Federica Laricchia, "Smartphone Penetration Worldwide as Share of Global Population 2016–2021," Statista, Jan. 17, 2023, https://www.statista.com/statistics/203734/global-smartphone-penetration-per-capita-since-2005/#.

3 https://a16zcrypto.com/posts/announcement/expanding-uk-andreessen-horowitz/.

4 Penny Crosman, "What Does the Future Look Like for Crypto Lenders?" *American Banker*, Jan. 23, 2023, https://www.americanbanker.com/news/what-does-the-future-look-like-for-crypto-lenders.

5 Irene Vallejo, *Papyrus: The Invention of Books in the Ancient World*, trans. Charlotte Whittle (New York: Knopf, 2022).

6 "State of the USDC Economy," Circle, Circle Internet Financial Limited, March 10, 2023, https://www.circle.com/hubfs/PDFs/2301StateofUSDCEconomy_Web.pdf, accessed April 12, 2023.

第1章 邁向第三紀元的全球資訊網

1 "skeuomorph, n.," *Oxford Advanced Learner's Dictionary*, Oxford University Press, accessed Sept. 2022, https://www.oxfordlearnersdictionaries.com/us/definition/english/skeuomorph.

2 Laurence Iliff, "EV Designers Are Seeing Grilles in a Whole New Way," *Automotive News*, July 3, 2021, https://www.autonews.com/design/ev-designers-are-seeing-grilles-whole-new-way.

3 2022 年 9 月 2 日透過 Zoom 訪談狄克森。

4　歐萊禮（Tim O'Reilly）對 Web2 一詞的普及貢獻最大。技術專家伍德（Gavin Wood）是第一個使用 Web3 描述區塊鏈和加密資產演變為新網路的人。請見 Tim O'Reilly, "What Is Web 2.0: Design Patterns and Business Models for the Next Generation of Software," O'Reilly Media, Sept. 30, 2005, https://www.oreilly.com/pub/a/web2/archive/what-is-web-20.html; and Gavin Wood, "Why We Need Web 3.0," *Gav of York Blog*, Medium, Sept. 12, 2018, https://gavofyork.medium.com/why-we-need-web-3-0-5da4f2bf95ab.

5　Jimmy Wales and Larry Sanger of Wikipedia; Julian Assange of WikiLeaks.

6　"The Ownership Economy 2022," Variant Fund, April 28, 2022, https://variant.fund/articles/the-ownership-economy-2022/.

7　Chris Dixon, "Five Mental Models for the Web," interviewed by Ryan Sean Adams and David Hoffman, *Bankless Podcast*, ep. 90, Nov. 1, 2021, https://www.youtube.com/watch?v=jezH_7qEk50.

8　"Tim Berners-Lee on 30 Years of the Web," *Guardian*, March 12, 2019, https://www.theguardian.com/technology/2019/mar/12/tim-berners-lee-on-30-years-of-the-web-if-we-dream-a-little-we-can-get-the-web-we-want.

9　根據統計公司華爾街禪思（Wall Street Zen）指出，機構股東持有 71.80% 的優步科技公司股份，優步科技公司內部人士持有 30.20% 的股份，散戶投資人持股比例為零。"Uber Technologies Inc. Stock Ownership: Who Owns Uber?" *WallStreetZen* (Hong Kong), as of Nov. 25, 2022, https://www.wallstreetzen.com/stocks/us/nyse/uber/ownership.

10　"Tim Berners-Lee Wants Us to Ignore Web3," CNBC.com, Nov. 4, 2022, https://www.cnbc.com/2022/11/04/web-inventor-tim-berners-lee-wants-us-to-ignore-web3.html.

11　Tim Berners-Lee, James Hendler, and Ora Lassila, "The Semantic Web," *Scientific American*, May 1, 2001, https://www.scientificamerican.com/article/the-semantic-web/.

12　Max Fisher, *The Chaos Machine: The Inside Story of How Social Media Rewired Our Minds and Our World* (New York: Little, Brown, 2022), 332–33, https://www.news.com.au/technology/online/social/shock-casualties-of-facebooks-news-block-bom-betoota-advocate-wa-fire-australian-government-pageswiped/news-story/.

13　Fisher, *The Chaos Machine*, 8–9.

14　Fisher, 9–10.

15　"World's Biggest Data Breaches," Information Is Beautiful, as of April 14, 2022, https://informationisbeautiful.net/visualizations/worlds-biggest-data-breaches-hacks/.

16　Steve Lohr, "Calls Mount to Ease Big Tech's Grip on Our Data," *New York Times*, July 25, 2019, https://www.nytimes.com/2019/07/25/business/calls-mount-to-ease-big-techs-grip-on-your-data.html.

17　Carly Hallman, "Everything Facebook Owns: Mergers and Acquisitions from the Past 15 Years," TitleMax, Sept. 2019, https://www.titlemax.com/discovery-center/lifestyle/everything-facebook-owns-mergers-and-acquisitions-from-the-past-15-years/.

18　Satoshi Nakamoto, "Bitcoin: A Peer-to-Peer Electronic Cash System," Bitcoin, Oct. 31, 2008, https://bitcoin.org/bitcoin.pdf.

19　2022 年 9 月 13 日透過 Zoom 訪談辛普森。

20　Matthew L. Ball, *The Metaverse: And How It Will Revolutionize Everything* (New York: Liveright, 2022), 59.

21　2022 年 8 月 17 日透過 Google Meet 訪談奧沃基。

22　2022 年 10 月 3 日透過 Zoom 訪談李貝麗。

23　奧沃基訪談。

24　2022 年 8 月 9 日透過 Zoom 訪談貝柯。

25　改述基德的話，*The Soul of a New Machine* (New York: Avon, 1981), 33.

26　Thomas Hobbes, *Leviathan or the Matter, Forme, and Power of a Common-Wealth Ecclesiastical and Civill* (printed for Andrew Crooke, at the Green Dragon in St. Paul's Churchyard, 1651), https://www.gutenberg.org/cache/epub/3207/pg3207-images.html.

27　John Locke, *Two Treatises of Government and A Letter Concerning Toleration*, 1690, https://www.gutenberg.org/files/7370/old/trgov10h.htm.

28　Don Tapscott and Alex Tapscott, *Blockchain Revolution: How the Technology Behind Bitcoin and Other Cryptocurrencies Is Changing the World* (New York: Penguin Portfolio, 2016).

29　Adrian Shahbaz, "Rise of Digital Authoritarianism," Freedom House, 2018, https://freedomhouse.org/report/freedom-net/2018/rise-digital-authoritarianism.

30　2022 年 8 月 8 日透過 Zoom 訪談阿加瓦爾。

31　James Dale Davidson and Lord William Rees-Mogg, *The Sovereign Individual: Mastering the Transition to the Information Age* (New York: Simon & Schuster, 1997), 189.

32　"token, n.," *Oxford Advanced Learner's Dictionary*, Oxford University Press, accessed Jan. 15, 2023, https://www.oxfordlearnersdictionaries.com/us/definition/english/token_1.

33　Chris Dixon (@cdixon), Twitter posts, Sept. 20, 2021 (2:56 p.m.), https://twitter.com/cdixon/status/1440026974903230464 and https://twitter.com/cdixon/status/1440026978048958467, accessed Oct. 16, 2021.

34　2022 年 8 月 25 日透過 Zoom 訪談溫頓。

35　這句話最早出現在 Thomas Draxe, *Bibliotecha Scholastica Instructissima: A Treasury of Ancient Adages and Sententious Proverbs* (London: John Billius, 1616).

36　Andrew L. Russell, "'Rough Consensus and Running Code' and the Internet-OSI Standards War," *IEEE Annals of the History of Computing* 28, no. 3 (July–Sept. 2006): 48–61, https://ieeexplore.ieee.org/document/1677461.

37　"The History of Email: Major Milestones from 50 Years," email on Acid LLC, Jan. 28, 2021, https://www.emailonacid.com/blog/article/email-marketing/history-of-email/; and Sean Michael Kerner and John Burke, "What Is FTP (File Transfer Protocol)?" TechTarget, n.d., https://www.techtarget.com/searchnetworking/definition/File-Transfer-Protocol-FTP#, accessed April 23, 2023.

38　Matto Mildenberger, "The Tragedy of the Tragedy of the Commons," *Scientific American*, April 23, 2019, https://blogs.scientificamerican.com/voices/the-tragedy-of-the-tragedy-of-the-commons/.

39　Michael J. Casey, "The Token Economy, When Money Becomes Programmable," Blockchain Research Institute, 6–7.

40　Peter Cihon, "Open Source Creates Value, But How Do You Measure It?"

GitHub Blog, Jan. 20, 2022, https://github.blog/2022-01-20-open-source-creates-value-but-how-do-you-measure-it/#footnote2.

41　奧沃基訪談。

42　Michael J. Casey, "The Token Economy: When Money Becomes Programmable," foreword by Don Tapscott, Blockchain Research Institute, Sept. 28, 2017, rev. March 28, 2018, https://www.blockchainresearchinstitute.org/project/the-token-economy-when-money-becomes-programmable/.

43　Jay Walljasper, "Elinor Ostrom's Eight Principles for Managing a Commons," *On the Commons*, Oct. 2, 2011, https://www.onthecommons.org/magazine/elinor-ostroms-8-principles-managing-commmons.

44　"Digital Asset Outlook 2023," The Block, Dec. 20, 2022, https://www.tbstat.com/wp/uploads/2022/12/Digital-Asset-2023-Outlook.pdf.

45　Girri Palaniyapan, "NFT Marketplaces Are Centralized, and It's a Real Problem," NFT Now, April 21, 2022, https://nftnow.com/features/nft-marketplaces-are-centralized-and-its-a-real-problem/, accessed Nov. 25, 2022.

46　Ashley Pascual, "What Are Ancillary Rights and Why Are They Important?" *Beverly Boy Blog*, Aug. 10, 2021, https://beverlyboy.com/filmmaking/what-are-ancillary-rights-in-film-why-are-they-important/.

47　2022 年 9 月 26 日透過 Zoom 訪談尼克森羅培茲和卡哈瑞。

48　2023 年 1 月 10 日透過 Zoom 訪談蕭逸。

49　「數位麵包屑」和「虛擬的你」的概念由卡沃吉安（Ann Cavoukian）和唐・泰普史考特於書中提出並獲得普及，參見：*Who Knows: Safeguarding Your Privacy in a Networked World* (New York: McGraw-Hill, 1996).

50　更多關於公開金鑰基礎建設（PKI）如何建立身分識別的資訊，參見："Introduction to PKI," National Cyber Security Centre, Nov. 6, 2020, www.ncsc.gov.uk/collection/in-house-public-key-infrastructure/introduction-to-public-key-infrastructure, accessed Oct. 15, 2021. 另外參見：Phillip J. Windley, "Self-Sovereign Identity: The Architecture of Personal Autonomy and Generativity on the Internet," foreword by Don Tapscott, Blockchain

Research Institute, March 10, 2022, https://www.blockchainresearchinstitute. org/project/self-sovereign-identity/.

51   OpenOrgs.info, https://openorgs.info/, accessed April 12, 2023.

52   Clayton M. Christensen, *The Innovator's Dilemma: When New Technologies Cause Great Firms to Fail* (Boston: Harvard Business School Press, 1997).

53   Christensen, 172.

54   Morgan Chittum, "Morgan Stanley Sees $8 Trillion Metaverse Market— In China Alone," Blockworks, Feb. 1, 2022, https://blockworks.co/morgan-stanley-sees-8-trillion-metaverse-market-eventually/.

55   Will Canny, "Metaverse-Related Economy Could Be as Much as $13T: Citi," *CoinDesk*, June 7, 2022, https://www.coindesk.com/business/2022/06/07/metaverse-related-economy-could-be-as-much-as-13-trillion-citi/.

56   2022 年 8 月 9 日透過 Zoom 訪談拉森。

57   https://aibc.world/people/dan-mapes/?from=europe.

58   拉森訪談。

59   Ball, *The Metaverse*, 16.

60   Sami Kassab, "The DePIN Sector Map," Messari, Jan. 19, 2023, https://messari.io/report/the-depin-sector-map.

61   Aoyon Ashraf and Danny Nelson, "Canada Sanctions 34 Crypto Wallets Tied to Trucker 'Freedom Convoy,'" *CoinDesk*, Feb. 17, 2022, https://www.coindesk.com/policy/2022/02/16/canada-sanctions-34-crypto-wallets-tied-to-trucker-freedom-convoy/.

62   "Frequently Asked Questions," Silicon Valley Bridge Bank NA, Federal Deposit Insurance Corporation, March 30, 2023, https://www.fdic.gov/resources/resolutions/bank-failures/failed-bank-list/silicon-valley-faq.html.

63   2022 年 11 月 18 日倫堡發送給本書作者的電子郵件。

64   倫堡發送給本書作者的電子郵件。

65   Niall Ferguson, "FTX Kept Your Crypto in a Crypt Not a Vault," *Bloomberg Opinion*, Bloomberg LP, Nov. 20, 2022, https://www.bloomberg.com/opinion/articles/2022-11-20/niall-ferguson-ftx-kept-your-crypto-in-a-crypt-not-a-vault.

66   Chainalysis, "2022 Crypto Crime Report," Chainalysis Inc., Feb. 2022,

https://go.chainalysis.com/2022-Crypto-Crime-Report.html. 另外參見：
Chainalysis, "2023 Crypto Crime Report," Chainalysis Inc., Feb. 2023,
https://go.chainalysis.com/2023-crypto-crime-report.html.

67　奧沃基訪談。

68　Hester Peirce, "Remarks before the Digital Assets," Duke Conference, Washington DC, US Securities and Exchange Commission, Jan. 20, 2023, https://www.sec.gov/news/speech/peirce-remarks-duke-conference-012023#_ftnref15.

69　Niall Ferguson, "FTX Kept Your Crypto in a Crypt Not a Vault," *Bloomberg Opinion*, Bloomberg LP, Nov. 20, 2022, https://www.bloomberg.com/opinion/articles/2022-11-20/niall-ferguson-ftx-kept-your-crypto-in-a-crypt-not-a-vault.

70　狄克森訪談。

71　David Kushner, "A Brief History of Porn on the Internet," *Wired*, April 9, 2019, https://www.wired.com/story/brief-history-porn-Internet/.

72　Kidder, *The Soul of a New Machine*, 19.

73　Jack Schofield, "Ken Olsen Obituary," *Guardian*, Feb. 9, 2011, https://www.theguardian.com/technology/2011/feb/09/ken-olsen-obituary.

74　James Burnham, *The Managerial Revolution* (London: Lume Books, 1941), 84.

75　Maya Jaggi, "A Question of Faith," *Guardian*, Sept. 14, 2002, https://www.theguardian.com/books/2002/sep/14/biography.history.

第2章　全球資訊網的所有權發展藍圖

1　Walter Isaacson, *The Innovators: How a Group of Hackers, Geniuses, and Geeks Created the Digital Revolution* (New York: Simon & Schuster, 2014), x, https://www.amazon.com/Innovators-Hackers-Geniuses-Created-Revolution/dp/1476708703/, accessed Nov. 20, 2022.

2　Alan M. Turing, "Intelligent Machinery," Report 67/228, National Physical Laboratory, July 1948, https://www.npl.co.uk/getattachment/about-us/History/Famous-faces/Alan-Turing/80916595-Intelligent-Machinery.pdf, accessed Nov. 20, 2022.

3   Isaacson, *The Innovators*, 91, quoting Kurt Beyer, *Grace Hopper and the Invention of the Information Age* (Cambridge, MA: MIT Press, 2009).

4   Isaacson, 39.

5   2022 年 10 月 25 日透過 Zoom 訪談韋爾登。

6   Isaacson, *The Innovators*, 35.

7   Isaacson, 181–83.

8   Charles Fishman, "How NASA Gave Birth to Modern Computing—and Gets No Credit for It," *Fast Company*, June 13, 2019, https://www.fastcompany.com/90362753/how-nasa-gave-birth-to-modern-computing-and-gets-no-credit-for-it.

9   *Gibbons v. Ogden* (1824), https://www.archives.gov/milestone-documents/gibbons-v-ogden.

10   Bhu Srinivasan, *Americana: A 400-Year History of American Capitalism* (New York: Penguin Press, 2017), 80–82 (railroads), 59–60 (steamships).

11   2022 年 10 月 14 日透過 Zoom 訪談葉海亞。

12   Hallam Stevens, "Hans Peter Luhn and the Birth of the Hashing Algorithm," in *Spectrum*, IEEE, Jan. 30, 2018, https://spectrum.ieee.org/hans-peter-luhn-and-the-birth-of-the-hashing-algorithm; and W. Diffie and M. E. Hellman, "New Directions in Cryptography," *IEEE Transactions on Information Theory*, IT-22 (1976), 644–54, https://www.signix.com/blog/bid/108804/infographic-the-history-of-digital-signature-technology.

13   Annex 1, "Front-End Prototype Providers Technical Onboarding Package," ECB-PUBLIC, European Central Bank, Dec. 7, 2022, https://www.ecb.europa.eu/paym/digital_euro/investigation/profuse/shared/files/dedocs/ecb.dedocs221207_annex1_front_end_prototype_providers_technical_onboarding_package.en.pdf; and Metaco, "Quantum Resistance," March 23, 2021, https://www.metaco.com/digital-assets-glossary/quantum-resistance/.

14   M. Benda, "Turing's Legacy for the Internet," *IEEE Internet Computing* 1, no. 6 (Nov.–Dec. 1997): 75–77, https://ieeexplore.ieee.org/document/643940.

15   "IBM Virtual Machine Fiftieth Anniversary," IBM, last updated Aug. 3, 2022, https://www.vm.ibm.com/history/50th/index.html; and "Control Program," IBM, last updated Sept. 29, 2022, https://www.ibm.com/docs/en/

zvm/7.2?topic=product-control-program-cp, accessed Dec. 9, 2022.

16　Kaveh Waddell, "The Long and Winding History of Encryption," *Atlantic*, Jan. 13, 2016, https://www.theatlantic.com/technology/archive/2016/01/the-long-and-winding-history-of-encryption/423726/.

17　葉海亞訪談。

18　Albert Wenger, "Crypto Tokens and the Coming Age of Protocol Innovation," *Continuations Blog*, July 28, 2016, https://continuations.com/post/148098927445/crypto-tokens-and-the-age-of-protocol-innovation; and Brad Burnham, "Protocol Labs," Union Square Ventures, May 18, 2017, https://www.usv.com/writing/2017/05/protocol-labs/, accessed Nov. 27, 2022.

19　Wenger, "Crypto Tokens and the Coming Age of Protocol Innovation."

20　"fungible things, n.," *Wex Online*, Legal Information Institute, Cornell Law School, updated July 2021, https://www.law.cornell.edu/wex/fungible_things#, accessed Nov. 27, 2022.

21　Campbell R. Harvey, Ashwin Ramachandran, and Joey Santoro, *DeFi and the Future of Finance* (Hoboken, NJ: Wiley, 2021), 23, 37, https://www.wiley.com/en-us/DeFi+and+the+Future+of+Finance-p-9781119836025.

22　"Double-Spending," Corporate Finance Institute, Oct. 9, 2022, https://corporatefinanceinstitute.com/resources/cryptocurrency/double-spending/.

23　Leslie Lamport, Robert Shostak, and Marshall Pease, "The Byzantine Generals Problem," SRI International, June 11, 2000, https://lamport.azurewebsites.net/pubs/byz.pdf.

24　Red Sheehan, "Cardano: Slow and Steady Scales the Chain," Messari, Dec. 27, 2022, https://messari.io/report/cardano-slow-and-steady.

25　Nick Szabo, "Winning Strategies for Smart Contracts," foreword by Don Tapscott, Blockchain Research Institute, Dec. 4, 2017, https://www.blockchainresearchinstitute.org/project/smart-contracts.

26　Szabo.

27　Campbell R. Harvey, "DeFi Infrastructure," in *DeFi and the Future of Finance*, Duke University and NBER, 2022, https://people.duke.edu/~charvey/Teaching/697_2021/Public_Presentations_697/DeFi_2021_2_

Infrastructure_697.pdf.

28　"About Gitcoin," n.d., https://gitcoin.co/about, accessed Feb. 2, 2023.

29　2022 年 9 月 8 日透過 Zoom 訪談摩爾。也可參見：Nathania Gilson, "What Is Conway's Law?" *Atlassian Teamwork Blog*, Dec. 28, 2021, https://www.atlassian.com/blog/teamwork/what-is-conways-law-acmi.

30　摩爾訪談。

31　摩爾訪談。

32　Licheng Wang, Xiaoying Shen, Jing Li, Jun Shao, and Yixian Yang, "Cryptographic Primitives in Blockchains," *Journal of Network and Computer Applications* 127 (2019): 43–58, https://www.sciencedirect.com/science/article/pii/S108480451830362X.

33　葉海亞訪談。

34　葉海亞訪談。

35　葉海亞訪談。

36　2021 年 12 月 1 日漢納透過 Zoom 在播客節目《解碼去中心化金融》上接受本書作者訪問。

37　葉海亞訪談。

38　John Algeo and Adele Algeo, "Among the New Words," *American Speech* 63, no. 4 (1988): 345–52, https://www.jstor.org/stable/i219247, accessed Aug. 11, 2020. Authors referenced an article in *PC Week*, Jan. 5, 1988.

39　David Chaum, "Achieving Electronic Privacy," *Scientific American* 267, no. 2 (1992): 96–101, https://www.jstor.org/stable/24939181, accessed Aug. 11, 2020.

40　關於區塊鏈研究院團隊對錢包的深入研究，參見：Don Tapscott, "Toward a Universal Digital Wallet: A Means of Managing Payments, Data, and Identity," Blockchain Research Institute, Nov. 18, 2020, https://www.blockchainresearchinstitute.org/project/toward-a-universal-digital-wallet/.

41　Paul Andrews, "PC in Your Pocket: Bill Gates Previews Wallet That Knows You Well," *Seattle Times*, Feb. 2, 1993; Chris Tilley, "A Look Back to the Beginnings of the Microsoft PDA Project," HPC Factor, Jan. 2005, https://www.hpcfactor.com/reviews/editorial/walletpc; and Sean Gallagher, "Back to the Future: Dusting off Bill Gates' *The Road Ahead*," *Ars Technica*, Feb. 4,

2014, https://www.arstechnica.com/information-technology/2014/02/back-to-the-future-dusting-off-bill-gates-the-road-ahead, accessed Aug. 25, 2020.

42　Bill Gates with Nathan Myhrvold and Peter Rinearson, *The Road Ahead* (New York: Viking Penguin, 1995), 74–75.

43　Marc Andreessen, "From the Internet's Past to the Future of Crypto," interviewed by Katie Haun, *a16z Podcast*, Aug. 29, 2019, https://a16z.com/2019/08/29/Internet-past-crypto-future-crypto-regulatory-summit/.

44　Kai Sedgwick, "Bitcoin History, Part 18: The First Bitcoin Wallet," Bitcoin.com, Oct. 6, 2019, https://news.bitcoin.com/bitcoin-history-part-18-the-first-bitcoin-wallet, accessed Aug. 25, 2020.

45　Gates, *The Road Ahead*, 76.

46　Don Tapscott and Alex Tapscott, *Blockchain Revolution: How the Technology Behind Bitcoin and Other Cryptocurrencies Is Changing the World* (New York: Penguin Portfolio, 2018), 14–16.

47　Olusegun Ogundeji, "[Andreas] Antonopoulos: Your Keys, Your Bitcoin. Not Your Keys, Not Your Bitcoin," *Cointelegraph*, Aug. 10, 2016, https://cointelegraph.com/news/antonopoulos-your-keys-your-bitcoin-not-your-keys-not-your-bitcoin.

48　James Burnham, *The Managerial Revolution* (London: Lume Books, 1941), 84

49　2022 年 11 月 25 日鮑威爾發送給本書作者的電子郵件。

50　鮑威爾發送給本書作者的電子郵件。

51　Hester Peirce, "Remarks before the Digital Assets," Duke Conference, Washington DC, US Securities and Exchange Commission, Jan. 20, 2023, https://www.sec.gov/news/speech/peirce-remarks-duke-conference-012023#_ftnref15.

52　Safe, "Unlock Digital Asset Ownership," Safe Ecosystem Foundation, as of April 12, 2023, https://safe.global/.

53　Franck Barbier, "Composability for Software Components: An Approach Based on the Whole-Part Theory," in *Proceedings of Eighth IEEE International Conference on Engineering of Complex Computer Systems*, 2002, 101–6, DOI:10.1109/ICECCS.2002.1181502.

54　2021 年 12 月 1 日楊格透過 Zoom 在播客節目《解碼去中心化金融》上接受本書作者訪問。

55　楊格訪談。

56　"Time Required to Start a Business (Days)," *Doing Business*, World Bank, 2019, https://data.worldbank.org/indicator/IC.REG. DURS?end=2019&most_recent_value_desc=true&start=2003.

57　"Time Required to Start a Business (Days)."

58　Oliver E. Williamson, "Public and Private Bureaucracies: A Transaction Cost Economics Perspective," *Journal of Law, Economics & Organization* 15, no. 1 (1999): 306–42, https://www.jstor.org/stable/3554953.

59　Brian Ladd, *Autophobia: Love and Hate in the Automotive Age* (Chicago: University of Chicago Press, 2008), https://press.uchicago.edu/Misc/ Chicago/467412.html.

60　*Pride of the West & Mars*, Jet Propulsion Laboratory, California Institute of Technology, Jan. 15, 2020, https://www.jpl.nasa.gov/images/pia24438-pride-of-the-west-mdash-and-mars.

61　Best Owie, "Solana's Network Blackout Puts It in Dire Straits Among Competitors," *Bitcoinist.com*, April 12, 2022, https://bitcoinist.com/solanas-network-blackout-puts-it-in-dire-straits-among-competitors/.

62　韋爾登訪談。

63　"The History of Car Technology," Jardine Motors Group, n.d., https://news. jardinemotors.co.uk/lifestyle/the-history-of-car-technology, accessed April 12, 2023.

64　Prashant Jha, "The Aftermath of Axie Infinity's $650M Ronin Bridge Hack," *Cointelegraph*, April 12, 2022, https://cointelegraph.com/news/the-aftermath-of-axie-infinity-s-650m-ronin-bridge-hack.

65　2021 年 11 月 17 日布赫曼透過 Zoom 在播客節目《解碼去中心化金融》上接受本書作者和楊格訪問。

66　布赫曼接受本書作者和楊格訪問。

67　2022 年 8 月 8 日透過 Zoom 訪談阿加瓦爾。

68　阿加瓦爾訪談。

69　奧蘇里接受本書作者和楊格訪問，參見：*DeFi Decoded* podcast, ep.

73, Dec. 15, 2021, https://podcasts-francais.fr/podcast/defi-decoded/defi-decoded-why-defi-needs-a-truly-decentralized-.

70 2022 年 1 月 12 日透過 Zoom 訪談朱里科。

71 朱里科訪談。

72 阿加瓦爾訪談。

73 OpenAI, as of Dec. 6, 2022, https://openai.com/api/.

74 Stephanie Dunbar and Stephen Basile, "The Decentralized Science Ecosystem: Building a Better Research Economy," Messari, March 7, 2023, https://messari.io/report/the-decentralized-science-ecosystem-building-a-better-research-economy.

75 "Ocean Protocol: Tools for the Web3 Data Economy," technical white paper, Ocean Protocol Foundation Ltd. with BigchainDB GmbH, Sept. 1, 2022, https://oceanprotocol.com/technology/roadmap#papers.

76 Trent McConaghy, "How Does Ocean Compute-to-Data Related to Other Privacy-Preserving Approaches?" *Ocean Protocol Blog*, Ocean Protocol Foundation, May 28, 2020, https://blog.oceanprotocol.com/how-ocean-compute-to-data-relates-to-other-privacy-preserving-technology-b4e1c330483.

第3章　關於資產

1 "Great Domesday," Catalogue Reference: E 31/2, National Archives, United Kingdom, n.d., https://www.nationalarchives.gov.uk/domesday/discover-domesday/.

2 Robert Tombs, *The English and Their History* (New York: Vintage, 2015): 50.

3 Richard Mattessich, "The Oldest Writings, and Inventory Tags of Egypt," *The Accounting Historians Journal* 29, No. 1 (June 2002): 195–208, https://www.jstor.org/stable/40698264; Daniel C. Snell, *Ledgers and Prices: Early Mesopotamian Merchant Accounts* (New Haven: Yale University Press, 1982), https://babylonian-collection.yale.edu/sites/default/files/files/YNER%208%20Snell%2C%20Ledgers%20and%20Prices%20-%20Early%20Mesopotamian%20Merchant%20Accounts%2C%201982.PDF; Roger

Atwood, "The Ugarit Archives," Archaeology Magazine, July/Aug. 2021, https://www.archaeology.org/issues/430-2107/features/9752-ugarit-bronze-age-archive; and Sun Jiahui, "How Ancient Chinese Buried the Living Along with the Dead," *The World Of Chinese*, Nov. 12, 2021, https://www.theworldofchinese.com/2021/11/how-ancient-chinese-buried-the-living-along-with-the-dead/.

4   Jiahui, "How Ancient Chinese Buried the Living Along with the Dead"; and John Noble Wilford, "With Escorts to the Afterlife Pharaohs Proved Their Power," *New York Times*, March 16, 2004, https://www.nytimes.com/2004/03/16/science/with-escorts-to-the-afterlife-pharaohs-proved-their-power.html.

5   T. J. Stiles, *The First Tycoon* (New York: Vintage Books, 2010), 569.

6   Stiles, 569.

7   Jason Furman, "Financial Inclusion in the United States," *Obama White House Blog*, June 10, 2016, https://obamawhitehouse.archives.gov/blog/2016/06/10/financial-inclusion-united-states; Lydia Saad and Jeffrey M. Jones, "What Percentage of Americans Own Stock?" *The Short Answer*, Gallup, May 12, 2022, https://news.gallup.com/poll/266807/percentage-americans-owns-stock.aspx.

8   "Traditional Sources of Economic Security," *Historical Background and Development of Social Security*, Social Security Administration, n.d., https://www.ssa.gov/history/briefhistory3.html, accessed April 12, 2023.

9   Leander Heldring, James A. Robinson, and Sebastian Vollmer, "The Long-Run Impact of the Dissolution of the English Monasteries," Working Paper 21450, National Bureau of Economic Research, Aug. 2015, revised April 2021, https://www.nber.org/system/files/working_papers/w21450/w21450.pdf.

10   "A Brief History of Mining," Earth Systems, 2006, https://www.earthsystems.com/history-mining/.

11   Stiles, 568.

12   Stiles, 568.

13   2022 年 9 月 16 日透過 Zoom 訪談杜達斯。

14　Print and digital combined. "The New York Times Company Reports Second-Quarter 2022 Results," press release, *New York Times*, Aug. 3, 2022, https://nytco-assets.nytimes.com/2022/08/Press-Release-6.26.2022-Final-X69kQ5m3-2-1.pdf.

15　"Market Capitalization of Coinbase (COIN)," Companies Market Cap, as of April 12, 2023, https://companiesmarketcap.com/coinbase/marketcap/.

16　關於代幣目前市值，參見：CoinGecko, https://www.coingecko.com/. 例如，以太坊是市值第二大的加密資產平臺，市值為 2,170 億美元，而 Web3 最大的公開上市公司比特幣基地市值為 155 億美元。"Market Capitalization of Coinbase," Companies Market Cap, as of May 17, 2023, https://companiesmarketcap.com/coinbase/marketcap/.

17　Nathanial Popper, "Lost Passwords Lock Millionaires Out of Their Bitcoin Fortunes," *New York Times*, Jan. 14, 2021, https://www.nytimes.com/2021/01/12/technology/bitcoin-passwords-wallets-fortunes.html.

18　Rick Delafont, "Chainalysis: Up to 3.79 Million Bitcoins May Be Lost Forever," *NewsBTC*, April 12, 2018, https://www.newsbtc.com/news/bitcoin/chainalysis-up-to/.

19　James Royal, "Are Your Lost Bitcoins Gone Forever? Here's How You Might Be Able to Recover Them," Bankrate, Feb. 11, 2022, https://www.bankrate.com/investing/how-to-recover-lost-bitcoins-and-other-crypto/; and Brian Nibley, "Tracking Down Lost Bitcoins and Other Cryptos," SoFi, Sept. 13, 2022, https://www.sofi.com/learn/content/how-to-find-lost-bitcoin/.

20　"Cryptocurrency Ownership Data," Triple A, April 5, 2023, https://triple-a.io/crypto-ownership-data/.

21　"Automobile Anecdotes," Stuttgart-Marketing GmbH, n.d., https://www.stuttgart-tourist.de/en/automobile/automotive-anecdotes-1, accessed April 12, 2023.

22　Lars Bosteen "Early Mis-Prediction of the Demand for Automobiles," History Stack Exchange, Aug. 18, 2021, https://history.stackexchange.com/questions/65780/early-mis-prediction-of-the-demand-for-automobiles.

23　L. Ceci, "Time Spent per Day on Smartphone," Statista, June 14, 2022, https://www.statista.com/statistics/1224510/time-spent-per-day-onsmartphone-us/.

24　"Synthetixio," GitHub, accessed Dec. 18, 2022, https://github.com/ Synthetixio.

25　2022 年 8 月 15 日透過 Zoom 訪談沃里克。

26　Kate Duguid and Nikou Asgari, "Central Banks Look to China's Renminbi to Diversify Foreign Currency Reserves," *Financial Times*, June 30, 2022, https://www.ft.com/content/ce09687f-f7e5-499a-9521-d98cbd4c5ac1.

27　James Dale Davidson and Lord William Rees-Mogg, *The Sovereign Individual: Mastering the Transition to the Information Age* (New York: Simon & Schuster, 1997), 216.

28　Friedrich A. von Hayek, *Denationalization of Money* (London: Institute of Economic Affairs, 1976), 56.

29　2022 年 3 月 31 日布林克透過 Zoom 在播客節目《解碼去中心化金融》上接受本書作者訪問。

30　"Ukraine Government Turns to Crypto to Crowdfund Millions of Dollars," *Elliptic Blog*, March 11, 2022, https://www.elliptic.co/blog/live-updates-millions-in-crypto-crowdfunded-for-the-ukrainian-military, accessed March 31, 2022.

31　PartyBid App, PartyDAO, as of March 31, 2022, https://www.partybid.app/ party/0x4508401BaDe71aE75f E70c97fe585D734f975502.

32　Andrew J. Hawkins, "The Anti-vaxx Canadian Truckers Want to Talk to You About Bitcoin," *The Verge*, Feb. 9, 2022 https://www.theverge.com/2022/2/9/22925823/canadian-trucker-convoy-anti-vaxx-bitcoin-press-conference, accessed March 31, 2022.

33　2022 年 8 月 9 日透過 Zoom 訪談威爾森。

34　Amitoj Singh, "Ukraine Is Buying Bulletproof Vests and Night-Vision Goggles Using Crypto," *CoinDesk*, March 7, 2022, https://www.coindesk.com/policy/2022/03/07/ukraine-is-buying-bulletproof-vests-and-night-vision-goggles-using-crypto/, accessed March 31, 2022.

35　Sharon Braithwaite, "Zelensky Refuses US Offer to Evacuate, Saying 'I Need Ammunition, not a Ride,'" *CNN*, Cable News Network, Feb. 26, 2022, https://www.cnn.com/2022/02/26/europe/ukraine-zelensky-evacuation-intl/

index.html.

36　2022 年 9 月 2 日透過 Zoom 訪談狄克森。

37　"The Humble Hero: Containers Have Been More Important for Globalisation Than Freer Trade," *Economist*, May 18, 2013, https://www.economist.com/finance-and-economics/2013/05/18/the-humble-hero.

38　狄克森訪談。

39　狄克森訪談。

40　狄克森訪談。

41　Irene Vallejo, *Papyrus: The Invention of Books in the Ancient World*, trans. Charlotte Whittle (New York: Knopf, 2022), 22.

42　Design Services, Sigma Technology Group, n.d., https://sigmatechnology.com/service/design-services/, accessed Sept. 16, 2022.

43　Vallejo, *Papyrus*, 22.

44　狄克森訪談。

45　2022 年 8 月 8 日透過 Zoom 訪談阿加瓦爾。

46　2022 年 8 月 9 日透過 Zoom 訪談貝柯。

47　2022 年 8 月 2 日透過 Zoom 訪談吳約翰。

48　"The Uniswap Protocol Is a Public Good Owned and Governed by UNI Token Holders," Uniswap Governance, n.d., https://uniswap.org/governance.

49　"Stablecoins by Market Capitalization," CoinGecko, as of May 17, 2023, https://www.coingecko.com/en/categories/stablecoins.

50　"State of the USDC Economy," *Circle*, Circle Internet Financial Ltd., March 10, 2023, https://www.circle.com/hubfs/PDFs/2301StateofUSDCEconomy_Web.pdf.

51　"Dai Price Chart (DAI)," CoinGecko, as of May 17, 2023, https://www.coingecko.com/en/coins/dai.

52　AngelList (@angellist), Twitter post, Sept. 28, 2021 (1:17 p.m.), https://twitter.com/AngelList/status/1442901252552101888, accessed Oct. 15, 2021.

53　Cryptorigami, "Introducing ERC 420—The Dank Standard," *PepeDapp Blog*, Medium, May 27, 2018, https://medium.com/pepedapp/erc-

420%C2%B9-the-dank-standard-83d7bb5fe18e; Eugene Mishura and Seb Mondet, "FA2—Multi-Asset Interface, 012," Software Freedom Conservancy, Jan. 24, 2020, https://gitlab.com/tezos/tzip/-/blob/master/proposals/tzip-12/tzip-12.md; "Onflow/flow-nft," GitHub, n.d., https://github.com/onflow/flow-nft; and Metaplex NFT, Metaplex Foundation, Sept. 19, 2022, https://z6uiuihwujnmmqy6obdswfnfoe4rcbavovcljbg4ki3vjfovftpa.arweave.net/z6iKIPaiWsZDHnBHKxWlcTkRBBV1RLSE3FI3VJXVLN4/index.html.

54   Campbell R. Harvey, Ashwin Ramachandran, and Joey Santoro, *DeFi and the Future of Finance* (Hoboken, NJ: Wiley, 2021), 27.

55   "The Digital Currencies That Matter: Get Ready for Fedcoin and the e-euro," *Economist*, May 8, 2021, https://www.economist.com/leaders/2021/05/08/the-digital-currencies-that-matter.

56   "The Digital Currencies That Matter."

57   2022 年 12 月 13 日透過 Zoom 訪談吉恩卡洛。

58   E. Glen Weyl, Puja Ohlhaver, and Vitalik Buterin, "Decentralized Society: Finding Web3's Soul," Social Science Research Network, May 10, 2022, https://dx.doi.org/10.2139/ssrn.4105763.

59   狄克森訪談。

60   "The Key to Industrial Capitalism: Limited Liability," *Economist*, Dec. 23, 1999, https://www.economist.com/finance-and-economics/1999/12/23/the-key-to-industrial-capitalism-limited-liability.

61   Frederick G. Kempin, Jr., "Limited Liability in Historical Perspective," *American Business Law Association Bulletin*, n.d., https://www.bus.umich.edu/KresgeLibrary/resources/abla/abld_4.1.11-33.pdf.

62   Julia Kagan, "C Corporation," *Investopedia*, July 22, 2022, https://www.investopedia.com/terms/c/c-corporation.asp, accessed Sept. 16, 2022.

63   狄克森訪談。

64   狄克森訪談。

65   "Matthew Effect," ScienceDirect, accessed Nov. 25, 2022, https://www.sciencedirect.com/topics/psychology/matthew-effect.

第4章　關於人

1　Kelly Grovier, "The Most Terrifying Images in History?" BBC, Feb. 19, 2020, https://www.bbc.com/culture/article/20200214-the-art-of-terror-how-visions-of-fear-can-help-us-live.

2　Hua Hsu, "The End of White America?" *Atlantic*, Jan.–Feb. 2009, https://www.theatlantic.com/magazine/archive/2009/01/the-end-of-white-america/307208/.

3　Ben Sisario, "The Music Industry Is Wrestling with Race. Here's What It Has Promised," *New York Times*, July 1, 2020, https://www.nytimes.com/2020/07/01/arts/music/music-industry-black-lives-matter.html.

4　Elias Leight, "The Music Industry Was Built on Racism. Changing It Will Take More Than Donations," *Rolling Stone*, June 5, 2020, https://www.rollingstone.com/music/music-features/music-industry-racism-1010001/.

5　2022 年 9 月 12 日透過 Zoom 訪談溫克沃斯。

6　2022 年 11 月 1 日透過 Zoom 訪談艾蜜莉。

7　Ekin Genç, "An Ad for Uniswap Just Sold for $525,000 as an NFT," *DeCrypt*, March 27, 2021, https://decrypt.co/63080/an-ad-for-uniswap-just-sold-for-525000-as-an-nft-heres-why; 艾蜜莉訪談。

8　艾蜜莉訪談。

9　艾蜜莉訪談。

10　艾蜜莉訪談。

11　2022 年 9 月 26 日透過 Zoom 訪談尼克森羅培茲和卡哈瑞。

12　Dean Takahashi, "Bored Ape Company Yuga Labs Appoints Activision Blizzard's Daniel Alegre as CEO," *VentureBeat*, Dec. 19, 2022, https://venturebeat.com/games/bored-ape-company-yuga-labs-appoints-activision-blizzards-daniel-alegre-as-ceo/.

13　Sarah Emerson, "Seth Green Bored Ape NFT Returned," *BuzzFeed News*, June 9, 2022, https://www.buzzfeednews.com/article/sarahemerson/seth-green-bored-ape-nft-returned.

14　訪談尼克森羅培茲和卡哈瑞。

15　Story, MV3: The Battle for Eluna, as of April 12, 2023, https://mv3hq.

notion.site/Story-ecdaaa3a8a71447598726d8f8a2504fe.

16　Story, MV3: The Battle for Eluna.

17　訪談尼克森羅培茲和卡哈瑞。

18　訪談尼克森羅培茲和卡哈瑞。

19　Andres Guadamuz, "Non-fungible Tokens (NFTs) and Copyright," *WIPO*, Dec. 2021, https://www.wipo.int/wipo_magazine/en/2021/04/article_0007. html.

20　Creative Commons, "FAQ: CC and NFTs," Sept. 9, 2022, https:// creativecommons.org/cc-and-nfts/.

21　Scott Kominers (@skominers), Twitter post, Aug. 3, 2022 (6:46 a.m.), https://twitter.com/skominers/status/1554780692067794945.

22　Lawrence Lessig, *Free Culture: How Big Media Uses Technology and the Law to Lock Down Culture and Control Creativity* (New York: Penguin Books, 2004), https://lessig.org/product/free-culture/.

23　Lessig, "About the Book," *Free Culture* website, n.d., https://lessig.org/ product/free-culture/.

24　Flashrekt and Scott Duke Kominers, "Why NFT Creators Are Going cc0," *a16z Crypto Blog*, Aug. 3, 2022, https://a16zcrypto.com/cc0-nft-creative-commons-zero-license-rights/.

25　2022 年 10 月 12 日透過 Zoom 訪談盧芮亞。

26　Pplpleasr, "Shibuya & White Rabbit Pilot," *Shibuya.xyz*, Feb. 28, 2022, https://medium.com/@shibuya.xyz/shibuya-white-rabbit-pilot-c901e8bb76a4.

27　艾蜜莉訪談。

28　艾蜜莉訪談。

29　艾蜜莉訪談。

30　艾蜜莉訪談。

31　Andrew Hayward, "Pplpleasr's Shibuya NFT Video Platform Raises $6.9M to Build the A24 of Web3," *Decrypt*, Dec. 8, 2022, https://decrypt. co/116749/pplpleasrs-shibuya-nft-video-platform-raises-6-9m-to-build-the-a24-of-web3.

32　2022 年 8 月 11 日透過 Zoom 訪談倫堡。

33　倫堡訪談。

34　Roneil Rumburg, Sid Sethi, and Hareesh Nagaraj, "Audius: A Decentralized Protocol for Audio Content," white paper, Audius Inc., Oct. 8, 2020, https://whitepaper.audius.co/AudiusWhitepaper.pdf, accessed Nov. 27, 2022.

35　倫堡訪談。

36　2022 年 8 月 9 日透過 Zoom 訪談拉森。

37　"Digital Asset Outlook 2023," The Block, Dec. 20, 2022, https://www.tbstat.com/wp/uploads/2022/12/Digital-Asset-2023-Outlook.pdf.

38　Right Click Save, ClubNFT, n.d., https://www.rightclicksave.com/.

39　艾蜜莉訪談。

40　2022 年 10 月 25 日透過 Zoom 訪談韋爾登。

41　"Token-Gated Communities: $80,000+ Community, Soulbound NFTs and Web 2.5," Trends.vc, n.d., https://trends.vc/trends-0082-token-gated-communities/.

42　韋爾登訪談。更多關於 Twitch TV 的資訊，參見：https://www.twitch.tv/p/en/about/.

43　Marshall McLuhan, *Understanding Media: The Extensions of Man*, introduction by Lewis H. Lapham (Cambridge, MA: MIT Press, 1994), mitpress.mit.edu/books/understanding-media.

44　Bill Gates, "Content Is King," Microsoft, Jan. 3, 1996, Wayback Machine, https://web.archive.org/web/20010126005200/http://www.microsoft.com/billgates/columns/1996essay/essay960103.asp, accessed Jan. 21, 2023. Syndicated by the New York Times Syndication Sales Corp. and archived in Nexis UNI as Bill Gates, "On the Internet, Content Is King. On the Internet, Cyberspace Content Is King," *Evening Post* (Wellington, New Zealand), Jan. 16, 1996.

45　2022 年 2 月 1 日索克林透過 Zoom 在播客節目《解碼去中心化金融》上接受本書作者訪問。

46　2023 年 1 月 10 日透過 Zoom 訪談蕭逸。

47　部分資料最初出現於本書作者撰文，參見：Alex Tapscott, "With NFTs, the Digital Medium Is the Message," *Fortune*, Oct. 4, 2021, https://fortune.com/2021/10/04/nfts-art-collectibles-medium-is-the-message/.

48　蕭逸訪談。

49　Enid Tsui, "Internet Whizz Yat Siu on Programming at 13 and Landing a Job at Atari as a Schoolboy," *South China Morning Post*, July 6, 2017, Wayback Machine, https://web.archive.org/web/20170706084545/https://www.scmp.com/magazines/post-magazine/long-reads/article/2101469/Internet-whizz-yat-siu-programming-13-and-landing.

50　Walter Isaacson, *The Innovators: How a Group of Hackers, Geniuses, and Geeks Created the Digital Revolution* (New York: Simon & Schuster, 2014), 214.

51　蕭逸訪談。

52　蕭逸訪談。

53　蕭逸訪談。

54　蕭逸訪談。

55　"Refunds are now available, you have two choices," ConstitutionDAO (2021), n.d., https://www.constitutiondao.com/.

56　韋爾登訪談。

57　Jesse Walden, "Tokens Are Products," Variant Fund, Aug. 24, 2022, https://variant.fund/articles/tokens-are-products/.

58　Ida Auken, "Welcome to 2030. I Own Nothing, Have No Privacy, and Life Has Never Been Better," World Economic Forum, Nov. 11, 2016, https://web.archive.org/web/20161125135500/https://www.weforum.org/agenda/2016/11/shopping-i-can-t-really-remember-what-that-is. 世界經濟論壇最初將本文納入全球議程第四次工業革命時代的「價值觀」一節，但在 2021 年 5 月 6 日從網站上移除這篇文章。https://web.archive.org/web/20210505052848/https://www.weforum.org/agenda/2016/11/how-life-could-change-2030/, accessed Nov. 27, 2022.

59　韋爾登訪談。

60　Auken, "Welcome to 2030."

61　Spencer High, "NAR Report Shows Share of Millennial Home Buyers Continues to Rise," National Association of Realtors, March 23, 2022, https://www.nar.realtor/newsroom/nar-report-shows-share-of-millennial-home-buyers-continues-to-rise.

62　John Locke, *Two Treatises of Government and A Letter Concerning Toleration*,

1690, 112.

63　Chris Dixon (@cdixon), Twitter post, Oct. 1, 2021 (6:50 p.m.), https://twitter.com/cdixon/status/1444072368859533316, accessed Oct. 15, 2021.

64　Chris Dixon (@cdixon), Twitter posts, Oct. 1, 2021 (6:50 p.m.), https://twitter.com/cdixon/status/1444072370788978691 and https://twitter.com/cdixon/status/1444072374798675970, accessed Oct. 15, 2021.

65　2023 年 2 月 24 日透過 Zoom 訪談威爾斯。

66　威爾斯訪談。

67　Muyao Shen, "Wikipedia Ends Crypto Donations as Environmental Concerns Swirl," *Bloomberg News*, Bloomberg LP, May 2, 2022, https://www.bloomberg.com/news/articles/2022-05-02/wikipedia-ends-crypto-donations-amid-environmental-concern, accessed April 12, 2023.

68　威爾斯訪談。

69　威爾斯訪談。

70　拉森訪談。

71　James Burnham, *The Managerial Revolution* (London: Lume Books, 1941), 84.

72　2023 年 1 月 26 日透過 Zoom 訪談葛舒尼。

73　Ronald H. Coase, "The Nature of the Firm," *Economica* 4, no. 16 (Nov. 1937): 386–405, https://doi.org/10.2307/2626876.

74　葛舒尼訪談。

75　Phillip J. Windley, "Framing and Self-Sovereignty in Web3," *Technometria Blog*, Feb. 15, 2022, https://www.windley.com/archives/2022/02/framing_and_self-sovereignty_in_web3.shtml, accessed March 31, 2022.

76　2022 年 8 月 24 日透過 Zoom 訪談賽爾基斯。

77　ENS Documentation, April 2022, https://docs.ens.domains/.

78　葛舒尼訪談。也可參見：https://kycdao.xyz/, https://www.violet.co/, and https://www.spectral.finance/, accessed April 12, 2023.

79　葛舒尼訪談；以及 "ZK Badges," Sismo Docs, last updated May 12, 2023, https://docs.sismo.io/sismo-docs/readme/sismo-badges, accessed May 17, 2023.

80　Gitcoin Passport, n.d., https://passport.gitcoin.co/.

第5章　關於組織

1　2022 年 10 月 25 日透過 Zoom 訪談韋爾登。

2　韋爾登訪談。

3　韋爾登訪談。

4　韋爾登訪談。

5　韋爾登訪談。

6　GameKyuubi, "I AM HODLING," Bitcoin Forum, Simple Machines NPO, Dec. 18, 2013, https://bitcointalk.org/index.php?topic=375643. msg4022997#msg4022997, accessed Nov. 29, 2022.

7　韋爾登訪談。

8　韋爾登訪談。

9　2023 年 2 月 24 日透過 Zoom 訪談威爾斯。

10　韋爾登訪談。

11　Yochai Benkler, *The Wealth of Networks: How Social Production Transforms Markets and Freedom* (New Haven, CT: Yale University Press, 2006), 9.

12　Matthew Campbell and Kit Chellel, *Dead in the Water: A True Story of Hijacking, Murder, and a Global Maritime Conspiracy* (New York: Penguin Portfolio, 2022), 38.

13　"Royal Charters," Privy Council Office, UK Government, n.d., https://privycouncil.independent.gov.uk/royal-charters/; "The 1621 Charter of the Dutch West India Company," Historical Society of the New York Courts, n.d., https://history.nycourts.gov/about_period/charter-1621/, accessed April 13, 2023.

14　Charles Wright and C. Ernest Fayle, "A History of Lloyd's: From the Founding of Lloyd's Coffee-house to the Present Day," *Nature* 122 (Aug. 25, 1928): 267–268, https://doi.org/10.1038/122267a0.

15　Julia Kagan, "C Corporation," *Investopedia*, July 22, 2022, https://www.investopedia.com/terms/c/c-corporation.asp, accessed Sept. 16, 2022.

16　"The Key to Industrial Capitalism: Limited Liability," *Economist*, Dec. 23, 1999, https://www.economist.com/finance-and-economics/1999/12/23/the-key-to-industrial-capitalism-limited-liability.

17　狄克森訪談。

18　James Dale Davidson and Lord William Rees-Mogg, *The Sovereign Individual: Mastering the Transition to the Information Age* (New York: Simon & Schuster, 1997), 70.

19　Albert Wenger, *The World After Capital: Economic Freedom, Information Freedom, and Psychological Freedom*, Aug. 9, 2022, https://worldaftercapital. org/; 2022 年 12 月 16 日透過 Zoom 訪談溫格。

20　溫格訪談。

21　溫格訪談。

22　Hester Peirce, "Remarks before the Digital Assets," Duke Conference, Washington DC, US Securities and Exchange Commission, Jan. 20, 2023, https://www.sec.gov/news/speech/peirce-remarks-duke-conference-012023#_ftnref15.

23　Clayton M. Christensen, *The Innovator's Dilemma When New Technologies Cause Great Firms to Fail* (Boston: Harvard Business School Press, 1997), xv.

24　"Top 10 legal battles: Bell Telephone v Western Union (1879)," *Guardian*, Aug. 6 2007, https://www.theguardian.com/technology/2007/aug/06/bellvwestern; and Peter Baida, "Hindsight, Foresight, and No Sight," *American Heritage* 36, no. 4 (June–July 1985), https://web.archive.org/web/20200906141427/https://www.americanheritage.com/hindsight-foresight-and-no-sight.

25　Christensen, *The Innovator's Dilemma*, 147.

26　Christensen, *The Innovator's Dilemma*, 147.

27　狄克森訪談。

28　狄克森訪談。

29　狄克森訪談。

30　Donald Sull, "Why Good Companies Go Bad," *Harvard Business Review*, July–Aug. 1999, https://hbr.org/1999/07/why-good-companies-go-bad.

31　David Furlonger and Christophe Uzureau, *The Real Business of Blockchain: How Leaders Can Create Value in a New Digital Age* (Cambridge, MA: Harvard Business Review Press, 2019), 54–58.

32　Furlonger and Uzureau, 62–64.

33　Furlonger and Uzureau, 66.

34　2023 年 1 月 11 日透過 Zoom 訪談蕭逸。

35　蕭逸訪談。

36　蕭逸訪談。

37　2022 年 10 月 6 日透過 Zoom 訪談羅茲三世。

38　羅茲三世訪談。

39　狄克森訪談。

40　"How DigiCash Blew Everything," translated by Ian Grigg's colleagues, edited by Grigg, and emailed to Robert Hettinga mailing list, Feb. 10, 1999, https://cryptome.org/jya/digicrash.htm. See also "Hoe DigiCash Alles Verknalde," Next!, Jan. 1999, https://web.archive.org/web/19990427142412/http://www.nextmagazine.nl/ecash.htm.

41　羅茲三世訪談。

42　"IBM Announces Blockchain Collaboration with GSF and Other Supply Chain Leaders to Address Food Safety," press release, Golden State Foods, Aug. 22, 2017, https://goldenstatefoods.com/news/ibm-announces-blockchain-collaboration-gsf-supply-chain-leaders-address-food-safety/; "IBM Food Trust Expands Blockchain Network to Foster a Safer, More Transparent and Efficient Global Food System," press release, IBM, Oct. 8, 2018, https://newsroom.ibm.com/2018-10-08-IBM-Food-Trust-Expands-Blockchain-Network-to-Foster-a-Safer-More-Transparent-and-Efficient-Global-Food-System-1; "US Food and Drug Administration Drug Supply Chain Security Act Blockchain Interoperability Pilot Project Report," IBM, Feb. 2020, https://www.ibm.com/downloads/cas/9V2LRYG5; and "About TradeLens," n.d., https://www.tradelens.com/about, all accessed Nov. 11, 2022.

43　2022 年 8 月 29 日透過 Zoom 訪談科莫。

44　"International Business Machines Corporation," Computer History Museum, n.d., https://www.computerhistory.org/brochures/g-i/international-business-machines-corporation-ibm/; and "Chronological History of IBM," IBM, accessed Nov. 11, 2022, https://www.ibm.com/ibm/history/history/history_intro.html.

45　科莫訪談。

46　Patrick Lowry, "When Algorithms Fail: How an Algorithmic Stablecoin's Collapse Fuelled a Crypto Bear Market," *Iconic Holding Blog*, Aug. 24, 2022, https://iconicholding.com/when-algorithmic-stablecoins-fail/.

47　羅茲三世訪談。

48　Alex Hughes, "ChatGPT: Everything You Need to Know About OpenAI's GPT-4 tool," BBC Science Focus, April 3, 2023, https://www.sciencefocus.com/future-technology/gpt-3/.

49　Greg Brockman "Microsoft Invests in and Partners with OpenAI to Support US Building Beneficial AGI," OpenAI, July 22, 2019, https://openai.com/blog/microsoft/.

50　David Becker, "Microsoft Got Game: Xbox Unveiled," CNET, Jan. 2, 2002, https://www.cnet.com/culture/microsoft-got-game-xbox-unveiled/.

51　Matthew L. Ball, *The Metaverse: And How It Will Revolutionize Everything* (New York: Liveright, 2022), 10–11.

52　"Minecraft Live Player Count and Statistic," ActivePlayer.io Game Statistics Authority, as of April 13, 2023, https://activeplayer.io/minecraft/.

53　"United States of America Before the Federal Trade Commission in the Matter of Microsoft Corp. and Activision Blizzard, Inc.," Docket No. 9412, Redacted Public Version, Dec. 8, 2022, https://www.ftc.gov/system/files/ftc_gov/pdf/D09412MicrosoftActivisionAdministrativeComplaintPublicVersionFinal.pdf.

54　"FTC Seeks to Block Microsoft Corp.'s Acquisition of Activision Blizzard Inc.," press release, Federal Trade Commission, Dec. 8, 2022, https://www.ftc.gov/news-events/news/press-releases/2022/12/ftc-seeks-block-microsoft-corps-acquisition-activision-blizzard-inc.

55　Duncan Riley, "Microsoft Bans Cryptocurrency Mining on Azure Without Pre-approval," SiliconANGLE Media Inc., Dec. 15, 2022, https://siliconangle.com/2022/12/15/microsoft-bans-cryptocurrency-mining-azure-without-pre-approval/#.

56　Gurjot Dhanda, "How Nike won with NFTs," Covalent, Feb. 3, 2023, https://www.covalenthq.com/blog/how-nike-won-with-nfts/#.

57   Christensen, *The Innovator's Dilemma*, xv.

58   Yorke E. Rhodes III, Faculty Directory, School of Professional Studies, New York University, 2022, https://www.sps.nyu.edu/homepage/academics/faculty-directory/14416-yorke-e-rhodes-iii.html#courses14416.

59   Klint Finley, "What Exactly Is GitHub Anyway?" *TechCrunch*, July 14, 2012, https://techcrunch.com/2012/07/14/what-exactly-is-github-anyway/; and Paul V. Weinstein, "Why Microsoft Is Willing to Pay So Much for GitHub," *Harvard Business Review*, June 6, 2018, https://hbr.org/2018/06/why-microsoft-is-willing-to-pay-so-much-for-github.

60   Benkler, *The Wealth of Networks*, 62.

61   韋爾登訪談。

62   Alvin Toffler, *Future Shock* (New York: Random House, 1970), 144.

63   Benkler, *The Wealth of Networks*, 50.

64   Vitalik Buterin "DAOs Are Not Corporations: Where Decentralization in Autonomous Organizations Matters," Vitalik Buterin's Website, Sept. 20, 2022, https://vitalik.ca/general/2022/09/20/daos.html.

65   Vitalik Buterin, "DAOs Are Not Corporations."

66   "About Aragon," Aragon Association, as of March 2023, https://aragon.org/about-aragon; Cryptopedia Staff, "Aragon (ANT): DAOs for Communities and Businesses," Gemini Trust Co. LLC, Oct. 21, 2021, https://www.gemini.com/cryptopedia/aragon-crypto-dao-ethereum-decentralized-government; and "Aragon," CoinMarketCap, n.d., https://coinmarketcap.com/currencies/aragon/, all accessed April 13, 2023.

67   "Security," *Tour TradeLens*, IBM Corp. and GTD Solution Inc., 2018, Wayback Machine, https://web.archive.org/web/20211028022622/https://tour.tradelens.com/security; and "TradeLens Data Sharing Specification," *TradeLens Documentation*, IBM Corp. and GTD Solution Inc., 2018, Wayback Machine, https://web.archive.org/web/20220608080928/https://docs.tradelens.com/reference/data_sharing_specification/, accessed April 13, 2023.

68   Cam Thompson, George Kaloudis, and Sam Reynolds, "The Final Word on Decentraland's Numbers," *CoinDesk*, Dec. 22, 2022, updated Jan. 3,

2023, https://www.coindesk.com/web3/2022/12/22/the-final-word-on-decentralands-numbers/.

69　Thompson, Kaloudis, and Reynolds.

70　"Decentraland," CoinMarketCap, n.d., https://coinmarketcap.com/currencies/decentraland/.

71　"Friends With Benefits," n.d., https://www.fwb.help/; "Friends With Benefits Pro," CoinMarketCap, n.d., https://coinmarketcap.com/currencies/friends-with-benefits-pro/; "Friends With Benefits," *Inside Venture Capital*, Inside.com Inc., Nov. 1, 2021, https://inside.com/campaigns/inside-venture-capital-30009/sections/fwb-raises-10m-from-a16z-257214; and "Friends With Benefits Treasury," Boardroom, n.d., https://boardroom.io/friendswithbenefits.eth/treasuryOverview, all accessed April 12, 2023.

72　"Join Friends With Benefits," FWB.com, n.d., https://www.fwb.help/join, accessed Dec. 19, 2022.

73　"Friends With Benefits," n.d., https://www.fwb.help/; "Friends With Benefits Pro," CoinMarketCap, n.d., https://coinmarketcap.com/currencies/friends-with-benefits-pro/; "Friends With Benefits," *Inside Venture Capital*, Inside.com Inc., Nov. 1, 2021, https://inside.com/campaigns/inside-venture-capital-30009/sections/fwb-raises-10m-from-a16z-257214; and "Friends With Benefits Treasury," Boardroom, n.d., https://boardroom.io/friendswithbenefits.eth/treasuryOverview, all accessed April 12, 2023.

74　2022 年 8 月 24 日透過 Zoom 訪談蘭德華。

75　蘭德華訪談。

76　Balaji Srinivasan, "The Network State in One Essay," *The Network State: How to Start a New Country*, July 4, 2022, https://thenetworkstate.com/the-network-state-in-one-essay.

77　Alex Tapscott, "A Bitcoin Governance Network: The Multi-stakeholder Solution to the Challenges of Cryptocurrency," Global Solution Networks, 2014, https://gsnetworks.org/wp-content/uploads/DigitalCurrencies.pdf.

78　"We're Building a Web3 City of the Future," CityDAO, n.d., https://www.citydao.io/.

79　Srinivasan, "The Network State in One Essay."

80　"Ocean Protocol," CoinMarketCap, n.d., https://coinmarketcap.com/currencies/ocean-protocol/, as of April 10, 2023.

81　Cryptopedia Staff, "Ocean Protocol (OCEAN): Decentralized Data as an Asset," Gemini Trust Co. LLC, Feb. 23, 2022, https://www.gemini.com/cryptopedia/ocean-protocol-web-3-0-ocean-market-ocean-token; and "Ocean Protocol Foundation Announces $140 Million USD in Grants for the Community-curated OceanDAO to Fund the Web3 Data Economy," Ocean Protocol Foundation Ltd., Oct. 7, 2021, https://oceanprotocol.com/press/2021-10-07-ocean-protocol-foundation-announces-140M-USD.

82　"About SingularityNET," n.d., https://singularitynet.io/aboutus/, accessed April 12, 2023.

第6章　去中心化金融與數位貨幣

1　David Emery, "Did Paul Krugman Say the Internet's Effect on the World Economy Would Be 'No Greater Than the Fax Machine's'?" *Snopes*, Snopes Media Group Inc., June 7, 2018, https://www.snopes.com/fact-check/paul-krugman-Internets-effect-economy/.

2　Yochai Benkler, *The Wealth of Networks: How Social Production Transforms Markets and Freedom* (New Haven, CT: Yale University Press, 2006), 215.

3　Benkler, 216.

4　Benkler, 216.

5　Benkler, 8.

6　James Burnham, *The Managerial Revolution* (London: Lume Books, 1941), 84.

7　2022 年 9 月 2 日透過 Zoom 訪談狄克森。

8　狄克森訪談。

9　狄克森訪談。

10　Marco Quiroz-Gutierrez, "Coinbase Says Apple Is Demanding 30% Cut of NFT Gas Fees Before Allowing Digital Wallet Update," *Fortune*, Dec. 1, 2022, https://fortune.com/crypto/2022/12/01/coinbase-apple-30-percent-fee-digital-wallet/.

11　CoinbaseWallet, Twitter post, Dec. 1, 2022 (11:34 a.m.), https://twitter. com/CoinbaseWallet/status/1598354820905197576.

12　CoinbaseWallet, Twitter post, Dec. 1, 2022 (11:34 a.m.), https://twitter. com/CoinbaseWallet/status/1598354823501447168.

13　Jon Swartz, "Facebook Parent Meta Set to Take Nearly 50% Cut from Virtual Salesand Apple Is Calling It Out," *MarketWatch*, April 13, 2022, https:// www.marketwatch.com/story/facebook-parent-meta-set-to-take-nearly-50- cut-from-virtual-sales-within-its-metaverse-11649885375.

14　Max Fisher, *The Chaos Machine: The Inside Story of How Social Media Rewired Our Minds and Our World* (New York: Little, Brown, 2022), 10.

15　"Innovative or Ancient? Is Cash Going the Way of the Dodo?" mod. Ellen Roseman, Royal Ontario Museum, Nov. 22, 2022, https://rom.akaraisin. com/ui/InnovativeOrAncient.

16　"Innovative or Ancient?"

17　"Remittances Grow 5% in 2022, Despite Global Headwinds," press release, World Bank, Nov. 30, 2022, https://www.worldbank.org/en/news/press- release/2022/11/30/remittances-grow-5-percent-2022.

18　"COVID-19 Boosted the Adoption of Digital Financial Services," World Bank, July 21, 2022, https://www.worldbank.org/en/news/ feature/2022/07/21/covid-19-boosted-the-adoption-of-digital-financial- services.

19　"Know Your Money," US Secret Service, April 2016, rev. Dec. 2020, https:// www.secretservice.gov/sites/default/files/reports/2020-12/KnowYourMoney. pdf; and "Learn How to Authenticate Your Money," US Currency Education Program, 2022, https://www.uscurrency.gov/.

20　John Locke, *Two Treatises of Government and A Letter Concerning Toleration*, 1690.

21　Louis Jordan, "Spanish Silver: General Introduction," *The Coins of Colonial and Early America*, Dept. of Special Collections, University of Notre Dame, last rev. Aug. 20, 2001, https://coins.nd.edu/colcoin/colcoinintros/sp-silver. intro.html.

22　Charles R. Bawden, "Kublai Khan," *Britannica*, updated Nov. 1, 2022, https://www.britannica.com/biography/Kublai-Khan; and "The First Paper Money," in "Top 10 Things You Didn't Know About Money," *Time*, April 2010, https://content.time.com/time/specials/packages/artic le/0,28804,1914560_1914558_1914593,00.html.

23　"Bitcoin," CoinMarketCap, as of Dec. 11, 2022, https://coinmarketcap.com/ currencies/bitcoin/; and MasterCard, Companies Market Cap, as of Dec. 11, 2022, https://companiesmarketcap.com/.

24　Scott Alexander Siskind, "Why I'm Less Than Infinitely Hostile to Cryptocurrency," *Astral Codex Ten Blog*, Dec. 8, 2022, https://astralcodexten. substack.com/p/why-im-less-than-infinitely-hostile.

25　2023 年 1 月 12 日透過 Zoom 訪談格拉德斯坦。

26　2023 年 3 月 15 日透過 Zoom 訪談加阿貝德。

27　格拉德斯坦訪談。

28　Ari Paul (@Ari DavidPaul), Twitter post, Feb. 13, 2019 (9:18 a.m.), https:// twitter.com/AriDavidPaul/status/1095688683280351233.

29　"Tether," CoinMarketCap, as of Dec. 11, 2022, https://coinmarketcap.com/ currencies/usd-coin/ and https://coinmarketcap.com/currencies/tether/.

30　Zachary Warmbrodt, "Jerome Powell: Facebook's Libra Poses Potential Risk to Financial System," *Politico*, July 10, 2019, https://www.politico. com/story/2019/07/10/jerome-powell-facebook-libra-1578306; and Alan Rappeport and Nathaniel Popper, "Cryptocurrencies Pose National Security Threat, Mnuchin Says," *New York Times*, July 15, 2019, https://www. nytimes.com/2019/07/15/us/politics/mnuchin-facebook-libra-risk.html, accessed Dec. 11, 2022.

31　格拉德斯坦訪談。

32　James Dale Davidson and Lord William Rees-Mogg, *The Sovereign Individual: Mastering the Transition to the Information Age* (New York: Simon & Schuster, 1997), 216.

33　Davidson and Rees-Mogg, 216.

34　2022 年 3 月 31 日布林克在播客節目《解碼去中心化金融》接受本書 作者訪問。參見： https://www.youtube.com/watch?v=528EV-y2VKQ.

35　2023 年 2 月 6 日透過 Zoom 訪談阿萊爾。

36　阿萊爾訪談。

37　Don Tapscott and Alex Tapscott, *Blockchain Revolution: How the Technology Behind Bitcoin and Other Cryptocurrencies Is Changing the World* (New York: Penguin Portfolio, 2018), 71–72.

38　"State of the USDC Economy," *Circle*, Circle Internet Financial Limited, Mar. 10, 2023, https://www.circle.com/hubfs/PDFs/2301Stateof USDCEconomy_Web.pdf, accessed April 12, 2023, 8.

39　"State of the USDC Economy," 8.

40　"State of the USDC Economy," 8.

41　"State of the USDC Economy," 12.

42　"State of the USDC Economy," 14.

43　阿萊爾訪談。

44　阿萊爾訪談。

45　阿萊爾訪談。

46　阿萊爾訪談。

47　Christopher J. Waller, "Reflections on Stablecoins and Payments Innovations," at *Planning for Surprises, Learning from Crises*, 2021 Financial Stability Conference, cohosted by the Federal Reserve Bank of Cleveland and the Office of Financial Research, Cleveland, Ohio, Nov. 17, 2021, https://www.federalreserve.gov/newsevents/speech/waller20211117a.htm.

48　如果想了解黃金九角和去中心化金融對各方面金融服務影響的完整調查結果，建議閱讀本書作者另一本著作《數位資產革命》（*Digital Asset Revolution*）。

49　2019 年 7 月 24 日訪談克里斯滕森。

50　Matt Huang (@matthuang), Twitter post, Feb. 27, 2021 (6:44 p.m.), https://twitter.com/matthuang/status/1365809948417007617.

51　Hayden Adams, "A Crypto-exchange Founder Makes His Case for Decentralised Finance," *Economist*, Dec. 6, 2022, https://www.economist.com/by-invitation/2022/12/06/a-crypto-exchange-founder-makes-his-case-for-decentralised-finance.

52　Adams, "A Crypto-exchange Founder Makes His Case for Decentralised Finance."

53　Campbell R. Harvey, Ashwin Ramachandran, and Joey Santoro, *DeFi and the Future of Finance* (Hoboken, NJ: Wiley, 2021), 51.

54　經濟學家凱因斯（John Maynard Keynes）以「班科」（bancor）來稱呼全球銀行發行的國際貨幣，用來衡量一國的貿易逆差或貿易順差。Sandra Kollen Ghizoni, "Creation of the Bretton Woods System, July 1944," *Federal Reserve History*, Federal Reserve Bank of Atlanta, Nov. 22, 2013, https://www.federalreservehistory.org/essays/bretton-woods-created; and E. F. Schumacher, "Multilateral Clearing," *Economica* 10, no. 38 (1943): 150–65, https://doi.org/10.2307/2549461.

55　2021 年 11 月 2 日貝納爾奇透過 Zoom 在播客節目《解碼去中心化金融》上接受本書作者和楊格訪問。

56　本書作者和楊格訪談貝納爾奇。

57　Harvey, Ramachandran, and Santoro, *DeFi and the Future of Finance*, 57.

58　Harvey, Ramachandran, and Santoro, 57.

59　Harvey, Ramachandran, and Santoro, 60.

60　Anonymous, *The Book Buyer: A Monthly Review of American and Foreign Literature*, vol. 6, p. 57, https://www.google.com/books/edition/The_Book_Buyer/rV5bxQEACAAJ?hl=en.

61　2022 年 8 月 19 日透過 Zoom 訪談鮑威爾。

62　鮑威爾訪談。

63　鮑威爾訪談。

64　Samuel Haig, "Vitalik Urges DeFi to Embrace Real World Assets," *The Defiant*, Dec. 7, 2022, https://thedefiant.io/vitalik-urges-defi-to-embrace-real-world-assets.

65　Linda Hardesty, "T-Mobile Allows the Helium Mobile 'Crypto Carrier' to Ride on Its 5G Network Fierce Wireless," Sept. 20, 2022, https://www.fiercewireless.com/5g/t-mobile-allows-helium-mobile-crypto-carrier-ride-its-5g-network.

66　2022 年 8 月 31 日透過 Zoom 訪談瓦爾蓋斯。

67　瓦爾蓋斯訪談。

68　Alex Johnson, "Steal from the Rich and Live Off the Interest," *Fintech Newsletter, Aug.* 28, 2022, https://workweek.com/2022/08/28/steal-from-the-rich-and-live-off-the-interest/.

69　2023 年 1 月 26 日透過 Zoom 訪談葛舒尼。

70　葛舒尼訪談。

71　Harvey, Ramachandran, and Santoro, *DeFi and the Future of Finance*, 24.

72　Habtamu Fuje, Saad Quayyum, and Tebo Molosiwa, "Africa's Growing Crypto Market Needs Better Regulations," *IMF Blog*, International Monetary Fund, Nov. 22, 2022, https://www.imf.org/en/Blogs/Articles/2022/11/22/africas-growing-crypto-market-needs-better-regulations; and Aditya Narain and Marina Moretti, "Regulating Crypto," *Finance and Development*, International Monetary Fund, Sept. 2022, https://www.imf.org/en/Publications/fandd/issues/2022/09/Regulating-crypto-Narain-Moretti.

73　2021 年 11 月 17 日布赫曼在播客節目《解碼去中心化金融》上接受本書作者訪談。

74　Irene Vallejo, *Papyrus: The Invention of Books in the Ancient World*, trans. Charlotte Whittle (New York: Knopf, 2022), 23.

75　2022 年 2 月 1 日索克林在播客節目《解碼去中心化金融》上接受本書作者訪問。

76　Ronald H. Coase, "The Nature of the Firm," *Economica* 4, no. 16 (Nov. 1937): 386–405, https://doi.org/10.1111/j.1468-0335.1937.tb00002.x.

77　Sirio Aramonte, Wenqian Huang, and Andreas Schrimpf, "DeFi Risks and the Decentralisation Illusion," *BIS Quarterly Review*, Dec. 6, 2021, https://www.bis.org/publ/qtrpdf/r_qt2112b.htm.

78　Matt Levine, "Making Crypto Hacking Less Lucrative," *Bloomberg News*, Bloomberg LP, Oct. 20, 2022, https://www.bloomberg.com/opinion/articles/2022-10-20/making-crypto-hacking-less-lucrative.

79　Levine, "Making Crypto Hacking Less Lucrative."

80　CertiK, "Facebook's 'Move' Programming Language: How Does It Compare to Solidity and DeepSEA?" *Certik Blog*, June 21, 2019, https://medium.com/certik/facebooks-move-programming-language-how-does-it-compare-to-solidity-and-deepsea-42cff1ba4c10.

81　2022 年 10 月 14 日透過 Zoom 訪談葉海亞。

82　葉海亞訪談。

83　John Robison, Aryan Sheikhalian, and Alex Tapscott, "Decentralized Finance Analysis: How to Identify Value Within the Crypto Ecosystem," Blockchain Research Institute, Feb. 9, 2023, https://www.blockchainresearchinstitute. org/project/decentralized-finance-analysis/.

84　James Beck and Mattison Asher, "What Is EIP-1559? How Will It Change Ethereum?" Consensus Systems, June 22, 2021, https://consensys.net/ blog/quorum/what-is-eip-1559-how-will-it-change-ethereum/; and Vitalik Buterin et al., "EIP-1559: Fee Market Change for ETH 1.0 Chain," Ethereum Improvement Proposals, April 13, 2019, https://eips.ethereum. org/EIPS/eip-1559.

85　timbeiko.eth (@TimBeiko), Twitter post, Jan. 16, 2023 (3:40 p.m.), https:// twitter.com/TimBeiko/status/1615086494317973504.

86　"Tether," CoinMarketCap, as of April 14, 2022, https://coinmarketcap.com/ currencies/tether/; and Raynor de Best, "Quarterly TPV (Total Payment Volume) of Venmo in USD 2017–2022," Statista, Feb. 10, 2023, https:// www.statista.com/statistics/763617/venmo-total-payment-volume/.

87　"State of the USDC Economy."

第7章　Web3遊戲

1　David Curry, "Roblox Revenue and Usage Statistics (2023)," *Business of Apps*, Soko Media Ltd., last updated Feb. 28, 2023, https://www.businessofapps. com/data/roblox-statistics/, accessed May 17, 2023.

2　2023 年 1 月 11 日透過 Zoom 訪談蕭逸。

3　蕭逸訪談。

4　J. Clement, "Mobile Gaming Market in the United States: Statistics and Facts," Statista, Oct. 18, 2022, https://www.statista.com/topics/1906/ mobile-gaming/#topicOverview.

5　蕭逸訪談。

6　蕭逸訪談。

7　蕭逸訪談。

8　蕭逸訪談。

9　2022 年 10 月 12 日透過 Zoom 訪談盧芮亞。

10　盧芮亞訪談。

11　2023 年 4 月 18 日拉森在播客節目《解碼去中心化金融》上接受本書作者和楊格訪問。

12　"A Digital Pet Collecting and Farming Game, Built on Blockchain," Crypto Unicorns, as of April 12, 2023, https://www.cryptounicorns.fun/.

13　盧芮亞訪談。

14　盧芮亞訪談。

15　蕭逸訪談。

16　盧芮亞訪談。

17　盧芮亞訪談。

18　2022 年 8 月 9 日透過 Zoom 訪談拉森。

19　2022 年 10 月 14 日透過 Zoom 訪談沃爾夫。

20　2022 年 8 月 9 日透過 Zoom 訪談莫吉塔赫迪。

21　莫吉塔赫迪訪談。

22　2022 年 3 月 8 日李本傑在播客節目《解碼去中心化金融》上接受本書作者和楊格訪問。

23　本書作者和楊格訪談李本傑。

24　本書作者和楊格訪談李本傑。

25　本書作者和楊格訪談李本傑。

26　拉森訪談。

27　"Axie Infinity Live Player Count and Statistics," ActivePlayer.io Game Statistics Authority, https://activeplayer.io/axie-infinity/, accessed April 14, 2022.

28　拉森訪談。

29　Vittoria Elliott, "Workers in the Global South Are Making a Living Playing the Blockchain Game Axie Infinity," *Rest of World*, Aug. 19, 2021, https://restofworld.org/2021/axie-players-are-facing-taxes/, accessed Oct. 15, 2021.

30　Vittoria Elliott, "Some Axie Infinity Players Amassed Fortunes—Now the Philippine Government Wants Its Cut," *Rest of World*, Sept. 30, 2021, https://restofworld.org/2021/axie-players-are-facing-taxes/, accessed Oct. 15, 2021.

31　Erin Plante, "$30 Million Seized: How the Cryptocurrency Community Is

Making It Difficult for North Korean Hackers to Profit," *Chainalysis Blog*, Sept. 8, 2022, https://blog.chainalysis.com/reports/axie-infinity-ronin-bridge-dprk-hack-seizure/.

32   Andrew Thurman, "Axie Infinity's Ronin Network Suffers $625M Exploit," *CoinDesk*, March 29, 2022, https://www.coindesk.com/tech/2022/03/29/axie-infinitys-ronin-network-suffers-625m-exploit/; and Plante, "$30 Million Seized."

33   Axie Infinity, "Axie Passed Google Play Store Review!" *The Lunacian*, Dec. 22, 2022, https://axie.substack.com/p/googleplaystore.

34   2022 年 10 月 4 日透過 Zoom 訪談李貝麗。

35   "Digital Asset Outlook 2023," The Block, Dec. 20, 2022, https://www.tbstat.com/wp/uploads/2022/12/Digital-Asset-2023-Outlook.pdf.

36   Dean Takahashi, "Game Boss Interview: Epic's Tim Sweeney on Blockchain, Digital Humans, and Fortnite," *VentureBeat*, Aug. 30, 2017, https://venturebeat.com/games/game-boss-interview-epics-tim-sweeney-on-blockchain-digital-humans-and-fortnite/, accessed Nov. 18, 2022.

37   Sean Murray, "Epic CEO Tim Sweeney Says 'Developers Should Be Free to Decide' If They Want NFTs in Their Games," *The Gamer*, July 22, 2022, https://www.thegamer.com/epic-ceo-tim-sweeney-free-to-decide-nft-games/.

38   Pete Evans, "Fortnite Maker Epic Games to Pay $520M in Fines and Rebates for Duping Users into Downloading Paid Content," *CBC News*, CBC/Radio-Canada, Dec. 19, 2022, https://www.cbc.ca/news/business/fornite-ftc-fines-1.6690777.

39   Evans, "Fortnite Maker Epic Games."

40   "Epic FTC Settlement and Moving Beyond Long-Standing Industry Practices," press release, Epic Games, Dec. 19, 2022, https://www.epicgames.com/site/en-US/news/epic-ftc-settlement-and-moving-beyond-long-standing-industry-practices.

41   Matthew L. Ball, *The Metaverse: And How It Will Revolutionize Everything* (New York: Liveright, 2022), 234.

42   Ball, 201.

43   Ball, 218.

44　莫吉塔赫迪訪談。

45　李貝麗訪談。

46　李貝麗訪談。

47　盧芮亞訪談。

48　盧芮亞訪談。

49　Dean Takahashi, "Bored Ape Company Yuga Labs Appoints Activision Blizzard's Daniel Alegre as CEO," *VentureBeat*, Dec. 19, 2022, https://venturebeat.com/games/bored-ape-company-yuga-labs-appoints-activision-blizzards-daniel-alegre-as-ceo/.

50　Jordan Novet and Lauren Feiner, "FTC Sues to Block Microsoft's Acquisition of Activision Blizzard," CNBC Universal, Dec. 8, 2022, https://www.cnbc.com/2022/12/08/ftc-sues-to-block-microsofts-acquisition-of-game-giant-activision-blizzard.html.

51　Elizabeth Howcroft, "Bored Ape NFT Company Raises around $285 Million of Crypto in Virtual Land Sale," Reuters, May 1, 2022, https://www.reuters.com/technology/bored-ape-nft-company-raises-around-285-million-crypto-virtual-land-sale-2022-05-01/.

52　2022 年 8 月 24 日透過 Zoom 訪談賽爾基斯。

53　Marshall McLuhan, "Oracle of the Electric Age," interviewed by Robert Fulford, CBC/Radio-Canada, 1966, https://www.cbc.ca/player/play/1809367561.

54　"Earn Tokens by Using Crypto Applications," RabbitHole Studios Inc., n.d., https://rabbithole.gg/, accessed April 12, 2023.

55　"Digital Asset Outlook 2023," The Block.

56　2023 年 1 月 20 日訪談佛蒙科。

57　佛蒙科訪談。

58　佛蒙科訪談。

59　佛蒙科訪談。

第8章　元宇宙

1　William Gibson, *Neuromancer* (New York: Ace Books, 1984), https://

www.goodreads.com/quotes/14638-cyberspace-a-consensual-hallucination-experienced-daily-by-billions-of-legitimate.

2　　Aldous Huxley, *Brave New World* (London: Chatto and Windus, 1932), chapter 3.

3　　A. Brad Schwartz, "The Infamous *War of the Worlds* Radio Broadcast Was a Magnificent Fluke," *Smithsonian Magazine*, May 6, 2015, https://www.smithsonianmag.com/history/infamous-war-worlds-radio-broadcast-was-magnificent-fluke-180955180/.

4　　Marshall McLuhan, "The World Is a Global Village," *The Future of Health Technology*, HealthcareFuture, March 24, 2009, https://www.youtube.com/watch?v=HeDnPP6ntic.

5　　Matthew L. Ball, *The Metaverse: And How It Will Revolutionize Everything* (New York: Liveright, 2022), 57.

6　　Ball, 16.

7　　Dean Takahashi, "Epic Graphics Guru Tim Sweeney Foretells How We Can Create the Open Metaverse," *Venture Beat,* Dec. 9, 2016, https://venturebeat.com/games/the-deanbeat-epic-boss-tim-sweeney-makes-the-case-for-the-open-metaverse/.

8　　2023 年 1 月 11 日透過 Zoom 訪談蕭逸。

9　　蕭逸訪談。

10　蕭逸訪談。

11　Ball, *The Metaverse*, 188.

12　Ball, 10.

13　Kate Birch, "JP Morgan Is First Leading Bank to Launch in the Metaverse," *FinTech Magazine*, BizClik, Feb. 17, 2022, https://fintechmagazine.com/banking/jp-morgan-becomes-the-first-bank-to-launch-in-the-metaverse.

14　"Digital Asset Outlook 2023," The Block, Dec. 20, 2022, https://www.tbstat.com/wp/uploads/2022/12/Digital-Asset-2023-Outlook.pdf.

15　Ball, *The Metaverse*, 200.

16　Ball, 201.

17　2022 年 8 月 25 日透過 Zoom 訪談溫頓。

18　溫頓訪談。

19　溫頓訪談。

20　Ball, *The Metaverse*, 208.

21　"Digital Asset Outlook 2023," The Block.

22　"Digital Twin," *Gartner Glossary*, Gartner Inc., n.d., https://www.gartner.
com/en/information-technology/glossary/digital-twin, accessed April 12,
2023.

23　2022 年 8 月 9 日透過 Zoom 訪談莫吉塔赫迪。

24　2022 年 7 月 27 日亞柯文科在播客節目《解碼去中心化金融》接受本
書作者和楊格訪問。

25　本書作者和楊格訪談亞柯文科。

26　本書作者和楊格訪談亞柯文科。

27　本書作者和楊格訪談亞柯文科。

28　2022 年 1 月 24 日透過 Zoom 訪談烏爾巴赫。

29　烏爾巴赫訪談。

30　RNDR Team, "Q1-Q3 Data Update: [Behind the Network (BTN)]," Render
Network, Dec. 2, 2022, https://medium.com/render-token/q1-q3-data-
update-december-2nd-2022-behind-the-network-btn-b627c0d8841e.

31　2023 年 1 月 24 日透過電子郵件與加拉（Phillip Gara）交流。

32　Render Network (@RenderToken), Twitter post, May 12, 2022 (11:48 a.m.),
https://twitter.com/RenderToken/status/1524778641573527553.

33　Metaverse Standards Forum, Khronos Group Inc., n.d., https://metaverse-
standards.org/, accessed April 12, 2023.

34　烏爾巴赫訪談。

35　烏爾巴赫訪談。

36　烏爾巴赫訪談。

37　Sami Kassab, "Using Crypto to Build Real-World Infrastructure," Messari,
Aug. 4, 2022, https://messari.io/report/using-crypto-to-build-real-world-
infrastructure.

38　透過電子郵件訪談卡薩布。

39　透過電子郵件訪談卡薩布。

40　"State of Storage Market," Storage.Market, as of Feb. 6, 2023, https://file.
app/.

41　"Filecoin Project," GitHub, https://github.com/filecoin-project; and https://storage.filecoin.io/, as of Feb. 6, 2023.

42　Kassab, "Using Crypto to Build Real-World Infrastructure."

43　2021 年 12 月 15 日奧蘇里在播客節目《解碼去中心化金融》接受本書作者和楊格訪問。

44　本書作者和楊格訪談奧蘇里。

45　本書作者和楊格訪談奧蘇里。

46　Linda Hardesty, "T-Mobile Allows the Helium Mobile 'Crypto Carrier' to Ride on Its 5G Network Fierce Wireless," Sept. 20, 2022, https://www.fiercewireless.com/5g/t-mobile-allows-helium-mobile-crypto-carrier-ride-its-5g-network.

47　菲樂幣儲存的資料量總共為 557,244,178,562,884,100 位元組（494.9323 PIB），截至 2023 年 1 月 8 日：https://storage.filecoin.io/. See also https://file.app/.

48　2023 年 1 月 20 日透過 Zoom 訪談塞德曼。

49　NYPL Staff, "The Great War and Modern Mapping: WWI in the Map Division," New York Public Library, May 15, 2015, https://www.nypl.org/blog/2015/05/15/wwi-map-division.

50　Paul Berger, "'It Takes Over Your Life': Waze Volunteers Work for the Love of Maps; Thousands of Them Spend Hours Updating Maps for Company; Rising through the Ranks," *Wall Street Journal*, March 20, 2019; or Paul Berger, "Waze to Win: Employ Army of Map Nerds—Unpaid Thousands Help Edit the Google Service," *Wall Street Journal*, Eastern Edition, March 21, 2019, https://www.wsj.com/articles/the-Internets-most-devoted-volunteers-waze-map-editors-11553096956.

51　塞德曼訪談。

52　Paolo Bonato, "Wearable Sensors and a Web-Based Application to Monitor Patients with Parkinson's Disease in the Home Environment," Funded Study, Michael J. Fox Foundation for Parkinson's Research, 2008, https://www.michaeljfox.org/grant/wearable-sensors-and-web-based-application-monitor-patients-parkinsons-disease-home-0.

53　Hirsh Chitkara, "Worldcoin Emerges from Stealth to Pursue Its UBI

Infrastructure Ambitions," *Protocol*, PROTOCOL LLC, Oct. 12, 2021, https://www.protocol.com/bulletins/worldcoin-ubi-infrastructure.

54　Joe Light, "ChatGPT's Sam Altman Is Getting $100 Million for Worldcoin Crypto Project," *Barron's*, Dow Jones & Co. Inc., May 15, 2023, https://www.barrons.com/articles/worldcoin-sam-altman-crypto-ff4632ba.

第9章　人類文明

1　"Africa Life Expectancy 1950–2023," Macrotrends LLC, as of April 12, 2023, https://www.macrotrends.net/countries/AFR/africa/life-expectancy.

2　"Africa Infant Mortality Rate 1950–2023," Macrotrends LLC, as of April 12, 2023, https://www.macrotrends.net/countries/AFR/africa/infant-mortality-rate.

3　"COVID-19 Boosted the Adoption of Digital Financial Services," World Bank, July 21, 2022, https://www.worldbank.org/en/news/feature/2022/07/21/covid-19-boosted-the-adoption-of-digital-financial-services; and "State of the USDC Economy," *Circle*, Circle Internet Financial Limited, March 10, 2023, https://www.circle.com/hubfs/PDFs/2301StateofUSDCEconomy_Web.pdf.

4　James Dale Davidson and Lord William Rees-Mogg, *The Sovereign Individual: Mastering the Transition to the Information Age* (New York: Simon & Schuster, 1997), 196.

5　Ani Petrosyan, "Worldwide Digital Population 2023," Statista, April 3, 2023, https://www.statista.com/statistics/617136/digital-population-worldwide/.

6　Chainalysis Team, "2021 Global Crypto Adoption Index," *Chainalysis Blog*, Oct. 14, 2021, https://blog.chainalysis.com/reports/2021-global-crypto-adoption-index/.

7　NFT.NYC, PeopleBrowsr Inc., April 2022, https://www.nft.nyc/.

8　2022 年 10 月 14 日透過 Zoom 訪談愛普麗和塞維。

9　Alex Hawgood, "Six-Figure Artworks, by a Fifth Grader," *New York Times*, Sept. 26, 2022, https://www.nytimes.com/2022/09/26/style/andres-valencia-art-paintings.html.

10　Pedro Herrera, "2021 Dapp Industry Report," *DappRadar Blog*, Dec. 17, 2021, https://dappradar.com/blog/2021-dapp-industry-report.

11　愛普麗和塞維訪談。

12　愛普麗和塞維訪談。

13　愛普麗和塞維訪談。

14　2022 年 10 月 14 日透過 Zoom 訪談沃爾夫。

15　沃爾夫訪談。

16　2022 年 10 月 12 日透過 Zoom 訪談盧芮亞。

17　盧芮亞訪談。

18　盧芮亞訪談。

19　盧芮亞訪談。

20　盧芮亞訪談。

21　2022 年 7 月 12 日恩索弗透過 Zoom 在播客節目《解碼去中心化金融》上接受本書作者訪問。

22　2023 年 1 月 12 日透過 Zoom 訪談格拉德斯坦。

23　"Cryptocurrency Information about Nigeria," Triple A, 2021, https://triple-a.io/crypto-ownership-nigeria-2022/.

24　Victor Oluwole, "Top Five African Countries with the Most Cryptocurrency Holders," *Business Insider,* June 21, 2022, https://africa.businessinsider.com/local/markets/top-5-african-countries-with-the-most-cryptocurrency-holders/2tvh7r5.

25　2022 年 9 月 13 日透過 Zoom 訪談辛普森。

26　辛普森訪談。

27　辛普森訪談。

28　Hija Kamran, "State Bank of Pakistan Decides to Ban Cryptocurrencies; Submits Report in Court," Digital Rights Monitor, Jan. 12, 2022, https://digitalrightsmonitor.pk/state-bank-of-pakistan-decides-to-ban-cryptocurrencies-submits-report-in-court/.

29　恩索弗訪談。

30　Mariam Saleh, "Population of Africa in 2021, by Age Group," Statista, Nov. 21, 2022, https://www.statista.com/statistics/1226211/population-of-africa-by-age-group/.

31 "Nigeria's Informal Economy Size," *World Economics*, as of April 13, 2023, https://www.worldeconomics.com/National-Statistics/Informal-Economy/ Nigeria.aspx.

32 Ogwah Oreva, "Nigeria Payments System Vision 2025," Central Bank of Nigeria, Nov. 18, 2022, https://www.cbn.gov.ng/Out/2022/CCD/ PSMD%20 vision%202025%20EDITED%20FINAL.pdf.

33 "UNHCR Launches Pilot Cash-Based Intervention Using Blockchain Technology for Humanitarian Payments to People Displaced and Impacted by the War in Ukraine," press release, Dec. 15, 2022, https://www.unhcr. org/ua/en/52555-unhcr-launches-pilot-cash-based-intervention-using-blockchain-technology-for-humanitarian-payments-to-people-displaced-and-impacted-by-the-war-in-ukraine-unhcr-has-launched-a-first-of-its-kind-integ.html.

34 Leo Schwartz, "Coinbase CEO Says USDC Will Become 'De Facto Central Bank Digital Currency,' Company Posts Weak Q3 Earnings," *Fortune*, Fortune Media IP Limited, Nov. 3, 2022, https://fortune.com/ crypto/2022/11/03/coinbase-ceo-says-usdc-will-become-de-facto-cbdc/.

第10章　Web3的推行挑戰

1 AngelList (@angellist), Twitter post, Sept. 28, 2021 (1:17 p.m.), https:// twitter.com/AngelList/status/1442901252552101888, accessed Oct. 15, 2021.

2 Raj Dhamodharan, "Why Mastercard Is Bringing Crypto onto Its Network," Mastercard International, Feb. 10, 2021, https://www.mastercard.com/news/ perspectives/2021/why-mastercard-is-bringing-crypto-onto-our-network, accessed Oct. 15, 2021.

3 "Digital Currency Comes," *VISA Everywhere Blog*, Visa, March 26, 2021, https://usa.visa.com/visa-everywhere/blog/bdp/2021/03/26/digital-currency-comes-1616782388876.html, accessed Oct. 15, 2021.

4 Ryan Weeks, "PayPal Has Held Exploratory Talks About Launching a Stablecoin: Sources," Block Crypto, May 3, 2021, https://www.

theblockcrypto.com/post/103617/paypal-has-held-exploratory-talks-about-launching-a-stablecoin-sources, accessed Oct. 15, 2021.

5　Jeff John Roberts, "Visa Unveils 'Layer 2' Network for Stablecoins, Central Bank Currencies," *Decrypt*, Sept. 30, 2021, https://decrypt.co/82233/visa-universal-payment-channel-stablecoin-cbdc, accessed Oct. 15, 2021.

6　"The Digital Currencies That Matter: Get Ready for Fedcoin and the e-euro," *Economist*, May 8, 2021, https://www.economist.com/leaders/2021/05/08/the-digital-currencies-that-matter.

7　Hester Peirce, "Remarks before the Digital Assets," Duke Conference, Washington DC, US Securities and Exchange Commission, Jan. 20, 2023, https://www.sec.gov/news/speech/peirce-remarks-duke-conference-012023#_ftnref15.

8　Peirce, "Remarks before the Digital Assets."

9　Tobixen, "A Brief History of the Bitcoin Block Size War," *Steemit*, Nov. 7, 2017, https://steemit.com/bitcoin/@tobixen/a-brief-history-of-the-bitcoin-block-size-war, accessed Oct. 15, 2021.

10　2022 年 8 月 15 日透過 Zoom 訪談沃里克。

11　2022 年 12 月 16 日透過 Zoom 訪談溫格。

12　Moxie Marlinspike, "My First Impressions of Web3," *Moxie Blog*, Jan. 7, 2022, https://moxie.org/2022/01/07/web3-first-impressions.html.

13　Moxie Marlinspike, "My First Impressions of Web3."

14　2023 年 1 月 5 日透過 Zoom 訪談霍斯金森。

15　Sal Bayat, Tim Bray, Grady Booch, et al., "Letter in Support of Responsible Fintech Policy," to US Congressional Leadership, Committee Chairs, and Ranking Members, June 1, 2022, https://concerned.tech/.

16　2022 年 11 月 18 日倫堡發送給本書作者的電子郵件。

17　沃里克訪談。

18　2022 年 9 月 12 日透過 Zoom 訪談溫克沃斯。

19　"Understanding the Problem Crusoe Solves," *Crusoe Blog*, Crusoe Energy, Sept. 23, 2021, https://www.crusoeenergy.com/blog/3MyNTKiT6wqs EWKhP0BeY/understanding-the-problem-crusoe-solves.

20　Chainalysis Team, "Crypto Crime Summarized: Scams and Darknet Markets

Dominated 2020 by Revenue, But Ransomware Is the Bigger Story," *Chainalysis Blog*, Jan. 19, 2021, https://blog.chainalysis.com/reports/2021-crypto-crime-report-intro-ransomware-scams-darknet-markets; and Michael J. Morell, "Report: An Analysis of Bitcoin's Use in Illicit Finance," Cipher Brief, April 13, 2021, https://www.thecipherbrief.com/report-an-analysis-of-bitcoins-use-in-illicit-finance, accessed Oct. 15, 2021.

21　Niall Ferguson, "FTX Kept Your Crypto in a Crypt Not a Vault," *Bloomberg Opinion*, Bloomberg LP, Nov. 20, 2022, https://www.bloomberg.com/opinion/articles/2022-11-20/niall-ferguson-ftx-kept-your-crypto-in-a-crypt-not-a-vault.

22　2022 年 11 月 21 日盧芮亞發送給本書作者的電子郵件。

23　盧芮亞發送給本書作者的電子郵件。

24　Jennifer Sor, "Sam Bankman-Fried Is a World-class Manipulator and the Implosion of FTX Is an 'Old-school Fraud,' Congressman Says," *Business Insider*, Yahoo Finance, Dec. 13, 2022, https://finance.yahoo.com/news/sam-bankman-fried-world-class-180256987.html.

25　Rep. Patrick McHenry (R-NC), "FTX CEO Testifies on Cryptocurrency Company's Collapse," C-SPAN, National Cable Satellite Corp., Dec. 13, 2022 (00:07:12), https://www.c-span.org/video/?524743-1/ftx-ceo-testifies-cryptocurrency-companys-collapse.

26　"Crypto Crash: Why the FTX Bubble Burst and the Harm to Consumers," Full Committee Hearing, US Senate Committee on Banking, Housing, and Urban Affairs, Dirksen Senate Office Building G50, Dec. 14, 2022 (10:00 a.m.), https://www.banking.senate.gov/hearings/crypto-crash-why-the-ftx-bubble-burst-and-the-harm-to-consumers.

27　Senator Elizabeth Warren, "ICYMI: At Hearing, Warren Warns about Crypto's Use for Money Laundering by Rogue States, Terrorists, and Criminals," press release, Dec. 15, 2022, https://www.warren.senate.gov/newsroom/press-releases/icymi-at-hearing-warren-warns-about-cryptos-use-for-money-laundering-by-rogue-states-terrorists-and-criminals.

28　Peter Van Valkenburgh, "The Digital Asset Anti-Money Laundering Act," Coin Center, Dec. 14, 2022, https://www.coincenter.org/the-digital-assetanti-money-laundering-act-is-an-opportunistic-unconstitutional-assault-on-cryptocurrency-self-custody-developers-and-node-operators/.

29   Valkenburgh, "The Digital Asset Anti-Money Laundering Act."

30   Peter Van Valkenburgh, "How Does Tornado Cash Actually Work?" Coin Center, Aug. 25, 2022, https://www.coincenter.org/how-does-tornado-cash-actually-work/; and Jerry Brito and Peter Van Valkenburgh, "Coin Center Is Suing OFAC over Its Tornado Cash Sanction," Coin Center, Oct. 12, 2022, https://www.coincenter.org/coin-center-is-suing-ofac-over-its-tornado-cash-sanction/.

31   Jerry Brito and Peter Van Valkenburgh, "US Treasury Sanction of Privacy Tools Places Sweeping Restrictions on All Americans," Coin Center, Aug. 8, 2022, https://www.coincenter.org/u-s-treasury-sanction-of-privacy-tools-places-sweeping-restrictions-on-all-americans/.

32   Daniel Kuhn, "What Happens When You Try to Sanction a Protocol Like Tornado Cash," Coin Center, Aug. 10, 2022, https://www.coindesk.com/layer2/2022/08/10/what-happens-when-you-try-to-sanction-a-protocol-like-tornado-cash/.

33   Chainalysis Team, "How 2022's Biggest Cryptocurrency Sanctions Designations Affected Crypto Crime," *Chainalysis Blog*, Jan. 9, 2023, https://blog.chainalysis.com/reports/how-2022-crypto-sanction-designations-affected-crypto-crime/.

34   "Digital Asset Outlook 2023," The Block, Dec. 20, 2022, https://www.tbstat.com/wp/uploads/2022/12/Digital-Asset-2023-Outlook.pdf.

35   2022 年 10 月 6 日透過 Zoom 訪談華倫。

36   Tom Emmer (@RepTomEmmer), Twitter post, Oct. 5, 2021 (2:51 p.m.), https://twitter.com/RepTomEmmer/status/1445461701567160320, accessed Oct. 15, 2021.

37   Chris Dixon (@cdixon), Twitter post, Oct. 1, 2021 (6:50 p.m.), https://twitter.com/cdixon/status/1444072368859533316, accessed Oct. 15, 2021.

38   Chris Dixon (@cdixon), Twitter post, Oct. 1, 2021 (6:50 p.m.), https://twitter.com/cdixon/status/1444072370788978691 and https://twitter.com/cdixon/status/1444072374798675970, accessed Oct. 15, 2021.

39　2022 年 9 月 13 日透過 Zoom 訪談辛普森。

40　"DAO Jobs: Find Great Crypto Jobs at a DAO," Cryptocurrency Jobs, accessed Nov. 5, 2021, https://cryptocurrencyjobs.co/dao.

41　2022 年 10 月 4 日透過 Zoom 訪談李貝麗。

42　2022 年 10 月 14 日透過 Zoom 訪談沃爾夫。

43　"Digital Asset Outlook 2023," The Block.

44　Kyung Taeck Minn, "Towards Enhanced Oversight of 'Self-Governing' Decentralized Autonomous Organizations: Case Study of the DAO and Its Shortcomings," *NYU Journal of Intellectual Property and Entertainment Law* 9, no. 1 (Jan. 24, 2020), https://jipel.law.nyu.edu/vol-9-no-1-5-minn, accessed Oct. 15, 2021.

45　Roy Learner, "Blockchain Voter Apathy," *Wave Financial Blog*, March 29, 2019, https://medium.com/wave-financial/blockchain-voter-apathy-69a1570e2af3. 另外參見：Nic Carter, "A Cross-Sectional Overview of Cryptoasset Governance and Implications for Investors" (diss., University of Edinburgh Business School, 2016–17), https://niccarter.info/papers, accessed Oct. 15, 2021.

46　Taras Kulyk and Ben Gagnon, "Global Bitcoin Mining Data Review: Q4 2022," Presentation, Bitcoin Mining Council, Jan. 18, 2023, https://bitcoinminingcouncil.com/wp-content/uploads/2023/01/BMC-Q4-2022-Presentation.pdf.

47　華倫訪談。

結語

1　許多人聲稱列寧提出這個觀點，但我們並沒有找到具公信力的來源。

2　Clayton M. Christensen, *The Innovator's Dilemma: When New Technologies Cause Great Firms to Fail* (Boston: Harvard Business School Press, 1997), 39.

3　2023 年 1 月 5 日透過 Zoom 訪談霍斯金森。

4　Robert Wilde, "Steam in the Industrial Revolution," July 25, 2019, https://www.thoughtco.com/steam-in-the-industrial-revolution-1221643.

5　Tony Judt, *Postwar: A History of Europe since 1945* (New York: Penguin, 2005), 257.

6　Judt, 257.

7　"The Internet's First Message Sent from UCLA: 1969," *UCLA 100*, Univ. of California at Los Angeles, n.d., https://100.ucla.edu/timeline/the-Internets-first-message-sent-from-ucla; and "Digital Around the World," *DataReportal*, Kepios Pte. Ltd., April 2023, https://datareportal.com/global-digital-overview.

8　2022 年 12 月 16 日透過 Zoom 訪談溫格。

9　溫格訪談。

10　2023 年 1 月 5 日透過 Zoom 訪談霍斯金森。

11　溫格訪談。

12　Mark McSherry-Forbes, "Let's Hope Churchill Was Wrong About Americans," National Churchill Museum, Oct. 3, 2013, https://www.nationalchurchillmuseum.org/10-07-13-lets-hope-churchill-was-wrong-about-americans.html, accessed April 14, 2022.

13　2022 年 8 月 23 日透過 Zoom 訪談史密斯。

14　Alex Tapscott, "What Is Decentralized Finance?" Ninepoint Partners, YouTube, Jan. 10, 2022, https://www.youtube.com/watch?v=j6_Wm-gjh4s&t=7s, accessed March 31, 2022.

15　Janell Ross, "Inside the World of Black Bitcoin, Where Crypto Is About Making More Than Just Money," *Time*, TIME USA LLC, Oct. 15, 2021, https://time.com/6106706/bitcoin-black-investors/, accessed March 31, 2022.

16　Morning Star, Aug. 17, 2021, https://morningconsult.com/2021/08/17/trust-awareness-paynents-unbanked-underbanked/.

17　Avik Roy, "In El Salvador, More People Have Bitcoin Wallets Than Traditional Bank Accounts," *Forbes*, Oct. 7, 2021, https://www.forbes.com/sites/theapothecary/2021/10/07/in-el-salvador-more-people-have-bitcoin-wallets-than-traditional-bank-accounts/.

18　Christian Nunley, "People in the Philippines Are Earning Cryptocurrency During the Pandemic by Playing a Video Game," *CNBC*, NBCUniversal,

May 14, 2021, https://www.cnbc.com/2021/05/14/people-in-philippines-earn-cryptocurrency-playing-nft-video-game-axie-infinity.html, accessed March 31, 2022.

19　Caitlin Ostroff and Jared Malsin, "Turks Pile Into Bitcoin and Tether to Escape Plunging Lira," *Wall Street Journal*, Jan. 12, 2022, https://www.wsj.com/articles/turks-pile-into-bitcoin-and-tether-to-escape-plunging-lira-11641982077, accessed March 31, 2022.

20　"Top Stablecoin Tokens by Market Capitalization," CoinMarketCap, as of Dec. 22, 2022, https://coinmarketcap.com/view/stablecoin/.

21　史密斯訪談。

22　史密斯訪談。

23　史密斯訪談。

24　"A Brief History of NSF and the Internet," Fact Sheet, National Science Foundation, Aug. 13, 2003, https://www.nsf.gov/news/news_summ.jsp?cntn_id=103050.

25　"Cyberporn," *Congressional Record* 141, no. 105 (Senate: June 26, 1995): S9017– S9023, https://www.congress.gov/congressional-record/volume-141/issue-105/senate-section/article/S9017-2.

26　Wireline Competition Bureau, "Telecommunications Act of 1996," Federal Communications Commission, last updated June 20, 2013, https://www.fcc.gov/general/telecommunications-act-1996, accessed April 14, 2022.

27　克里（Bob Kerrey）是其中一位支持者，"E-Rate and Education: A History," Federal Communications Commission, last updated Jan. 8, 2004, https://www.fcc.gov/general/e-rate-and-education-history.

28　Sec. 706, "Advanced Telecommunications Incentives," Telecommunications Act of 1996, 104th Congress (Jan. 3, 1996): 119–20, https://transition.fcc.gov/Reports/tcom1996.pdf.

29　史密斯訪談。

30　史密斯訪談。

31　史密斯訪談。

32　史密斯訪談。

33　史密斯訪談。

34　史密斯訪談。

35　史密斯訪談。

36　史密斯訪談。

37　Hester Peirce, "Remarks before the Digital Assets," Duke Conference, Washington DC, US Securities and Exchange Commission, Jan. 20, 2023, https://www.sec.gov/news/speech/peirce-remarks-duke-conference-012023#_ftnref15.

38　vitalik.eth (@VitalikButerin), Twitter post, Aug. 9, 2022 (4:49 a.m.), https://twitter.com/VitalikButerin/status/1556925602233569280.

39　Chainalysis Team, "How 2022's Biggest Cryptocurrency Sanctions Designations Affected Crypto Crime," *Chainalysis Blog*, Jan. 9, 2023, https://blog.chainalysis.com/reports/how-2022-crypto-sanction-designations-affected-crypto-crime/.

40　Jerry Brito and Peter Van Valkenburgh, "US Treasury Sanction of Privacy Tools Places Sweeping Restrictions on all Americans," Coin Center, Aug. 8, 2022, https://www.coincenter.org/u-s-treasury-sanction-of-privacy-tools-places-sweeping-restrictions-on-all-americans/.

41　2022 年 12 月 13 日透過 Zoom 訪談吉恩卡洛。

42　吉恩卡洛訪談。

43　吉恩卡洛訪談。

44　吉恩卡洛訪談。

45　Peirce, "Remarks before the Digital Assets."

46　2022 年 10 月 6 日透過 Zoom 訪談華倫。

47　2022 年 8 月 15 日透過 Zoom 訪談沃里克。

48　Peirce, "Remarks before the Digital Assets."

49　Jerry Brito and Peter Van Valkenburgh, "Coin Center Is Suing OFAC over Its Tornado Cash Sanction," Coin Center, Oct. 12, 2022, https://www.coincenter.org/coin-center-is-suing-ofac-over-its-tornado-cash-sanction/.

50　溫格訪談。

51　Jai Massari, "Why Cryptoassets Are Not Securities," Harvard Law School Forum on Corporate Governance, Dec. 6, 2022, https://corpgov.law.harvard.edu/2022/12/06/why-cryptoassets-are-not-securities/.

52　Peirce, "Remarks before the Digital Assets."

53　溫格訪談。

54　Mark Gurman, "Apple to Allow Outside App Stores," *Bloomberg News*, Dec. 13, 2022, https://www.bloomberg.com/news/articles/2022-12-13/will-apple-allow-users-to-install-third-party-app-stores-sideload-in-europe.

55　"Digital Markets Act," press release, European Commission, Oct. 31, 2022, https://ec.europa.eu/commission/presscorner/detail/en/IP_22_6423.

56　《數位市場法》。

57　《數位市場法》。

58　James Dale Davidson and Lord William Rees-Mogg, *The Sovereign Individual: Mastering the Transition to the Information Age* (New York: Simon & Schuster, 1997), 19.

59　Davidson and Rees-Mogg, 203.

60　Yochai Benkler, *The Wealth of Networks: How Social Production Transforms Markets and Freedom* (New Haven, CT: Yale University Press, 2006), 9.

61　2017 年 4 月 7 日唐‧泰普史考特和本書作者訪談黃平達，引用自：Don Tapscott and Alex Tapscott, "Realizing the Potential of Blockchain: A Multistakeholder Approach to the Stewardship of Blockchain and Cryptocurrencies," white paper, World Economic Forum, June 2017, https://www3.weforum.org/docs/WEF_Realizing_Potential_Blockchain.pdf, accessed 30 Sept. 2021.

62　華倫訪談。

63　2023 年 1 月 11 日透過 Zoom 訪談蕭逸。

64　蕭逸訪談。

65　蕭逸訪談。例如，參見："Japan's NFT Strategy for the Web 3.0 Era," white paper, Headquarters for the Promotion of a Digital Society, Liberal Democratic Party, April 2022, https://www.taira-m.jp/Japan%27s%20NFT%20Whitepaper_E_050122.pdf, accessed April 12, 2023.

66　Richard A. D'Aveni, "The Trade War with China Could Accelerate 3-D Printing in the United States," *Harvard Business Review*, Oct. 18, 2018, https://hbr.org/2018/10/the-trade-war-with-china-could-accelerate-3-d-printing-in-the-u-s.

67　Timothy Leary, "The Effects of Psychotropic Drugs," Department of Psychology, Harvard College, n.d., https://psychology.fas.harvard.edu/people/timothy-leary, accessed Oct. 15, 2021.

財經企管 840

WEB3 新商機：人人都能獲利的去中心化經濟
Web3: Charting the Internet's Next Economic and Cultural Frontier

原　　著 —— 泰普史考特（Alex Tapscott）
譯　　者 —— 張嘉倫

總 編 輯 —— 吳佩穎
編輯顧問 —— 林榮崧
副總編輯 —— 陳雅茜
責任編輯 —— 吳育燐
美術設計 —— 蕭志文
封面設計 —— bianco

出 版 者 —— 遠見天下文化出版股份有限公司
創 辦 人 —— 高希均、王力行
遠見・天下文化　事業群榮譽董事長 —— 高希均
遠見・天下文化　事業群董事長 —— 王力行
天下文化社長 —— 王力行
天下文化總經理 —— 鄧瑋羚
國際事務開發部兼版權中心總監 —— 潘欣
法律顧問 —— 理律法律事務所陳長文律師　　著作權顧問 —— 魏啟翔律師
社　　址 —— 台北市 104 松江路 93 巷 1 號 2 樓
讀者服務專線 —— 02-2662-0012 ｜傳真 —— 02-2662-0007；02-2662-0009
電子郵件信箱 —— cwpc@cwgv.com.tw
直接郵撥帳號 —— 1326703-6 號 遠見天下文化出版股份有限公司

電腦排版 —— 蕭志文
製 版 廠 —— 東豪印刷事業有限公司
印 刷 廠 —— 柏晧彩色印刷有限公司
裝 訂 廠 —— 聿成裝訂股份有限公司
登 記 證 —— 局版台業字第 2517 號
總 經 銷 —— 大和書報圖書股份有限公司 電話／02-8990-2588
出版日期 —— 2024 年 05 月 27 日第一版第 1 次印行
　　　　　　2024 年 08 月 07 日第一版第 2 次印行

國家圖書館出版品預行編目 (CIP) 資料

WEB3 新商機：人人都能獲利的去中心化經濟 /
泰普史考特 (Alex Tapscott) 著；張嘉倫譯 . --
第一版 . -- 臺北市：遠見天下文化出版股份有
限公司，2024.05
　面；　公分 . -- (財經企管；840)
譯自：Web3 : charting the Internet's next
economic and cultural frontier
ISBN 978-626-355-750-5(平裝)

1.CST: 電子商務 2.CST: 電子貨幣

490.29　　　　　　　　　　　　　113005611

定價 —— NTD 600 元
書號 —— BCB840
ISBN —— 978-626-355-750-5 ｜ EISBN 9786263557512（EPUB）；9786263557499（PDF）

天下文化官網 —— bookzone.cwgv.com.tw

本書如有缺頁、破損、裝訂錯誤，請寄回本公司調換。
本書僅代表作者言論，不代表本社立場。